煤炭气化工艺学

（第三版）

主　编　吴国光
副主编　胡光洲　孟献梁

中国矿业大学出版社
·徐州·

内容提要

本书立足于国内外煤炭气化的现状，对于煤炭气化过程所涉及的各个方面的内容既有理论分析，又有工艺分析，进一步对不同的煤炭气化技术的特点进行了介绍。

本书共分九章，重点叙述了煤炭气化的基本理论，常压和加压移动床气化、流化床气化和气流床气化及其他气化的生产原理、关键设备和工艺过程，煤气的净化和改制工艺，煤炭气化过程计算。

本书可作为高等院校能源化学工程、化学工程与工艺及相关专业教材，也可供从事煤炭气化科研、设计和生产管理的工程技术人员参考。

图书在版编目(CIP)数据

煤炭气化工艺学/吴国光主编. —3版. —徐州：中国矿业大学出版社，2024.3

ISBN 978-7-5646-6207-3

Ⅰ. ①煤… Ⅱ. ①吴… Ⅲ. ①煤气化—工艺学 Ⅳ. ①TQ54

中国国家版本馆CIP数据核字(2024)第071195号

书　　名　煤炭气化工艺学
主　　编　吴国光
责任编辑　周　红
出版发行　中国矿业大学出版社有限责任公司
　　　　　　（江苏省徐州市解放南路　邮编 221008）
营销热线　(0516)83885370　83884103
出版服务　(0516)83995789　83884920
网　　址　http://www.cumtp.com　**E-mail**:cumtpvip@cumtp.com
印　　刷　苏州市古得堡数码印刷有限公司
开　　本　787 mm×1092 mm　1/16　**印张** 15.25　**字数** 390 千字
版次印次　2024年3月第3版　2024年3月第1次印刷
定　　价　38.00元

第三版前言

本书是能源化学工程和化学工程与工艺等专业的煤炭气化课程教材。为了更好地适应近年来我国煤化工行业迅猛发展的需要，结合最新的煤炭气化技术发展现状和趋势，编者融合多年来的教学经验、科研经历与心得体会精心修订了《煤炭气化工艺学》。

本书在分析不同煤炭气化技术特点的基础上，介绍了煤炭气化过程的理论基础，各种气化方法、基本原理、设备类型的选择、操作控制和安全环保措施及工程实践能力，物料平衡和能量平衡的计算，单元操作联合运行的控制与调节等各个环节的内容，既保持了原煤炭院校煤化工专业的特色，又结合了最新的煤炭气化技术发展的现状。为了更好地理解和掌握气化炉的结构和气化过程，本次修订时专门增加了气流床气化炉的视频演示内容。此外，为帮助学生和读者掌握并巩固学习效果，增加了部分章节的数字资源（扫描二维码，可获取相应课程资源）内容，章后提供了复习思考题。

本书的修订工作由中国矿业大学吴国光教授、胡光洲副教授和孟献梁教授完成，具体分工如下：第一、二章由吴国光修订，第三、七、八、九章由孟献梁修订，第四、五、六章由胡光洲修订。全书由吴国光教授统稿审定。

本书的修订得到江苏省教育厅、中国矿业大学教务部、中国矿业大学出版社、中国矿业大学化工学院以及化工系的领导、老师和同行们的大力支持，编者谨向他们表示真诚的谢意！

本书的编写参考和引用了许多同行的成果和文献资料，在此谨向他们表示衷心的感谢！由于编者水平有限，编写时间仓促，书中难免存在缺点和不妥之处，恳请读者批评指正，不胜感激！

编　者

2024 年 1 月

目　录

第一章 概 述

能源是经济的命脉,也是经济安全与社会稳定的重要保障。当前世界的能源消费结构以石油为主,而我国的能源消费以煤为主。我国能源结构的现状是缺油、少气、相对富煤,煤炭是我国的基础能源和战略能源,煤炭的清洁高效利用是社会经济发展和生态文明建设的客观要求,同时也是保障国家能源安全的现实需要。2022 年我国一次能源生产总量46.6 亿 t 标准煤,比上年增长 7.6%,其中原煤产量 45.6 亿 t,比上年增长 10.5%,原油产量1.8 亿 t,比上年减少 2.5%,天然气产量 2 223 亿 m^3,比上年增长 7.3%。按照标准煤计算,煤炭在一次能源生产结构中占比为 67.4%,原油为 6.3%,天然气为 5.9%。

由于受石油、天然气资源、地域及运行成本等方面的限制,在今后相当一段时间内我国以煤炭为主要化工原料的局面短期难以改变。因此,充分利用我国丰富的煤炭资源,发展以先进煤气化为源头的大型煤化工,已成为中国化工的发展方向。2023 年年底我国煤制合成氨产能约4 681万 t/a,煤制甲醇产能近 7 583 万 t/a,煤制油产能 931 万 t/a,煤制烯烃产能1 872万t/a,煤制乙二醇产能 547 万 t/a,煤制天然气产能 74.55 亿 m^3/a。由此看出,煤气化在我国煤化工行业中的利用越来越广泛,其消耗的煤炭资源也在不断攀升,为解决煤炭资源的高效转化提供了坚实的技术基础,对煤炭行业的可持续发展发挥着更加重要的作用。

全球变暖加剧了地球气候系统的不稳定性,使得极端气候现象越来越多发。温室气体的排放绝大部分来自化石能源的使用,煤炭是高碳化石能源,控制煤炭消费量是中国实现碳中和的关键。目前,已有 20 多个国家和地区宣布“退煤”目标。面对全球气候变暖这个关乎全世界、全人类的严峻问题,中国提出了二氧化碳排放力争于 2030 年前达到峰值,争取 2060 年前实现碳中和,并以此为目标展开减排活动。经计算,中国煤炭资源下游需求端集中在电力、建材、化工、钢铁四大行业,其中电力用煤占比 60%,建材用煤占比 12%,化工用煤占比 9%。“双碳目标”(双碳目标是指“碳达峰”和“碳中和”目标)下,电力用煤是主要控制的目标。同时由于气化反应具有高温、高压的特点,煤气化可以明显提高煤炭的利用效率,较容易脱除煤中污染物,能从源头上解决煤炭利用过程中对环境的污染问题。双碳目标是煤炭气化技术进步的新推动力。

第一节 煤气化的基本概念

一、煤气化的定义和实质

（一）煤气化的定义

煤气化是指在煤气发生炉中，原料煤在高温条件下与气化剂作用，生成煤气的过程。

煤气化过程的基本条件是：气化炉、气化原料和气化剂。气化炉是煤炭气化的设备；气化剂为氧气或其他含氧物质如空气、水蒸气和二氧化碳等；气化原料为各种煤或焦炭。

（二）煤气化的实质

煤气化的实质是将煤由大分子固态物质转化为低分子气态物质，也是改变燃料中碳氢比的过程。

气化过程煤质分子的变化可简要表述如下（图 1-1）：

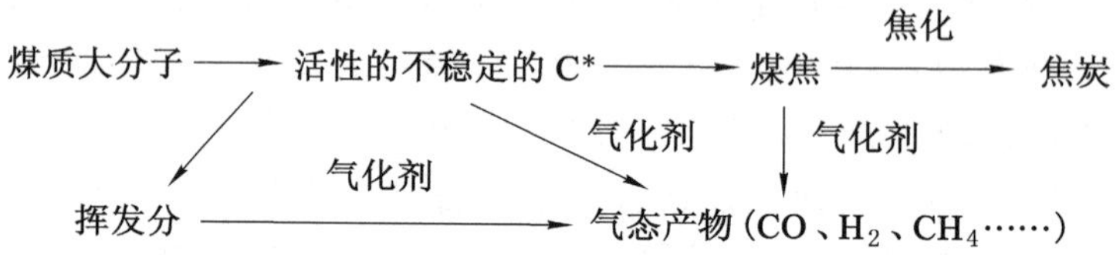

图 1-1 煤质分子的变化

① 煤质大分子周围的官能团和烷基侧链以挥发分的形式脱去，某些交联键断裂，氢化芳香环裂解并挥发析出，或转化成附加的芳香部分，芳香部分转化成小的碳微晶，碳微晶聚集形成煤焦。

② 在脱挥发分过程中，煤质大分子生成活性的、不稳定的 C^*，它们可以与周围的气体直接作用而气化，也可以失活而形成煤焦。

③ 析出的挥发分很活泼，可与气相的 O_2、蒸汽、H_2 等作用生成 CO、H_2 和 CH_4。

④ 碳微晶形成的煤焦，可以气化成煤气，也可以进一步缩聚形成焦炭。煤焦的气化活性主要取决于原始煤料和反应条件，如加热速度、最高温度、煤灰的催化性质等。

纵观整个煤气化过程，它既不同于焦化，也不同于燃烧。它之所以不同于焦化，在于脱挥发分过程中生成的挥发分和煤焦，均可进一步转化为气态产物，直至最终剩下灰烬；之所以不同于燃烧，在于气化是一个不完全燃烧过程，其目标产物是 CO 和 H_2，而完全燃烧的产物是 CO_2 和 H_2O，但气化中的基本反应与燃烧有类似之处。

二、煤气化的主要反应和特点

（一）煤气化的主要反应

目前能够用于气化的煤种很广，各煤种的元素组成与工业性质各不相同，但是气化的基本反应都相同。在讨论基本反应时，虽然煤具有复杂的分子结构，元素组成除了碳之外还有氢、氧和其他元素，可是因为气化反应发生在煤热解之后，所以只考虑主要元素碳。参加反应的成分还有 CO、CO_2、水蒸气和 H_2。主要反应如下：

① 碳的氧化反应 $C+O_2 = CO_2 - 393.8$ kJ/mol

② 碳的部分氧化反应 $2C+O_2 = 2CO - 231.4$ kJ/mol

③ 二氧化碳还原反应 $C+CO_2 = 2CO + 162.4$ kJ/mol

④ 水蒸气分解反应 $C+H_2O(g) = CO + H_2 + 131.5$ kJ/mol

⑤ 水蒸气分解反应 $C+2H_2O(g) = CO_2 + 2H_2 + 90.0$ kJ/mol

⑥ 一氧化碳变换反应 $CO+H_2O(g) = CO_2 + H_2 - 41.5$ kJ/mol

⑦ 碳的加氢反应 $C+2H_2 = CH_4 - 74.9$ kJ/mol

⑧ 甲烷化反应 $CO+3H_2 = CH_4 + H_2O - 206.4$ kJ/mol

⑨ 甲烷化反应 $2CO+2H_2 = CH_4 + CO_2 - 247.4$ kJ/mol

⑩ 甲烷化反应 $CO_2+4H_2 = CH_4 + 2H_2O - 165.4$ kJ/mol

根据以上反应，无论何煤种，总的气化反应可以表示为：

$$煤 \xrightarrow{高温、加压、气化剂} C + CH_4 + CO + CO_2 + H_2 + H_2O$$

如果煤中有硫等杂质，还会发生其他反应。

(二) 气化反应的特点

以上气化反应有如下特点：

① 煤气化的目标产品是燃料气或化工原料气，有效成分是 CO、H_2 和 CH_4，因此上述反应应根据煤气用途的不同加以控制。例如在生产化工原料气时，可应用反应⑥调整原料气中 CO 和 CH_4 的比例。

② 气化反应均有热效应。主要的反应③、④、⑤均是吸热反应，其热量的来源可由外部供给，也可以由燃烧反应自供热。甲烷化反应是强放热反应，在生产代用天然气(主要成分是甲烷)时需要解决好移热问题。

③ 气化反应可分为一次反应和二次反应。一般认为碳与气化剂间的反应为一次反应，碳与一次反应产物之间的反应、气化剂与一次产物之间的反应以及一次产物之间的反应均为二次反应。

④ 气化反应有在液相中进行的均相反应，也有在相界面上进行的气-固多相反应，其中，甲烷化反应和一氧化碳变换反应等实际上是在固态催化剂作用下才能进行的反应，因而亦具有多相反应的特点。

三、气化方法的分类

迄今为止，已开发及处于研究发展中的气化方法不下百种，工业技术的分类通常是依据分类方法或具体技术指标来进行的。一种技术或工艺，能被不同的分类方法归于特定的界定范围之内。对煤炭气化，按气化技术可分为地面气化技术和地下气化技术。

(一) 地面气化技术

将煤从地下开采出来后再经过各种气化技术获得煤气的方法称为地面气化。地面气化方法由实用目的出发，从不同的角度进行分类，见图 1-2。

1. 按气化炉压力分类

① 常压气化法。如 W-G 炉、K-T(Koppers-Totzek)炉等。

② 加压气化法。加压气化法又分为中压气化和高压气化，中压气化压力在 2.94 MPa

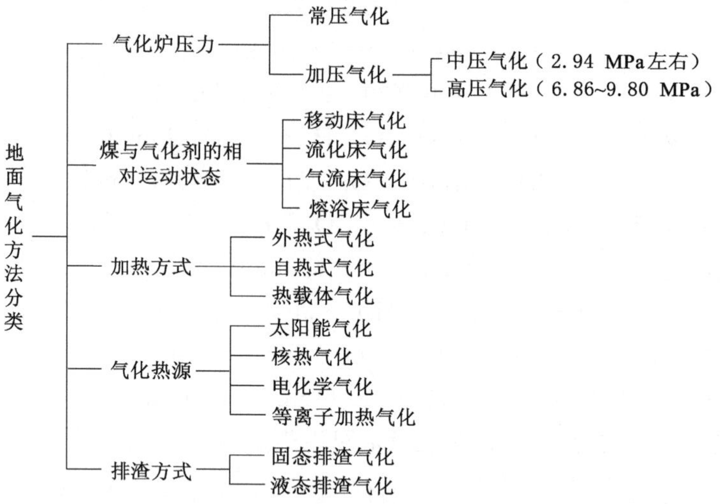

图 1-2　地面气化方法的分类

左右，如鲁奇气化法；高压气化压力为 6.86～9.80 MPa，如 Hygas 法。

2. 按煤与气化剂的相对运动状态分类

① 移动床气化。在气化过程中，煤由气化炉顶部加入，气化剂由气化炉底部加入，煤料与气化剂逆流接触，相对于气体的上升速度而言，煤料下降速度很慢，甚至可视为固定不动，因此也称之为固定床气化。有代表性的移动床气化炉有常压 UGI 炉和加压 Lurgi 炉。

② 流化床气化。流化床气化又称沸腾床气化，气化剂（蒸汽和富氧空气或氧气）由炉底进入炉内，使细颗粒煤在气化炉内呈流化（沸腾）状态，即在炉内锥体部分呈并流运动，在炉上部筒体部分呈逆并流运动，从而进行气化反应。已工业化的流化床气化炉型有温克勒（Winkler）、高温温克勒（HTW）、U-Gas 和 KRW。

③ 气流床气化。气流床气化是一种并流式气化，是将气化剂（氧气和水蒸气）夹带着煤粉，通过特殊喷嘴喷入炉膛内，也可将煤粉先制成水煤浆，然后用泵打入气化炉内。煤料在高于其灰熔点的温度下与气化剂发生燃烧反应和气化反应，灰渣以液态形式排出气化炉。气流床气化法有 K-T 法、谢尔法（Shell）、普伦弗洛法（PRENFLO）和德士古气化法（Texaco）。

④ 熔浴床气化。熔浴床气化也称熔融床气化，是气、液、固三相反应的气化方法。煤粉和气化剂以切线方向高速喷入熔池内，池内熔融物保持高速旋转。气化反应的全部过程都在熔池内完成，并生成以 CO 和 H_2 为主要成分的煤气。熔浴床气化法又可分为熔渣气化法、熔盐气化法和熔铁气化法三类。

3. 按加热方式分类

煤炭气化是一个热化学过程，总的反应是吸热的，因此必须供给热量。根据供热方式不同可分为外热式气化、自热式气化和热载体气化。

① 外热式气化。外热式气化又称配热式或间接供热式气化，是指利用外部热源给气化炉提供热量的气化过程，其热源可由加热炉壁提供。

② 自热式气化。自热式气化也称部分气化，是利用煤与氧反应放出热量来达到反应所

需温度，即燃烧一部分气化所用燃料，将热量积累到燃料层里，再通入水蒸气发生化学反应制取煤气。

③ 热载体气化。在一个单独的反应器内，用煤或焦炭和空气燃烧加热热载体供热，热载体可以是固体(如石灰石)、液体熔盐或熔渣。

4. 按排渣方式分类

① 固态排渣气化。其是指气化残渣(灰渣)以固体形态排出气化炉外，如国内现有的W-G炉、Д型炉和UGI水煤气炉都是采用固态排渣的方式。

② 液态排渣气化。其是指气化残渣以液体形态排出，经急冷后变成熔渣，排出气化炉外，如K-T炉。

此外，根据技术先进性及当前工业化程度，可将气化方法归并为第一代气化法、第二代气化法和第三代气化法。一般认为，第一代气化法指生产工艺成熟可靠，并已实现工业化的气化技术；第二代气化法指气化技术较先进，开发程度处于中试或示范工厂阶段；第三代气化法指技术更先进、综合效率更高，大部分尚处于小试开发阶段的气化方法。

(二) 地下气化技术

煤炭地下气化是通过在地下煤层中直接构筑"气化炉"，通入气化剂，有控制地使煤炭在地下进行气化反应，使煤炭在原地自然状态下转化为可燃气体并输送到地面的过程。煤炭地下气化技术可分为有井式和无井式两种。

1. 有井式

所谓有井式地下气化就是从地面向煤层凿出井筒后，用煤层平巷连通，点燃煤层，生产煤气。有井式地下气化技术是在总结无井式地下气化工艺的基础上，结合在矿井遗留煤层中气化的特点提出的煤炭地下气化技术，它利用井下巷道和井筒构成气化炉。有井式地下气化有室式、内部钻孔法和气流式三种形式。

2. 无井式

无井式地下气化炉主要由进气通道、排气通道、气流通道和气化通道组成，完全采用地面作业来进行钻孔建炉、气化通道贯通、地下燃烧过程控制和气化工艺条件操作。无井式地下气化有单孔式气化法和渗透气化法两种方式。

第二节 煤气的应用

煤气的用途十分广泛，主要应用于合成气、工业燃气、城市煤气、联合循环发电用燃气及冶金工业还原气等。

一、合成气

合成气也称作化工原料气。煤气中的两种主要成分CO和H_2，是构建目前广泛称为C1化工的砖瓦，在合成气的基础上直接或间接合成众多的化工产品，已经成为现代煤化工的基础。煤气化技术生产的大宗化工产品主要是合成氨、甲醇、氢气、CO、F-T合成油、二甲醚等。

甲醇是一种应用广泛的基础化工原料，在化学工业、医药工业、轻纺工业、国防、能源等国民经济各部门都有着广泛的用途。在化工生产中，甲醇主要用于制造乙烯、丙烯、乙二醇、甲醛、乙酸、甲烷氯化物、甲胺、甲基叔丁基醚、硫酸二甲酯、对苯二甲酸二甲酯、甲基丙烯酸甲酯、二甲醚、丙烯酸甲酯等一系列有机产品，广泛应用于塑料、合成纤维、合成橡胶、染料、涂料、香料、医药和农药等行业。此外，甲醇也是一种重要的有机溶剂。我国煤炭资源较为丰富，加之国内天然气开发利用相对较晚的原因，目前国内甲醇生产的大部分装置以煤为原料。由于重油和渣油价格较高，以油为原料的甲醇装置在我国基本都已停产。

作为最重要的羰基合成原料气，由 CO 出发，可以制取很多基础有机化学品，如甲酸、甲胺、乙酸、乙酸酐、二甲基甲酰胺、异氰酸酯、乙二酸、乙二醇、碳酸二甲酯、光气和农药除草剂等。

氢气是现代炼油工业和化学工业的基本原料之一。在炼油工业中，由原油蒸馏或裂解所得馏分需采用加氢精制以得到优质产品，氢气主要用于石脑油加氢脱硫、精柴油加氢脱硫、燃料油加氢脱硫、加氢裂化；在石油化工领域，氢气主要用于 C3 馏分加氢，汽油加氢，C6～C8 馏分加氢脱烷基生产环己烷。

二、工业燃气

作为工业燃气，煤气可广泛地用于钢铁、机械、建材、化工、轻纺和食品等部门，用作各种窑炉加热或直接加热产品。用作工业燃料气的一般为低热值煤气，其热值在 5 024～10 048 kJ/m^3，煤气的有效成分为 CO 和 H_2。我国主要采用混合发生炉煤气和水煤气工艺生产工业燃气，目前运行的发生炉仍有上千台之多。

三、城市煤气

作为城市煤气使用，主要是利用煤气中 H_2 和 CH_4 等可燃组分。但作为城市煤气使用时，煤气必须符合城市煤气的质量标准。我国对城市煤气的质量要求为：

① 低热值大于 14 654 kJ/m^3；

② 杂质允许含量指标（mg/m^3）：焦油和灰尘应小于 10，H_2S 小于 20，NH_3 小于 50，萘小于 50（冬季）或小于 100（夏季）；

③ O_2 含量小于 1%（体积比）；

④ CO 含量应加以控制，目前对于鲁奇炉、增热水煤气、两段炉等制气工艺，暂可控制在 20%以下。

根据城市煤气的要求，可选择适宜的气化工艺来生产城市煤气。对于大型煤气工程，可选择移动床加压气化如鲁奇炉气化工艺，对于中小型生产规模可选择水煤气型两段炉。但这两种气化工艺生产的煤气需要冷却净化后，经一氧化碳变换和脱碳处理，或经部分甲烷化处理，才能完全符合城市煤气的要求。

四、联合循环发电用燃气

整体煤炭气化联合循环发电（简称 IGCC）是煤在加压下气化，产生的煤气经净化后燃烧，高温烟气驱动燃气轮机发电，再利用烟气余热产生高压过热蒸汽驱动蒸汽轮机发电。一般用于 IGCC 的煤气热值在 4 000～6 000 kJ/m^3 之间，但必须达到特定的净化水平，以符合燃气轮机使用的要求。生产联合循环发电用的低热值煤气，以加压气化工艺为宜，它比常压气化工艺更经济合理。净化工艺也宜采用热态干法净化，较湿式洗涤流程更合理，而且应选

择性地脱除 H_2S，保留 CO_2。

五、冶金还原气

煤气中所含的 CO 和 H_2 具有很强的还原作用。在冶金工业中，可直接还原铁矿石，生产海绵铁，取消烧结球团设备，简化传统的冶金工艺流程。在有色金属工业中，也可用来还原镍、铜、钨、镁等金属氧化物。

六、煤炭气化燃料电池

燃料电池是由 H_2、天然气或煤气等燃料（化学能）通过电化学反应直接转化为电的化学发电技术，目前主要有磷酸盐型（PAFC）、熔融碳酸盐型（MCFC）、固体氧化物型（SOFC）等。它们与高效煤炭气化结合的发电技术就是 IG-MCFC 和 IG-SOFC。其发电效率可达 53％。

七、煤炭气化制氧

氢气广泛用于电子、冶金、玻璃生产、化工合成、航空航天、煤炭直接液化及氢能电池等领域。目前世界上 96％的氢气来源于化石燃料转化，同时煤炭气化制氢也起着很重要的作用。一般是将煤炭转化成 CO 和 H_2，然后通过变换反应将 CO 转换成 H_2 和 CO_2，最终气体经过低温分离或变压吸附及膜分离合成，即可获得氢气。

八、煤炭液化的气源

不论煤炭直接液化或间接液化，都离不开煤炭气化工艺。煤炭气化为直接液化工艺高压加氢液化提供氢源；在间接液化工艺中，气经过变换调节成合适的 H_2/CO 比例送往合成工段，用于合成液体燃料和化工产品。煤炭液化可选的煤炭气化工艺包括移动床加压鲁奇（Lurgi）气化、加压流化床气化和加压气流床气化工艺。

课程资源

思 考 题

1. 何为煤化工？
2. 煤气化的定义、实质以及煤气化的基本条件是什么？
3. 写出煤气化的主要反应。
4. 上述主要反应为什么先发生 C 的燃烧反应？
5. 在煤气化反应中，简要分析氧煤比的变化对煤气化的影响。
6. 煤炭气化过程中煤质分子是如何变化的？
7. 煤产生的热量主要用于哪些方面？

8. 我国现阶段为什么要发展煤炭气化技术？

9. 煤炭气化所制备的氢来源于哪里？

10. 简述煤气化反应的特点。

11. 简述煤炭气化方法的分类。

12. 简要叙述移动床气化。

13. 简要叙述流化床气化。

14. 简要叙述气流床气化。

15. 简要叙述熔浴床气化。

16. 煤炭气化与燃烧、煤炭焦化的区别是什么？

17. 煤气的主要用途有哪些？

18. 无烟煤、焦炭、半焦和贫煤作为气化用煤的主要特性是什么？

19. 煤炭气化过程中煤的热解有别于煤炭焦化以及煤液化过程中煤的热解，其主要区别是什么？

20. 煤炭气化产生的煤气为什么会有含S以及含N的产物？这些产物主要是什么？为何会产生？

第二章 煤炭气化的理论基础

煤炭气化的理论基础包括气化物理过程、气化热力学以及气化动力学三方面。

气化过程中物理现象的重要性并不逊于使含碳物质转化为煤气的化学反应。为保持反应物和产物流过料层时所需的压力、气流在气化炉纵向和径向的流动分布情况以及在气固接触过程中热量和质量的传递速率等，这些因素在很大程度上影响着气化反应的速率。在各种不同类型的气化过程中，压降、传热速率、传质速率的特性差别很大，影响因素也很复杂，一般认为它们与温度、气流速度、物性参数、固体颗粒特性参数、流体动力学上有效的比表面积、孔隙率等参数相关联。

气化热力学主要研究气化反应进行的方向和限度，以解决在某种条件下气化反应的可能性问题。它只研究反应的始态和终态，不考虑由始态到达终态的途径问题，也不涉及气化反应的机理及反应速率等问题。利用热力学第一定律可分析化学能和热能在相互转化过程中数量上的平衡关系，利用热力学第二定律可分析反应进行的方向和限度、化学平衡的条件、平衡常数与自由焓的关系、相平衡问题以及在能量转化过程中能质的变化情况等。通过热力学计算可求出系统达到平衡的条件及可能达到的各种极限值，为现实过程的开发指明了方向。气化过程的能量分析，尤其是有效能分析，是设备和系统最佳化设计的基础，也是进行全面技术经济分析的依据。

气化动力学主要研究气化反应进行的速率和反应机理，以解决气化反应的现实性问题。通过气化动力学研究，确定各个气化反应的反应速率以及温度、压力、浓度和催化剂等各种因素对反应速率的影响，从而可求得最适宜的反应条件，使反应按人们所希望的速率进行。同时，对各种气化反应机理的研究，即从反应物过渡到产物所经历的途径的研究，揭示了化学反应速率的本质，使人们可更好地进行控制和调节。

当然，要精确地描述工业气化炉内各种传递过程是很困难的。因为工业气化炉内变化的因素太多，实测也不方便。目前，主要是把简化系统的实验室规模的模型试验结果，近似地用于实际气化过程，作一粗略的说明或估计。因此，在研究或设计一个气化反应系统时，首先要在反应物和产物之间建立热力学平衡关系，并计算反应的热效应。这一步是很重要的，因为计算所得的平衡常数和热效应，立即可以告诉我们反应在热力学上是否实际可行以及温度、压力对平衡组成的影响情况。但反应系统的动力学参数是不能计算的，它必须通过实验测定来取得数据。随着实验条件、实验装置的不同，获得的数据必然会有差异，因此，在应用文献所提供的动力学数据时必须特别小心。

第一节　煤炭气化的物理过程

一、流体通过颗粒床层的流动

（一）固定床

当流体以较低的速度自下而上地通过一固体颗粒床层时，颗粒是静止不动的，流体只是在颗粒之间的缝隙中穿过，这种颗粒床层称为固定床。

流体在固体颗粒床内的流动，实际上是在颗粒空隙构成的一系列弯曲的通道，其中包括汇聚、分叉和相交的通道中的流动。流体通过单位长度床层的压降（$\Delta p/L$）是表示流动特征的重要参数，该值在数量上与流体的流速、黏度、密度以及颗粒的大小、形状、堆积情况有关。可按下式计算：

$$\Delta p/L = fG_g^2/(\rho_g g\phi d_p) \tag{2-1}$$

式中　f——摩擦系数；

G_g——气体质量流速；

ρ_g——流体的密度；

ϕ——颗粒的形状系数；

d_p——颗粒直径。

欧根（Ergun）根据固定床压降的理论分析，提出了固定床压降经典的综合关联式，其表达式为：

$$\frac{\Delta p_f}{L_m} = 150\,\frac{(1-\varepsilon)^2}{\varepsilon^3} \times \frac{\mu u_0}{(\phi d_p)^2} + 1.75\,\frac{1-\varepsilon}{\varepsilon^3} \times \frac{\rho_g u_0{}^2}{\phi d_p} \tag{2-2}$$

式中　Δp_f——摩擦压降；

L_m——固定床高；

ε——颗粒床层的空隙率；

μ——流体黏度；

u_0——气体的表观速度（以空床为基础度量）。

几种典型非球形固体颗粒的形状系数 ϕ 见表 2-1。

在多数应用中颗粒床层的空隙率 ε 值可按下式计算：

$$\varepsilon = 1 - \frac{V_p}{V_b} = 1 - \frac{\rho_b}{\rho_s} \tag{2-3}$$

式中　V_p——颗粒实际体积；

V_b——床层体积；

ρ_b——颗粒的堆密度；

ρ_s——颗粒密度。

由于颗粒和流化床壁面之间形状不同，颗粒与颗粒接触以及颗粒与流化床壁面接触的状态就有所差异，因此床层中间的空隙率要小于靠近流化床壁面处的空隙率。对于各种固体颗粒的填充床，ε 值的范围在 0.3～0.5 之间。

表 2-1　非球形固体颗粒的形状系数 ϕ

物　　料	规格 d/mm	ϕ	物　　料	规格 d/mm	ϕ
1. 光滑表面的圆形颗粒			3. 形状不规则的颗粒		
颗粒相近的砂		0.84	小铝柱	1～3	0.83
砂	1.89	0.724	页岩	2.5～11.2	0.426
砂	1.9	0.934	页岩	34～62.5	0.758
石英砂	0.2～0.7	0.67	烟煤	6～11.25	0.535
松散海砂	2～3	0.66	冶金焦	6～11.25	0.403
松散海砂	1.5	0.76	石英砂	0.2～0.3	0.66
松散小圆石	3.9～16	0.73	砾石	3.7	0.724
河砂	2.5～3	0.75	砾石	12～20	0.68
河砂	2.5～5	0.80	焦炭		0.35
河砂	1.2～2.5	0.76	无烟煤	1.0	0.66
2. 光滑表面的颗粒			无烟煤	2.1	0.671
钢球	2～4	1.0	无烟煤	3.5	0.66
钢球	6	0.813	无烟煤	5.1	0.671
有机玻璃球	2	0.87	无烟煤	7.8	0.671
玻璃球	0.287	0.555	活性矾土	1～3	0.68
玻璃球	0.51	0.38	活性矾土	3～5	0.49
玻璃球	5.2	0.273	活性矾土	9～10	0.50
聚氯乙烯球	0.19	0.68	4. 粗糙表面柱形颗粒		
铝硅球	1.35	0.843	活性炭	1～2	0.64
铝硅球	0.4	0.558	活性炭	1.5	0.917
铅球	0.5	0.244	活性炭	1.5～4.5	0.79

黑克(Hicks)提出的摩擦系数方程为：

$$f = 6.8\frac{(1-\varepsilon)^{1.2}Re'^{0.2}}{\varepsilon^{3}} \tag{2-4}$$

式中　Re'——修正的雷诺数，$Re' = \dfrac{\phi d_{\mathrm{p}} G_{\mathrm{g}}}{\mu}$。

该式既可用于层流，又可用于湍流。在很高的雷诺数下也可获得良好的结果。

在大多数情况下，流体通过固定床的压降相对比较小，因此在计算中采用平均压力是合理的。

这些压降计算公式，定量地表达了流体通过固定床的压降与各种参数之间的关系。当其他参数已知时，如流速、流体的物性参数、固体颗粒的特性，可对过程的压降进行估算。

(二) 流化床

对于均匀砂粒的填充床，考察气体流经整个床层的压降随气流速度的变化关系，结果如图 2-1所示。

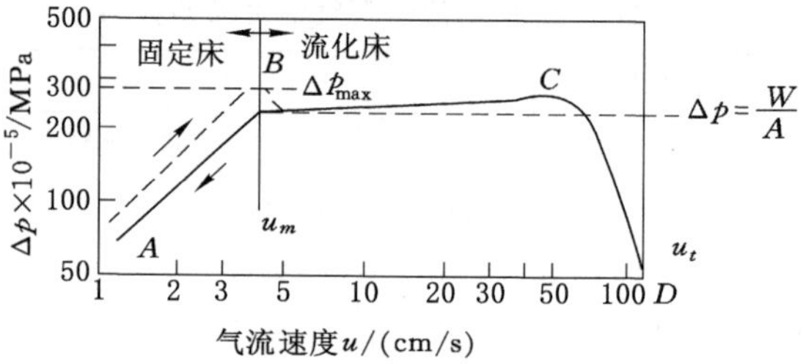

图 2-1 均匀砂粒床层中压降与气流速度的关系

在 AB 段，通过床层的压降随气流速度的增加而增大。当气流速度超过 B 点以后，压降略有下降，因为砂粒的重新排列使它们达到最疏松的状态。在 BC 段，砂粒全部悬浮于上升气流中。流速继续增加，压降基本上维持不变。B 点代表临界流化点，此时气流速度称为临界流化速度。在 CD 段，流速继续增加，流化床的上部界面逐渐消失，床层变得稀薄，直至砂粒全部被吹起。C 点表示明显的夹带开始。D 点表示颗粒的终端速度。在此速度下，上升气体对颗粒的曳力与颗粒的净重力相等，所以终端速度就等于颗粒的自由沉降速度。

对于气固体系的流化床，当气速超过临界流化速度时，上升气流对固体颗粒产生的阻力足以维持床层中颗粒的重量，于是系统表现出流态化的特性。但是床层具有很大的不稳定性。床层内颗粒剧烈运动，有许多气泡穿过床层，当它们在表面处破裂时，会把一部分颗粒抛向床层上部的自由空间。

工业上使用的流化床，多采用细粉物料，因而固体颗粒具有一定的粒度分布。在正常的操作气速下，对于一部分粒度小的颗粒，操作气速往往超过了它们的终端速度，此时，颗粒就会被扬析至床面以上，甚至被带走。

流化床的操作特性可用压降、临界流化速度和床层的空隙率三个参数加以描述。

1. 流化床的压降

在整个流化区域内，通过床层的压降几乎是不变的，它近似等于单位床层面积上固体颗粒的重量。

$$\frac{\Delta p}{L_{mf}}=(1-\varepsilon_{mf})(\rho_p-\rho)/9.8 \tag{2-5}$$

式中 L_{mf}—— 临界流化时床层的高度；

ε_{mf}——临界流化时床层的空隙率；

ρ_p——固体颗粒的表观密度；

ρ——气体的密度。

在燃料的流化床气化过程中，通过床层的压降等于单位炉栅面积上燃料层的重量。一般该压降数值为 7.5～8.5 kPa。实际上，通过床层的压降与燃料层的静止高度有一定的关系。通常，用 mmH_2O 表示的压降数值乘以 2，即为燃料层的静床高度（1 mmH_2O=9.8 Pa）。

2. 临界流化速度（u_{mf}）

临界流化速度对于流化床的设计是一个重要的参数。当流化介质一定时，临界流化速度仅取决于颗粒的大小和性质。临界流化速度可借助实验的方法准确测定。但在一些实测不方便的情况下，临界流化速度还可以借助计算的方法来确定。到目前为止，已经提出的临界流化速度的计算方法不少于五六十种，其中常用的公式为：

$$u_{mf} = 0.00923 \frac{d_p^{1.82}}{\rho_g^{0.06}} \cdot \frac{(\rho_s - \rho_g)^{0.94}}{\mu^{0.88}} \tag{2-6}$$

式中　u_{mf}——临界流化速度；

d_p——颗粒平均直径；

ρ_s，ρ_g——气体、固体颗粒的密度；

μ——气体黏度。

该式适用于雷诺数小于10的情况。若雷诺数大于10，需按图2-2进行修正。此式平均偏差为±22%。

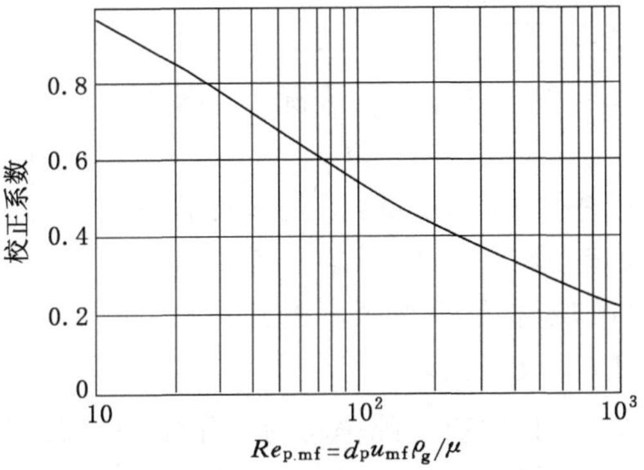

图2-2　式(2-6)的校正系数

颗粒平均直径 d_p 可由下式计算：

$$d_p = \frac{1}{\sum (x_i / d_{pi})} \tag{2-7}$$

式中　d_p——由筛分试验得到的粒径平均值；

x_i——i 级分的质量分数；

d_{pi}——i 级分筛网的平均孔径。

关于临界流化速度的计算公式，在应用上存在着很大的困难，其主要原因是影响临界流化速度的重要因素——固体颗粒的形状特性尚没有满意的表示方法。

对于一个特定的系统，在实验中很容易观察到临界流态化点。所以在($\Delta p / L_{mf}$)可以测定时，由式(2-5)就能够计算临界流化时床层的空隙率。

为了保证固体颗粒的良好流化，气体的操作速度至少应为(1.3～2)u_{mf}。

3. 流化床的空隙率

流化床的空隙率 ε 为

$$\varepsilon = \frac{V - V_s}{V} \tag{2-8}$$

式中　V——流化床的体积；

V_s——固体颗粒的体积。

该值的大小反映流化床内固体颗粒运动强烈的程度。

流化床的空隙率 ε 和床层高度 L_f 以及流化床的平均密度 ρ_f 之间有下述关系：

$$\frac{L_f}{L_{mf}} = \frac{1 - \varepsilon_{mf}}{1 - \varepsilon_f} = \frac{\rho_{mf}}{\rho_f} \tag{2-9}$$

式中　下标 f——某一工况下，流化床的相应参数；

下标 mf——某一工况下，在临界流化时流化床的相应参数。

如果以 a 表示流化床的膨胀度，则有

$$a = \frac{L_f}{L_{mf}} \tag{2-10}$$

该式为同样数量的固体颗粒在流化情况下床高与固定床的高度之比。

由式(2-9)和式(2-10)可得：

$$\varepsilon_f = 1 - \frac{1 - \varepsilon_{mf}}{a} \tag{2-11}$$

流化床的空隙率随床层高度的变化情况，如图 2-3 所示。

一般在下部气体入口区颗粒密度较低，但是该区很短；在高度至 L_f 的主要流化区域颗粒密度仍恒定不变；在表面以上颗粒密度明显减少的区域称为稀相区。由式(2-9)可知，流化床的密度与它的空隙率成反比。

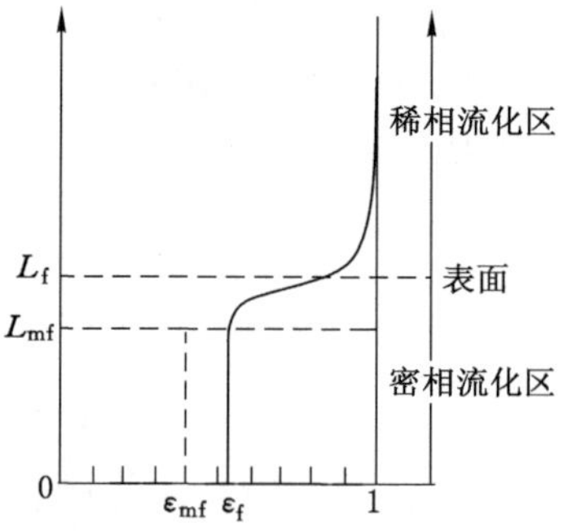

图 2-3　流化床空隙率沿床层高度的变化

对于气固流化床，床层的膨胀度或空隙率均与操作条件如温度、气速、固体颗粒的密度、形状和粒径有关。目前尚没有可供应用的估算方程式。

表 2-2 列举了一些临界流化床层空隙率的实验数据，可供参考。

表 2-2　临界流化床层空隙率

颗　　粒	粒度/mm						
	0.02	0.05	0.07	0.10	0.20	0.30	0.40
锐边砂　ϕ=0.67	—	0.06	0.59	0.58	0.54	0.50	0.49
圆形砂　ϕ=0.86	—	0.56	0.52	0.48	0.44	0.42	—
混合的圆形砂	—	—	0.42	0.42	0.41	—	—
煤和玻璃粉	0.72	0.67	0.64	0.62	0.57	0.56	—
无烟煤　ϕ=0.63	—	0.62	0.61	0.60	0.56	0.53	0.51
吸附炭	0.74	0.72	0.71	0.69	—	—	—
费-托合成催化剂　ϕ=0.58	—	—	—	0.58	0.56	0.55	—
碳化硅	—	0.61	0.59	0.56	0.48	—	—

二、热量传递

热量的传递有传导、对流和辐射三种基本方式。所有的热传导过程都包含其中的一种方式或几种方式。现主要介绍计算热量传递速率的基本方程式。

（一）热量传递方式

1. 热传导

热传导是指温度梯度存在时，由于分子的相互作用而产生的热量传递。

傅立叶(Fourier)首先提出了表示热传导过程的基本方程式：

$$\frac{q}{A} = -k\frac{\partial t}{\partial x} \tag{2-12}$$

式中　q——x 方向上的导热率；

A——与热流方向垂直的面积；

$\frac{\partial t}{\partial x}$——$x$ 方向上的温度梯度；

k——导热系数。

该方程表示热通量($\frac{q}{A}$)与温度梯度的比例关系。比例常数 k 就是导热系数，它是导热介质的物性参数。导热系数主要是温度变化的函数。只有当压强很高或很低时，导热系数才随压强增加而增大。

2. 对流传热

对流传热是指温度差存在时，由流体微团的宏观运动进行的热传递。对流传热是一个表面和邻近流体之间的热传递。

对流传热的基本方程式称作牛顿冷却定律，其表达式为：

$$\frac{q}{A} = h \cdot \Delta t \tag{2-13}$$

式中　$\frac{q}{A}$——对流传热的热流密度；

h——对流传热系数或膜系数；

Δt——固体壁面和流体之间的温差。

一般来说，对流传热系数是系统的几何形状、流体的物理性质和流动性质以及温度差的函数。

式(2-13)是对流传热系数 h 的定义式。下面讨论如何确定对流传热系数。当流体流过一个表面的时候，在贴近表面处存在一个层流的流体薄层，而且紧贴着表面的流体质点是静止的。那么，流体和表面之间的换热，必定要涉及通过贴近表面的流体薄层的热传导。这个流体的膜层常常体现着对流传热的控制阻力，所以 h 也被称作膜系数。

如果以 h_x 表示给定的表面积上某一点处的局部传热系数，而总的或平均传热系数则为：

$$q = \int_A h_x \Delta t \mathrm{d}A = hA\Delta t$$

3. 辐射传热

辐射传热不要求通过介质进行传递。当物体的温度高于 0 K 时，它可以通过电磁波向空间发射能量。这种具有一定能量的电磁波称为热辐射线。当热辐射线投射到较低温度的物体表面时，将部分地被吸收而变为热能。对于辐射传递的过程，可用斯蒂芬-玻尔兹曼(Stefan-Boltzmann)定律表示为：

$$\frac{q}{A} = \delta T^4 \tag{2-14}$$

式中　$\frac{q}{A}$——黑体的辐射能力；

δ——斯蒂芬-玻尔兹曼常数，等于 $5.672\times10^{-8}\,W/(m^2\cdot K^4)$；

T——黑体表面的绝对温度。

为方便起见，通常将上式表示为：

$$\frac{q}{A}=C_0\left(\frac{T}{100}\right)^4$$

式中 C_0——黑体辐射系数，其值为 $5.67\ W/(m^2\cdot K^4)$。

在计算两个表面之间能量的净交换速率时，必须考虑发射表面和接受表面与黑体状况的偏差程度以及发射表面和周围环境之间与辐射交换有关的几何形状因素。

相继应用物理学上熟知的玻尔兹曼（Boltzmann）定律、克希霍夫（Kirchhoff）定律、蓝贝特（Lambert）定律，导出了封闭系统内两黑体间的辐射传热的一般表达式：

$$Q_{12}=A_1\varphi_{12}\varepsilon_s C_0\left[\left(\frac{T_1}{100}\right)^4-\left(\frac{T_2}{100}\right)^4\right] \tag{2-15}$$

式中 A_1——辐射物体的表面面积；

φ_{12}——表面 1 对表面 2 的角系数；

ε_s——系统黑度，由两物体的角系数及黑度组成。

由该式可知，计算两黑体间辐射传热的关键是角系数的求取。工程上为方便起见，把角系数的计算结果绘成曲线，从而可以通过查图得到角系数。

对于气化过程，在 800～1 600 ℃的范围内，燃料颗粒、气体、反应器壁面间的传热，主要是通过热传导、对流和辐射三种方式联合进行的。颗粒之间的主要传热方式是辐射，颗粒-气体间的传热方式主要是传导和对流。

（二）固定床传热

为了把固定床反应器内热量传递过程的计算简化，假定反应气体通过床层时，由于自身温升所吸收的热量很少，可以忽略不计，热量主要通过器壁冷却带走。同时也忽略床层径向浓度和温度分布以及固体颗粒表面和气流主体之间的差异。

固定床器壁的对流传热系数 h_w 定义为：

$$\frac{dq}{dA}=h_w(t_g-t_w) \tag{2-16}$$

式中 q——床层对于壁面的传热速率；

A——壁面的传热面积；

t_g——气流主体的平均温度；

t_w——壁面的温度。

由于固体颗粒的存在，器壁的对流传热系数较之同样流动情况下空的容器高出许多倍。这是因为填充的固体颗粒促进了涡流扩散，并使近壁处层流底层变薄的缘故。

h_w 的数值可按如下关联式计算：

$$\frac{h_w D_t}{K}=0.813\left(\frac{d_p G}{\mu}\right)^{0.9}\exp\left\{-\frac{\delta d_p}{D_t}\right\} \tag{2-17}$$

该式适用于加热过程。

$$\frac{h_w D_t}{K}=3.50\left(\frac{d_p G}{\mu}\right)^{0.7}\exp\left\{-\frac{4.6 d_p}{D_t}\right\} \tag{2-18}$$

该式适用于冷却过程。

式中　K——气体的导热系数；

d_p——固体颗粒的平均直径；

D_t——容器的直径；

G——气体的质量流速；

μ——气体的黏度。

总的传热系数 U 按下式定义：

$$\frac{1}{U} = \frac{1}{h_w} + \frac{\delta}{K} \cdot \frac{A_b}{A_m} + \frac{1}{h_0} \cdot \frac{A_b}{A_0} \tag{2-19}$$

式中　h_0——传热介质侧壁面对流传热系数；

K——器壁的导热系数；

δ——器壁的厚度；

A_b——床侧的传热面积；

A_0——传热介质侧的传热面积；

A_m——A_b 和 A_0 的平均值。

总传热速率方程为：

$$q = UA_m \cdot \Delta t_m \tag{2-20}$$

式中　Δt_m——总传热过程的对数平均温度差。

通常壁的厚度很小，($\frac{A_b}{A_0}$)面积比接近 1。当 q 和 Δt_m 已知时，该式可用来确定所需的传热面积。

对于各种颗粒填充的固定床，通入空气或二氧化碳进行的加热或冷却过程，壁面的对流给热系数一般为 140～240 W/($m^2 \cdot K$)。

（三）流化床传热

在流化床内，由于固体颗粒的运动产生对流传热，可以得到很高的内部热量传递速率。以颗粒总表面积计的气体-固体颗粒传热系数往往很小，但是单位体积的床层有非常大的颗粒表面积，所以这种换热是十分有效的。在流化床中，气体和颗粒的温度可以迅速地达到均匀，并且整个床层内颗粒的温度也倾向于均匀。

流化床中的传热主要有两种形式：颗粒与流体间的传热及床层与受热表面的传热。

1. 颗粒与流体间的传热

颗粒与流体间的传热主要是以对流传热方式进行的。热阻在颗粒表面处形成气膜。实验表明，流化床中仅在分布板上约 25 mm 范围内，颗粒与流体之间存在着温差，其对流传热主要在这一区域内进行。

柯尼(Kunii)和列文斯皮尔(Levenspiel)给出估算对流传热系数的关联式：

$$Nu = 0.03\,(Re)^{1.3} \tag{2-21}$$

式中　Nu——努塞尔数，$Nu=\frac{hd_p}{K}$。

在稳定状态下，颗粒与气体之间的传热速率按下式计算：

$$\frac{q}{A} = h(t_p - t_g) \tag{2-22}$$

式中　h——传热系数；

A——单位体积床层中颗粒的表面积；

t_p——颗粒的温度；

t_g——气流主体的温度。

通常流化床内颗粒与气体之间对流传热系数的范围仅在 6～240 $W/(m^2 \cdot K)$。

2. 床层与受热表面的传热

床层与受热表面的传热情况，首先是流化床床层向固体颗粒边界层的供热。由于床层中固体颗粒的循环运动，床内热的固体颗粒与来自受热表面的较冷固体颗粒混合，从而保证了整个床层温度均匀。其次是通过受热表面气体膜的热传导。床层对受热表面的传热系数受许多因素的影响，如操作气速（图 2-4）、颗粒直径、气体和固体颗粒的物性。

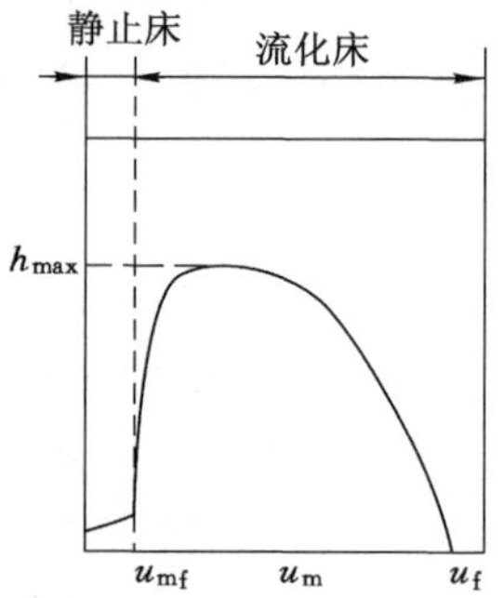

图 2-4　传热系数与操作气速的关系

床层对受热面的传热系数随操作气速的逐渐增加达到一个最大值。超过这一点后，传热系数下降。这是由于在床层温度下，一群固体颗粒因气泡引起的混合作用，被卷到邻近受热表面的区域内。固体颗粒先是紧靠表面，并产生高的局部温度梯度，然后迅速将热量传向受热表面。固体颗粒与受热表面接触时间越长，它们的温度越接近。当颗粒床层从静止转入沸腾状态时，即在床层与受热表面间产生了固体颗粒的快速环流，故观察到传热系数的急剧增大。超过了最大值后，气泡流过受热表面，增大了覆盖作用而抵消了颗粒环流增加的影响。

扎布罗斯基等提出床层对受热表面最大换热系数 h_{max} 的近似关系式：

$$h_{max} = 35.8\rho_p^{0.2} K_g^{0.6} d_p^{-0.36} \tag{2-23}$$

式中　ρ_p——颗粒的表观密度；

K_g——气体的导热系数；

d_p——颗粒的平均粒径。

它是一个有因次的关系式，适用于平均粒径为 40～600 μm、密度为 1 400～4 000 kg/m^3 范围的物料。该式可以较好地预计高温度工况下 h_{max} 的值。

三、质量传递

由于某种推动力所引起的物质分子的运动或流体微团的运动称作质量传递。质量传递过程包括分子扩散和由于对流或者简单的混合作用所产生的物质的迁移。对于气相、固相反应的研究，需要同时考虑传质过程和表面的化学反应。由于气体和固体表面或内部存在着传质现象，局部反应位上的条件与固体颗粒气流主体的条件不同。

（一）气固反应步骤

图 2-5 表示了气体与多孔固体颗粒发生反应的七个步骤：

① 反应气体从气相扩散到固体表面（外扩散）；

② 反应气体通过颗粒的孔道进入小孔的内表面（内扩散）；

③ 反应气体分子吸附在固体表面上形成中间络合物；

④ 吸附的中间络合物之间，或吸附的中间络合物和气相分子之间进行反应，称为表面反应步骤；

⑤ 吸附态的产物从固体表面脱附；

⑥ 产物分子通过固体的内部孔道扩散出来（内扩散）；

⑦ 产物分子从颗粒表面扩散到气相中（外扩散）。

由上可见，第①和②步是气固相反应过程中存在的质量传递过程，并且按性质是两种不同的扩散过程——颗粒的外扩散和内扩散。

第①、③、④、⑤和⑦步是严格串联过程，第②和⑥步是不能决然分开的。因为活性位散布在颗粒的内孔壁上，反应物在内孔里一边扩散，一边发生化学反应。

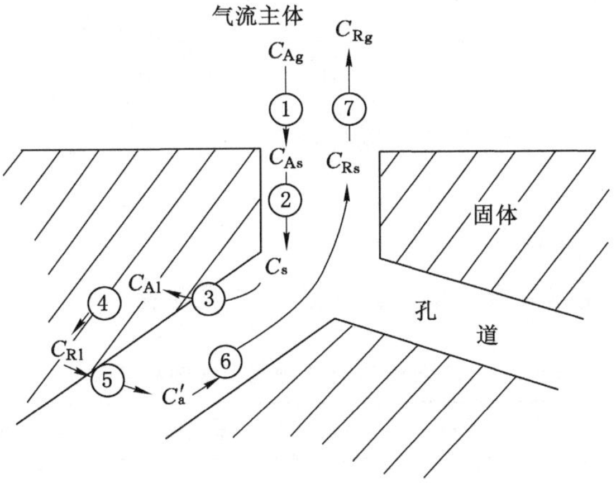

图 2-5　气体与多孔固体颗粒发生反应的步骤

（二）气相的分子扩散、对流扩散和孔扩散

1. 分子扩散

对于由两种分子组成的混合气体，如果它们在各点之间的浓度不同，那么由于分子运动将会发生相互渗透，该现象称为分子扩散。使分子扩散得以进行的推动力是浓度梯度。

费克（Fick）定律定量地描述了分子扩散过程，其基本公式为：

$$J_A = -D_{AB}\frac{dc_A}{dz} \tag{2-24}$$

式中　J_A——单位时间 A 组分通过单位面积的物质的量；

D_{AB}——组分 A 在组分 B 中的扩散系数；

$\frac{dc_A}{dz}$——组分 A 在扩散方向 z 方向的浓度梯度。

J_A 是一个向量，它的方向与浓度梯度方向相反，在式中以负号表示。

在气固反应中，组分 A 的摩尔通量是相对固定颗粒定义的，以 N_A 表示，则可得费克（Fick）定律的又一表达式：

$$N_A = -D_{AB}\frac{dc_A}{dz} + Y_A(N_A + N_B) \tag{2-25}$$

式中　N_A——组分 A 相对固定坐标的摩尔通量；

N_B——组分 B 相对固定坐标的摩尔通量；

Y_A——组分 A 的摩尔分数。

该式中 N_A 包括两个部分，一部分为 A 在（$N_A + N_B$）总的摩尔通量中所占的百分数；另一部分为 A 的浓度梯度所产生的扩散通量。只有当存在等分子逆向扩散时，即 $N_B=-N_A$ 时，才有：

$$N_A=-D_{AB}\frac{dc_A}{dz} \tag{2-26}$$

上式是费克(Fick)定律的等价表达式，通常根据使用的方便来选用。费克(Fick)定律可以应用于静止流体中的分子扩散和层流流体中的分子扩散，扩散系数 D_{AB} 对于各式都是相同的。

对于理想气体二元混合物，有：

$$J_A=-D_{AB}\frac{dc_A}{dz}=-\frac{D_{AB}}{RT}\frac{dp_A}{dz}$$

式中 $\frac{dp_A}{dz}$——组分 A 在 z 方向上的浓度梯度；

R——摩尔气体常数；

T——气体热力学温度。

低压力下某些二元气体混合物的扩散系数实验值见表 2-3。

表 2-3 二元气体混合物的扩散系数实验值

体 系	温度/K	$D_{AB}p$/[(cm²/s)·atm]	体 系	温度/K	$D_{AB}p$/[(cm²/s)·atm]
空气-二氧化碳	317.2	0.177	二氧化碳-氧	293.2	0.153
空气-水	313	0.288	二氧化碳-水	307.2	0.198
二氧化碳-氮	298	0.167	一氧化碳-氢	273	0.651
二氧化碳-氢	273	0.550	一氧化碳-氮	288	0.192
二氧化碳-甲烷	273	0.153	一氧化碳-氧	273	0.185
二氧化碳-甲醇	299	0.105	氢-甲烷	288	0.694

注：1 atm=0.098 MPa。

在许多情况下，对于面临的物系找不到现成的扩散系数数据时，可借助半经验公式进行计算。

$$D_{AB}=\frac{1.00\times10^{-7}T^{1.75}\left(\frac{1}{M_A}+\frac{1}{M_B}\right)^{\frac{1}{2}}}{p\left[\left(\sum V_A\right)^{\frac{1}{3}}+\left(\sum V_B\right)^{\frac{1}{3}}\right]^2} \tag{2-27}$$

式中 D_{AB}——A、B 二元气体扩散系数；

T——体系的温度；

p——体系的绝对压力；

M_A，M_B——A 和 B 两种物质的相对分子质量；

$\sum V_A$，$\sum V_B$——A 和 B 两种物质的分子体积。

表 2-4 列举了结构简单气体物质的分子体积。

表 2-4　结构简单气体物质的分子体积

气体物质	分子体积/(cm^3/mol)	气体物质	分子体积/(cm^3/mol)
H_2	7.07	空气	20.1
CO	18.9	NH_3	14.9
CO_2	26.9	H_2O	12.7
N_2	17.9	SO_2	41.1
N_2O	35.9	CH_4	24.4
O_2	16.6	NO	23.6

该式适用于在适当温度下的简单非极性系统，其误差小于10%。

对于一个组分向几个组分混合物扩散时，扩散系数由下式估算：

$$D_{1m} = \frac{1-Y_1}{\sum_{j=2}^{m}(Y_j/D_{1j})} \tag{2-28}$$

式中　Y_1——体系中扩散组分的摩尔分数；

Y_j——j 组分的摩尔分数；

D_{1j}——扩散组分与 j 组分的二元气体扩散系数。

2. 对流扩散

对流扩散是流体主体与相界面之间的涡流扩散和分子扩散这两种传质作用的总称。对于流体主体，通过旋涡微团传递的规模和速度远比单个分子来得大，因此涡流扩散占主要地位。流体流过固体壁面时，在靠近固体表面的地方存在着流体的薄层，薄层内的流动是层流。而且，紧挨着固体表面的流体是静止的。所以在运动流体和固体表面间的传递过程，一定包括通过流体的静止层和层流层的分子扩散。通常根据薄膜的概念来描述对流扩散过程。此时，假设组分 A 由气流主体扩散到固体表面的全部阻力，都集中在一个厚度恒定的静止薄膜内。物质以分子扩散方式通过此膜层。由于膜很薄，膜内组分 A 的浓度变化可以视为线性的。这个假想的薄层厚度以 δ 表示。这样实际上是把复杂的相际传质过程简化了，把物质的对流扩散等同为在厚度为 δ 的流层内发生的分子扩散。

图 2-6 所示为单个碳颗粒与氧反应时，在颗粒表面附近发生的氧传递过程。

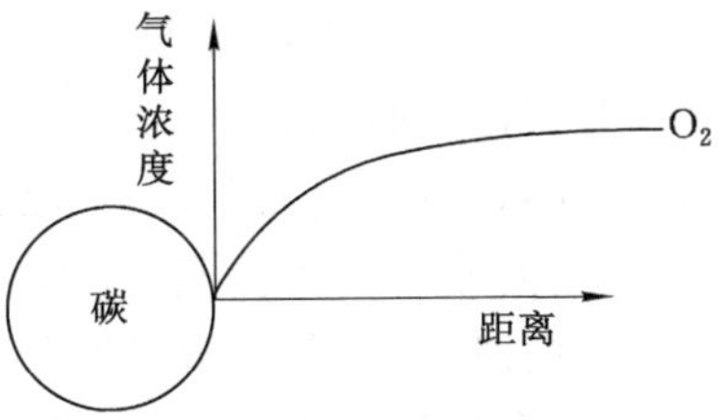

图 2-6　燃烧碳粒表面附近的气体浓度分布

在薄膜内存在的浓度差($c_{Ag}-c_{As}$)即为扩散的推动力。

流体主体与固体表面间的质量传递可写为：

$$N_A = k_g(c_{Ag}-c_{As}) = k_g\Delta c \tag{2-29}$$

式中　N_A——相对于固定坐标，组分 A 的传质摩尔通量；

Δc——组分 A 在气流主体与固体表面的浓度差，$\Delta c = c_{Ag} - c_{As}$；

k_g——对流扩散系数，其单位与传质推动力的选择有关。

利用薄膜概念研究气固反应系统，特别是流体和填充床颗粒的传质过程时，传质系数的计算是以经验关联式为基础的。在流动状态下，常用传质系数的定义式为：

雷诺准数　$$Re = \frac{d_p \rho u}{\mu}$$

施密特准数　$$Sc = \frac{\mu}{\rho D}$$

舍伍德准数　$$Sh = \frac{k_g d_p}{D}$$

式中　u——床层内平均流速；

d_p——固体颗粒的当量直径；

μ——流体的黏度；

ρ——流体的密度；

D——组分的分子扩散系数；

k_g——组分的对流扩散系数。

对于流体流经填充床，层流向湍流过渡发生在雷诺准数接近 40 的时候。

关于传质数据关联的最方便的形式是用传质因子 J_D：

$$J_D = \frac{k_g \rho}{G} Sc^{2/3} \tag{2-30}$$

对于多数填充床，当 Re 介于 90～4 000 之间，气体对于固体颗粒之间的传质，伽普特(Gupta)和詹德斯(Thodos)提供如下关联式：

$$\varepsilon \cdot J_D = \frac{2.06}{Re^{0.575}} \tag{2-31}$$

式中　ε——颗粒床层的空隙率。

许多研究者根据各自的实验数据，对于 J_D 和 Re 的函数关系，提出了各种关联式。其中某些关系式，使用床层空隙率作为另一个关联参数。

3. 孔扩散

在固体颗粒微孔内发生的传质过程，有两种最重要的机理，即分子扩散和努森扩散。当固体颗粒孔径较大时，分子运动的平均自由程约为 10^{-5} cm，当颗粒孔径大于 10^{-4} cm 时，传递是按分子扩散进行。此时分子扩散系数可用费克(Fick)定律以求得传质摩尔通量和孔中浓度分布。当固体颗粒孔径远小于气体分子的平均自由程时，分子与微孔内壁碰撞的机会比分子之间碰撞的机会大得多，在这种情况下，气体分子在微孔内的扩散称为努森扩散。努森扩散系数 D_k 与微孔半径及温度的平方根成正比，而与压力无关。采用类似于费克定律的形式，则有：

$$N_A = -D_k \frac{dc_A}{dz} \tag{2-32}$$

式中　N_A——单位微孔面积、单位时间组分 A 扩散的物质的量；

D_k——努森扩散系数。

根据气体动力学理论，可导出努森扩散系数的表达式：

$$D_k = 9.70 \times 10^3 a \left(\frac{T}{M_A}\right)^{1/2} \tag{2-33}$$

式中 D_k——努森扩散系数；

a——直圆柱状微孔的半径；

T——温度；

M_A——物质 A 的相对分子质量。

在通常温度范围内，当孔半径为 1 nm 时，平常质量的分子努森扩散系数 D_k 是 0.01 cm^2/s；当孔半径为 1 000 nm 时，平常质量的分子努森扩散系数 D_k 是 10 cm^2/s。

应用气体动力学理论，可以导出下式：

$$\frac{\lambda}{2a} = \frac{D_{AB}}{D_k} \tag{2-34}$$

式中 D_{AB}——组分 A 在混合气体中的分子扩散系数；

D_k——组分 A 的努森扩散系数；

λ——分子的平均自由程。

该式表明，λ 对 $2a$ 的比值等于分子扩散系数 D_{AB} 和努森扩散系数 D_k 之比。由此可以确定在某一扩散过程中，是否可以忽略分子扩散系数或努森扩散系数。很明显，在压力或分子浓度增大时，将发生从努森扩散系数向分子扩散系数的转化。

在一定的范围内，两种扩散过程对传质的贡献都要考虑，这时要使用总扩散系数 D_c：

$$D_c = \frac{1}{1/D_k + (1-\alpha Y_A)/D_{AB}} \tag{2-35}$$

式中 Y_A——气相中组分 A 的摩尔分数；

α——$\alpha = 1 + \frac{N_B}{N_A}$。

式中 N_A 和 N_B 表示对固定坐标，组分 A 和组分 B 扩散的摩尔通量。

当存在等分子逆向扩散时，即 $N_B = -N_A$ 时，则有：

$$D_c = \frac{1}{1/D_k + 1/D_{AB}} \tag{2-36}$$

当气固反应的计量关系是 $A + B_s \rightarrow R$，在稳定状态时，固体颗粒的微孔内将发生等分子逆向扩散。

在式(2-35)中可比较分母中两项数值的大小，以判别在传质过程中努森扩散和分子扩散究竟哪一个占主要地位。注意到，D_k 正比于孔径而与压力无关；D_{AB} 反比于压力而与孔径无关。因此，在较高压力和较大孔径时，分子扩散将占主要地位。

通常固体颗粒的微孔不是直圆柱孔，而是具有极复杂的结构。因此，需要引入有效扩散系数 D_e：

$$D_e = \frac{D_c \varepsilon_p}{\tau'} = \frac{D_c \varepsilon_p}{L'S'} \tag{2-37}$$

式中 D_c——传质过程的总扩散系数；

ε_p——固体颗粒的空隙率；

τ'——固体颗粒微孔的弯曲因子；

L'——固体颗粒微孔的长度因子；

S'——固体颗粒微孔横截面的形状因子。

τ'反映了固体颗粒微孔结构的特性。式中 $\tau'=L'S'$。应用该式预计有效扩散系数 D_e 时，需要知道 ε_p 和 τ'。其中 τ'值的求取是困难的，已测得弯曲因子在 1～10 范围内时，通常为 3～7。

第二节　煤炭气化的热力学基础

煤炭气化反应中伴随着吸热或放热现象，这种反应热效应是气化系统与外界进行能量交换的主要形式。研究气化过程的热力学主要是研究气化反应进行的方向和限度，以解决在某一条件下气化反应的可能性问题。在煤炭气化反应中，常用反应焓来计算其热效应，把系统的焓变称为反应热。反应焓只与反应过程的始态和终态有关，而不需考虑由始态到达终态的途径，也不涉及气化反应的机理和反应速率。

一、煤气化反应热效应

化学反应热效应是指恒温恒压条件下物质间因化学反应所放出或吸收的热量，又称反应焓，可用 ΔH_R 表示。标准反应热 ΔH_R（或标准反应焓）指在标准状态下（298 K 和 101 325 Pa），由反应物反应生成产物时所发生的焓变。反应焓是状态函数，它只与反应的始态和终态有关，而与变化的途径无关。

标准反应热可根据盖斯定律，利用反应系统反应物和生成物的标准生成热或标准燃烧热来计算。

其中，标准生成热 ΔH_f 指在标准状态下（298 K 和 101 325 Pa），由最稳定的单质直接生成 1 mol 化合物时的焓变。对于任意一个反应可写出通式：

$$\Delta H_R^{\ominus}=\sum(n_j\Delta H_{f,j}^{\ominus})_{产物}-\sum(n_i\Delta H_{f,i}^{\ominus})_{反应物}$$

式中　n_i,n_j——反应物和产物各组分物质在反应式中的计量系数。

标准燃烧热 ΔH_C 指在标准状态下（298 K 和 101 325 Pa），1 mol 物质完全燃烧时焓的变化。对于任意一个反应可写出通式：

$$\Delta H_R^{\ominus}=\sum(n_i\Delta H_{C,i}^{\ominus})_{反应物}-\sum(n_j\Delta H_{C,j}^{\ominus})_{产物}$$

式中　n_i,n_j——反应物和产物各组分物质在反应式中的计量系数。

各物质的标准生成热及标准燃烧热均可以在手册中查到。需要注意各物质的聚集状态，如气态、液态或固态。

由于气化反应是在高温下进行的，需计算高温时的热效应。克希霍夫（Kirchhoff）定律描述了温度对反应焓的影响，其数学表达式为：

$$\left[\frac{\partial(\Delta H)}{\partial T}\right]_p=\sum(n_jC_{p,j})_{产物}-\sum(n_iC_{p,i})_{反应物}=\Delta C_p \tag{2-38}$$

式中　n_i,n_j——反应物和产物各组分物质在反应式中的计量系数。

上式表明，反应焓在恒压下对温度 T 的导数在数值上等于产物与反应物恒压热容之差。若知道 C_p 随 T 的变化关系，就可以用图解法通过积分求解，也可将热容的经验关系式

$C_p=a+bT+cT^2+\frac{c'}{T^2}$代入直接积分，此时

$$\Delta C_p=\Delta a+\Delta bT+\Delta cT^2+\frac{\Delta c'}{T^2}$$

其中：

$$\Delta a=\sum(n_ja_j)_{产物}-\sum(n_ia_i)_{反应物}$$

$$\Delta b=\sum(n_jb_j)_{产物}-\sum(n_ib_i)_{反应物}$$

$$\Delta c=\sum(n_jc_j)_{产物}-\sum(n_ic_i)_{反应物}$$

$$\Delta c'=\sum(n_jc_j')_{产物}-\sum(n_ic_i')_{反应物}$$

将克希霍夫(Kirchhoff)定律表达式写成不定积分式：

$$\Delta H_{R,T}=\Delta H_0+\Delta aT+\frac{\Delta b}{2}T^2+\frac{\Delta c}{3}T^3-\frac{\Delta c'}{T} \tag{2-39}$$

式中　$\Delta H_{R,T}$——温度 T 时的反应焓；

ΔH_0——积分常数。

积分常数 ΔH_0 可由已知温度下的反应焓数据求得。利用上式，只要知道一个温度下的反应焓，就可求得其他任何温度下的反应焓。

在应用克希霍夫(Kirchhoff)公式积分时，也需要注意各物质的相态。物质不同聚集态的 C_p 值不同，所以在积分的温度范围内不能有相变化。比如在某温度 T' 时有相变化，则积分时应分两段积分，先从 T_1 积分至 T'，然后再从 T' 积分至 T_2，并要计入温度 T' 时的相变热。

二、煤气化反应平衡常数

严格地讲，煤炭气化过程中，许多气化反应都是可逆反应，即反应既可以从左向右正向进行，也可以从右向左逆向进行。在化学反应方程式中用双箭头“⇌”表示反应可逆。一般来说，正反应和逆反应以不同的反应速率同时进行，在一定温度反应足够的时间，反应可能达到平衡状态。在一般工业气化操作条件下，除了水煤气变换反应外，其他的气化反应很难达到平衡状态，有的甚至离平衡状态还相当远。但是，研究其平衡状态，可掌握反应进行的方向和限度，并且通过对反应条件的控制，使反应朝着需要的方向进行，并从理论上预示产物所能达到的最大限度和反应物所必需的消耗量。

（一）平衡常数的表示方法及计算

平衡常数 K 是描述反应处于平衡状态时，即正反应速率和逆反应速率相等时的一个特性数据。在给定条件下，K 可以看成是反应所能达到限度的标志。K 的数值越大，表示体系达到平衡时，反应向右完成的程度越大，反应进行得越完全。

对于一般的可逆反应：

$$aA+bB \underset{k_2}{\overset{k_1}{\rightleftharpoons}} cC+dD$$

正反应速率 ω_1 为：

$$\omega_1=k_1[A]^a[B]^b$$

式中　k_1——正反应速率常数；

$[A]$,$[B]$——反应物 A、B 的浓度。

逆反应速率 ω_2 为：

$$\omega_2 = k_2 [C]^c [D]^d$$

式中　k_2——逆反应速率常数；

[C]，[D]——生成物 C、D 的浓度。

当反应达到平衡时，正、逆反应速率相等，即：$\omega_1 = \omega_2$。

以浓度表示的反应平衡常数 K_c 表达式为：

$$K_c = \frac{k_1}{k_2} = \frac{[C]^c [D]^d}{[A]^a [B]^b} \tag{2-40}$$

K_c 与反应的温度有关，温度不同，K_c 值不同。K_c 值越大，表明在平衡状态时生成物浓度的乘积越大，反应向右完成的程度越大。

对于气体反应，气体的分压与其浓度成比例，因此可用分压表示平衡常数。以分压表示的反应平衡常数 K_p 的计算式为：

$$K_p = \frac{(p_C)^c (p_D)^d}{(p_A)^a (p_B)^b} \tag{2-41}$$

式中　p_A，p_B，p_C，p_D——气化反应的反应物 A、B 及生成物 C、D 的分压。

若平衡常数用各组分的摩尔分数表示，即得到以摩尔分数表示的平衡常数 K_x：

$$K_x = \frac{(x_C)^c (x_D)^d}{(x_A)^a (x_B)^b} \tag{2-42}$$

式中　x_A，x_B，x_C，x_D——气化反应的反应物 A、B 及生成物 C、D 的摩尔分数。

若气体服从理想气体状态方程，可导出平衡常数三种表达式 K_p、K_c、K_x 的关系：

$$K_p = K_c (RT)^{(c+d)-(a+b)} = K_c (RT)^{\Delta n}$$

$$K_x = K_p \frac{1}{p^{\Delta n}} = K_c \left(\frac{RT}{p}\right)^{\Delta n} \tag{2-43}$$

式中　p——混合气体的总压强。

若反应前后气体体积没有发生变化，则 $\Delta n = 0$，则

$$K_p = K_c = K_x$$

对于非均相反应，平衡常数 K_p 可以简化。K_p 表达式中只需要表示气相组分的分压，而固体和液体的分压不需写入。如：二氧化碳还原反应 $C(s) + CO_2(g) \rightleftharpoons 2CO(g)$ 的平衡常数 K_p 表达式为：$K_p = \frac{p_{CO}^2}{p_{CO_2}}$。

需注意的是，K_p 的常数性质仅适用于理想气体的化学反应。K_p 的大小决定于反应的本性和温度，与总压以及各物质的平衡分压无关。但 K_p 的数值与反应方程式的写法有关。例如，气化过程中甲烷生成的方程式及平衡常数表达式可以写成以下两种形式：

① $CO(g) + H_2(g) \rightleftharpoons \frac{1}{2}CH_4(g) + \frac{1}{2}CO_2(g)$　　$K_{p1} = \frac{p_{CH_4}^{0.5} \cdot p_{CO_2}^{0.5}}{p_{CO} \cdot p_{H_2}}$

② $2CO(g) + 2H_2(g) \rightleftharpoons CH_4(g) + CO_2(g)$　　$K_{p2} = \frac{p_{CH_4} \cdot p_{CO_2}}{p_{CO}^2 \cdot p_{H_2}^2}$

显然，K_{p1} 和 K_{p2} 的数值是不相等的，$K_{p1}^2 = K_{p2}$。

某些情况下 K_p 的数值还与所用压强的单位有关，这取决于反应前后总物质的量的变化值 Δn 是否等于零。若 $\Delta n = 0$，则 K_p 的数值与压强单位无关；若 $\Delta n \neq 0$，则 K_p 的数值与

压强单位有关。如甲烷生成的平衡常数 K_{p1} 的因次是压强的 -1 次，压强用 atm 表示时，K_{p1} 的数值是采用 mmHg 为单位时的 760 倍。

由平衡常数的表达式可知，可以通过测定反应平衡时各组分的含量（摩尔分数）而计算平衡常数的数值。但实际煤气化过程的反应非常复杂，系统中存在二次反应使某些反应物和产物含量（摩尔分数）不易测准，所以反应的平衡常数难以直接测定。我们可以通过热力学公式用计算方法来判断气化反应进行的方向和计算平衡常数的数值。

在一定温度和压力下，系统达到平衡状态时，有

$$\Delta G^{\ominus} = -RT\ln K_p$$

$\Delta G^{\ominus}$ 为反应的标准自由焓变化或标准反应自由焓。因而，只要能求得反应的标准自由焓变化值 $\Delta G^{\ominus}$，就可以求得 K_p 的数值。$\Delta G^{\ominus}$ 一般通过以下两种方法求得。

① 从标准生成自由焓数据来计算，公式为

$$\Delta G^{\ominus} = \sum (n_j \Delta G_{\mathrm{f},j}^{\ominus})_{产物} - \sum (n_i \Delta G_{\mathrm{f},i}^{\ominus})_{反应物}$$

式中　n_i, n_j——i 或 j 组分物质在反应式中的计量系数；

$\Delta G_{\mathrm{f},i}^{\ominus}, \Delta G_{\mathrm{f},j}^{\ominus}$——$i$ 或 j 组分物质的标准生成自由焓。

② 从标准反应焓和标准反应熵数据来计算，公式为

$$\Delta G = \Delta H^{\ominus} - T\Delta S^{\ominus}$$

$$\Delta H^{\ominus} = \sum (n_j \Delta H_{\mathrm{f},j}^{\ominus})_{产物} - \sum (n_i \Delta H_{\mathrm{f},i}^{\ominus})_{反应物}$$

$$\Delta S^{\ominus} = \sum (n_j \Delta S_j^{\ominus})_{产物} - \sum (n_i \Delta S_i^{\ominus})_{反应物}$$

式中　$\Delta H^{\ominus}$——标准反应焓；

$\Delta S^{\ominus}$——标准反应熵；

$\Delta H_{\mathrm{f},i}^{\ominus}, \Delta H_{\mathrm{f},j}^{\ominus}$——$i$ 或 j 组分物质的标准生成焓；

$\Delta S_i^{\ominus}, \Delta S_j^{\ominus}$——$i$ 或 j 组分物质的标准熵。

利用手册查得各种物质在 298 K 和 101 325 Pa 时的标准生成自由焓、标准生成焓和标准熵，从而可以计算出 298 K 和 101 325 Pa 时的化学平衡常数 K_p 的数值。但在实际问题中化学反应往往都不是在这个条件下发生的，所以需要讨论温度和压力对平衡常数的影响。

（二）平衡常数的影响因素

化学平衡只有在一定的条件下才能保持，当条件改变时，平衡就破坏了，直到与新条件相适应，才能达到新的平衡，因平衡破坏而引起含量（摩尔分数）的变化过程，称为平衡的移动。平衡移动的根本原因是外界条件的改变，对正逆两反应速度发生了不同的影响。

吕・查德理（Le Chatelier）原理：处于平衡状态的体系，当外界条件如温度、压力及含量（摩尔分数）等发生变化时，则平衡发生移动，其移动方向总是向着削弱或者抗拒外界条件改变的影响。下面主要讨论温度和压力对平衡常数的影响。

1. 温度对平衡常数的影响

范特霍夫（Van't Hoff）微分式反映了温度对平衡常数的影响：

$$\frac{\mathrm{d}(\ln K_p)}{\mathrm{d}T} = \frac{\Delta H^{\ominus}}{RT^2} \tag{2-44}$$

从上式可以看出，若反应为吸热反应，$\Delta H^{\ominus}>0$，$\dfrac{\mathrm{d}(\ln K_p)}{\mathrm{d}T}>0$，$K_p$ 随温度升高而增大，对于

这类反应，一般来说升高温度有利于反应的进行；反之，若反应为放热反应，$\Delta H^{\ominus}<0$，$\frac{d(\ln K_p)}{dT}<0$，K_p 随温度升高而降低，对于这类反应，一般来说降低温度有利于反应的进行。

将式(2-39)代入式(2-44)，可得不定积分式：

$$\ln K_p = -\frac{\Delta H_0}{RT} + \frac{\Delta a}{R}\ln T + \frac{\Delta b}{2R}T + \frac{\Delta c}{6R}T^2 + \frac{\Delta c'}{2RT^2} + I \tag{2-45}$$

式中　I——积分常数。

要求得平衡常数 K_p 的数值，首先必须知道某一温度的 ΔH 值(一般用 25 ℃下的 $\Delta H_{298}^{\ominus}$ 值)，再由式(2-39)求出第一个积分常数值 ΔH_0；其次还需要知道某一温度的 K_p 值。将 ΔH_0 及 K_p 值代入式(2-45)，便可得到平衡常数 K_p 与温度 T 的关系。有了这个关系式，就可求得任意温度的 K_p 值。当然，该关系式适用范围取决于 ΔC_p 适用的温度范围。

2. 压力对平衡常数的影响

压力对于液相反应影响不大，而对于有气体参加的反应，影响是比较显著的。根据吕·查德理(Le Chatelier)原理，升高压力平衡向气体压力(体积)减小的方向进行；反之，降低压力，平衡向气体压力(体积)增大的方向进行。

在高压情况下，实际气体的性质与理想气体有很大的差异。因此，适用于低压气体反应的平衡常数 K_p 的表达式就不再适用于高压气体。为此引入新的函数逸度 f 来代替压力 p，对于气相混合组分，各组分的逸度与各分压的关系为：

$$f_i = \phi_i p_i$$

式中　ϕ_i——i 组分的逸度系数；

p_i——i 组分的分压力。

对于一般实际气体的化学反应

$$a\mathrm{A} + b\mathrm{B} \underset{k_2}{\overset{k_1}{\rightleftharpoons}} c\mathrm{C} + d\mathrm{D}$$

达到平衡时用逸度表示反应的平衡常数 K_f 表达式为：

$$K_f = \frac{f_C^c f_D^d}{f_A^a f_B^b} = \frac{p_C^c p_D^d}{p_A^a p_B^b}\frac{\phi_C^c \phi_D^d}{\phi_A^a \phi_B^b} = K_p K_\phi \tag{2-46}$$

式中　f_A, f_B, f_C, f_D——反应物组分 A、B 和生成物组分 C、D 的逸度；

$\phi_A, \phi_B, \phi_C, \phi_D$——反应物组分 A、B 和生成物组分 C、D 的逸度系数；

K_ϕ——各组分逸度系数表示的反应活度系数。

由上式可知：
$$K_p = \frac{K_f}{K_\phi}$$

如果反应系统压力较低，则实际气体可以看作理想气体，此时逸度等于分压。即 $\phi_i = 1$，$K_\phi = 1$，因而 $K_f = K_p$。

如何求算高压下的 K_p 值呢？先要计算 K_f 和 K_ϕ。

① 各组分逸度表示的平衡常数 K_f 满足公式：

$$\Delta G^{\ominus} = -RT\ln K_f \tag{2-47}$$

② 为了计算 K_ϕ，必须求得混合气体中各气体的逸度系数 ϕ_i。气体逸度系数的计算可采用对比状态法，即不同气体在相同的对比压力 p_R 及对比温度 T_R 下有大致相同的逸度系数。因此，可根据气体的对比压力 p_R 和对比温度 T_R，由普遍化逸度系数图查得气体

逸度系数。

分别求得 K_f 和 K_ϕ 后，代入公式即可求得高压下的 K_p 值。有了 K_p 值就可以求算平衡时物系的组成，并进行有关工艺分析。

三、主要气化反应的化学平衡与热效应

（一）碳与氧间的化学平衡与热效应

以空气或氧气为气化剂时，碳与氧的化学反应和平衡常数为：

$$C+O_2 \rightleftharpoons CO_2 \qquad K_{p1}=\frac{p_{CO_2}}{p_{O_2}}$$

$$2C+O_2 \rightleftharpoons 2CO \qquad K_{p2}=\frac{p_{CO}^2}{p_{O_2}}$$

$$2CO+O_2 \rightleftharpoons 2CO_2 \qquad K_{p3}=\frac{p_{CO_2}^2}{p_{CO}^2 p_{O_2}}$$

$$C+CO_2 \rightleftharpoons 2CO \qquad K_{p4}=\frac{p_{CO}^2}{p_{CO_2}}$$

平衡常数与温度的关系如表 2-5 所示。从表 2-5 可以看出，在温度为 700～1 700 ℃范围内，除二氧化碳还原反应外，其他三个反应的平衡组成中几乎全部是生成物，因而可认为这三个反应是不可逆的。而二氧化碳还原反应平衡常数的对数值在正、负值之间变动，即其平衡组成中 CO 和 CO_2 的相对含量随平衡时温度不同变化很大。

表 2-5　平衡常数与温度的关系

平衡常数	lg K_p	600 ℃	700 ℃	900 ℃	1 000 ℃	1 100 ℃	1 300 ℃	1 700 ℃
K_{p1}	lg K_{p1}	—	20.8	15.82	13.93	12.12	9.38	7.25
K_{p2}	lg K_{p2}	—	—	—	18.7	17.43	16.33	—
K_{p3}	lg K_{p3}	—	20.8	17.37	16.05	14.78	12.86	—
K_{p4}	lg K_{p4}	−2.49	−0.05	1.55	2.12	2.64	3.48	4.10

二氧化碳还原反应是一个可逆反应，也是一个强吸热反应。在这个反应进行过程中，升高温度，平衡向吸热方向移动，即升高温度对该反应有利。

二氧化碳还原反应在不同温度下的平衡组成如表 2-6 和图 2-7 所示。可以看到，随着温度的升高，其还原产物 CO 的组成随着温度升高而增加。温度越高，一氧化碳平衡浓度越高。当温度升高到 1 000 ℃时，CO 的平衡组成为 99.1%。

表 2-6　$C+CO_2 \rightleftharpoons 2CO$ 平衡组成

温度/℃	450	650	700	750	800	850	900	950	1 000
x_{CO_2}/%	97.8	60.2	41.3	24.1	12.4	5.9	2.9	1.2	0.9
x_{CO}/%	2.2	39.8	58.7	75.9	87.6	94.1	97.1	98.8	99.1

对二氧化碳还原反应平衡常数的研究很多。布杜阿尔（O. Boudouard）研究结果认为，平衡常数与温度的关系如下：

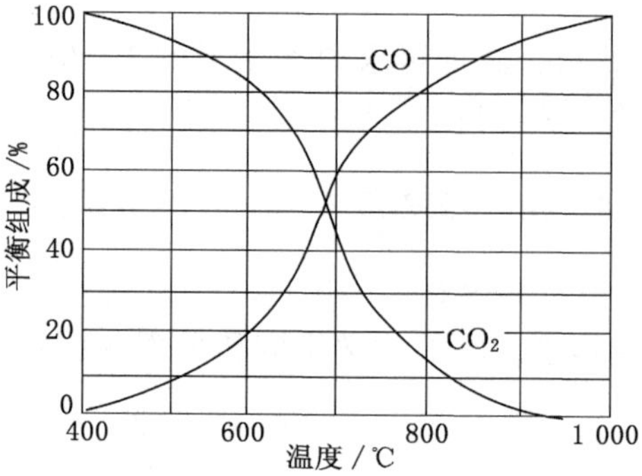

图 2-7 二氧化碳还原反应平衡混合物组成与温度的关系

$$\ln K_p = -\frac{21\ 000}{T} + 21.4$$

平衡常数与温度的关系也可以表示如下：

$$\lg K_p = \lg \frac{p_{CO}^2}{p_{CO_2}} = -\frac{8\ 947.7}{T} + 2.467\ 5\lg T - 0.001\ 082\ 4T + 0.000\ 000\ 116T^2 + 2.772$$

由该式得到的平衡常数曲线如图 2-8 所示。当温度上升时，平衡常数急剧增加，也证实了温度越高，越有利于这个反应的进行。

二氧化碳还原反应后气体体积或分子数增加，如果增大压力，则使平衡向左移动，因此上述反应适宜在减压下进行。压力对该反应平衡混合物组成的影响如图 2-9 所示。

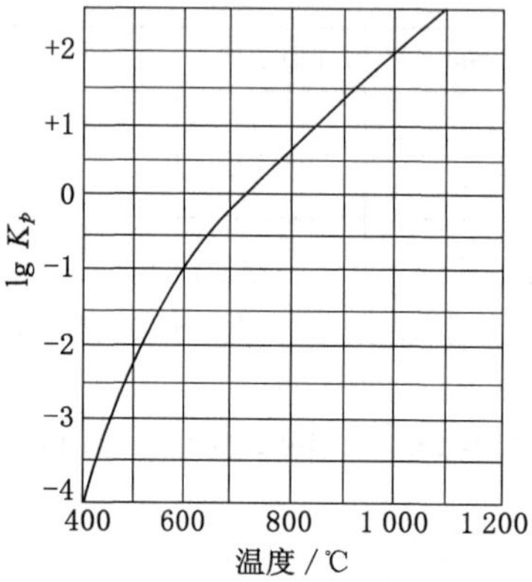

图 2-8 $C+CO_2 \rightleftharpoons 2CO$ 反应的平衡常数曲线

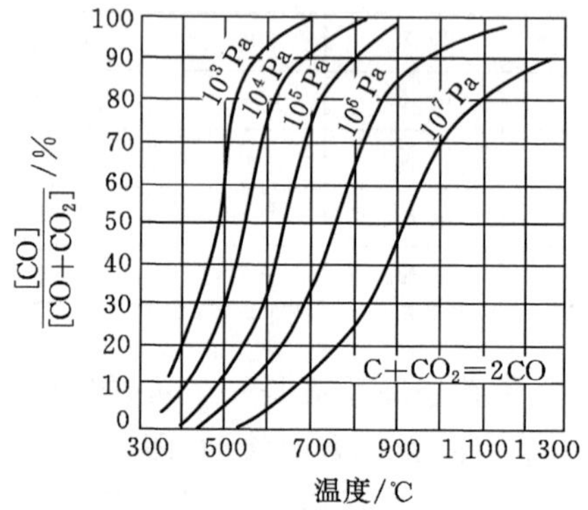

图 2-9 $C+CO_2 \rightleftharpoons 2CO$ 中平衡混合物组成与压力的关系

由图 2-10 可知，随着压力的增加，平衡时混合物组成中 CO 的含量减少。当反应温度为 700 ℃时，混合气体压力在 10^4 Pa 时，CO 的平衡含量约为 94%，混合气体压力在 10^5 Pa 时，混合气体中 CO 的平衡含量则降至 78%，而在 10^6 Pa 时进一步降至 36%。

（二）碳与水蒸气间的化学平衡与热效应

对气化有重要意义的碳与水蒸气反应，大量的研究表明，其初次反应是：

$$C(s) + H_2O(g) \rightleftharpoons CO(g) + H_2(g)$$

在过量水蒸气的参与下，继而又发生反应：

$$CO(s)+H_2O(g) \rightleftharpoons CO_2(g)+H_2(g)$$

把这两个反应组合在一起，即得二分子水蒸气与碳的反应：

$$C(s)+2H_2O(g) \rightleftharpoons CO_2(g)+2H_2(g)$$

路易斯(Lewis)等的研究结果如图 2-10 所示。

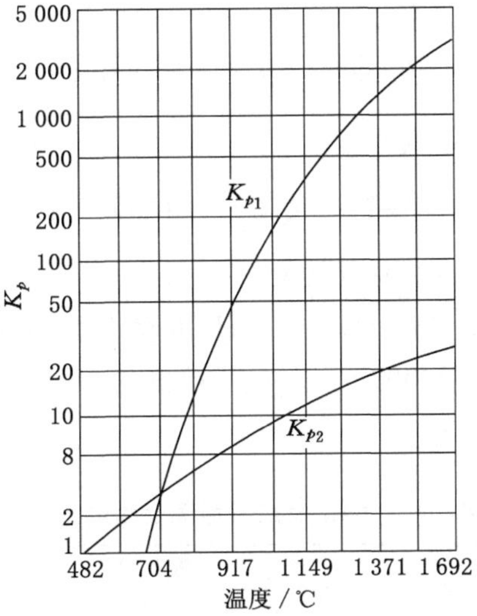

图 2-10　碳与水蒸气反应的平衡常数与温度的关系

图中 $K_{p1}=\dfrac{p_{CO}\cdot p_{H_2}}{p_{H_2O}}$　　$K_{p2}=\dfrac{p_{CO_2}^{0.5}\cdot p_{H_2}}{p_{H_2O}}$

由图 2-10 可知，随着上述两反应的平衡常数都随着温度的升高而增加，但温度对两个反应的影响程度不同。温度较低时，$C(s)+2H_2O(g)$ 的反应平衡常数比 $C(s)+H_2O(g)$ 的反应平衡常数大，这表明温度较低不利于 $C(s)+H_2O(g) \rightleftharpoons CO(g)+H_2(g)$ 反应的进行；温度较高时，情况则相反。并且，随着温度的增加，K_{p1} 的增加速率大于 K_{p2} 的增加速率。因此，提高温度可以相对地提高 CO 的含量而降低 CO_2 的含量。

此外，由式(2-42)和式(2-43)可得到：

$$K_c\cdot\frac{RT}{p}=\frac{x_{CO}x_{H_2}}{x_{H_2O}}$$

因此，在温度不变的情况下，随着压力的增加，水蒸气的含量增加，CO 和 H_2 的含量减少。

对于反应　　$C(s)+H_2O(g) \rightleftharpoons CO(g)+H_2(g)$

$$\lg K_{p1}=\lg\frac{p_{CO}\cdot p_{H_2}}{p_{H_2O}}$$

$$=-\frac{6\ 740.5}{T}+1.556\ 1\lg T-0.000\ 109\ 2T-0.000\ 000\ 371T^2+2.554$$

对于反应　　$C(s)+2H_2O(g) \rightleftharpoons CO_2(g)+2H_2(g)$

$$\lg K_{p2}=\lg\frac{p_{CO_2}\cdot p_{H_2}^2}{p_{H_2O}^2}$$

$$=-\frac{4\ 533.3}{T}+0.644\ 6\lg T-0.000\ 364\ 6T-0.000\ 000\ 185\ 8T^2+2.336$$

水煤气的变换反应，即 $CO(g)+H_2O(g) \rightleftharpoons CO_2(g)+H_2(g)$ 反应，在煤气炉出口通常可以达到平衡，这对最后气化炉的煤气组成有着重要影响。由于该反应对气化过程及调整煤气中 CO 和 H_2 的含量有重要意义，因此对它的研究很多。

海立斯(Harrles)研究了水煤气的变换反应在不同温度下的平衡混合物组成，并得出平衡常数与温度的关系式：

$$\lg K_p = -\frac{2\ 232}{T} - 0.084\ 63\lg T - 0.000\ 220\ 3T + 2.494\ 3$$

哈恩(Hahn)得出了下列关系式：

$$\lg K_p = -\frac{2\ 226}{T} - 0.000\ 390\ 9T + 2.450\ 6$$

（三）甲烷生成反应的化学平衡与热效应

碳加氢生成甲烷的反应，即 $C+2H_2 \rightleftharpoons CH_4$ 是气化过程中生成甲烷的主要反应。对其进行了较为详细的研究，得到在 300～1 150 ℃范围内，系统处于平衡时的混合物组成和平衡常数 K_p，如表 2-7 所示。

表 2-7　$C+2H_2 \rightleftharpoons CH_4$ 反应平衡混合物的组成和平衡常数

温度/℃	x_{CH_4}/%	x_{H_2}/%	K_p	温度/℃	x_{CH_4}/%	x_{H_2}/%	K_p
300	96.90	3.10	2.33	700	11.07	88.93	−0.99
400	86.15	13.84	1.32	800	4.41	95.59	−1.26
500	62.53	16.47	0.57	1 000	0.50	99.50	−1.83
550	46.69	53.31	−0.05	1 100	0.20	99.80	−2.22
600	31.68	58.32	−0.32	1 150	0.10	99.90	−2.48
650	19.03	80.97	−0.63				

图 2-11 也给出 $C+2H_2 \rightleftharpoons CH_4$ 反应 $\lg K_p$ 与温度的关系，温度升高，反应平衡常数下降，在平衡状态下甲烷的含量降低；温度降低，有利于反应的进行。

图 2-12 表示了温度和压力的变化对甲烷平衡含量的影响。随着压力增加，将有利于提高平衡混合物中甲烷的含量。

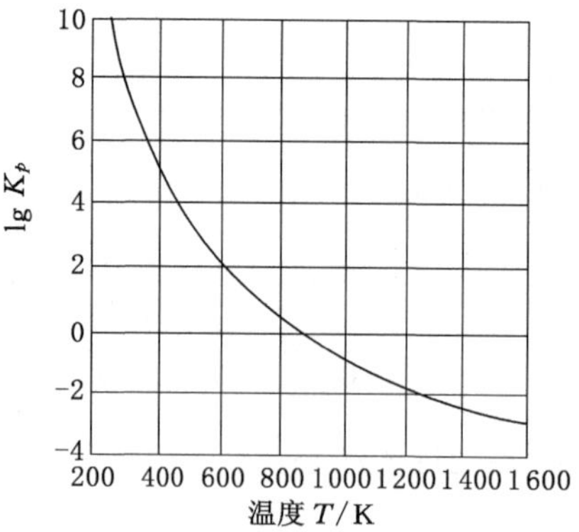

图 2-11　$C+2H_2 \rightleftharpoons CH_4$ 反应 $\lg K_p$ 与温度的关系

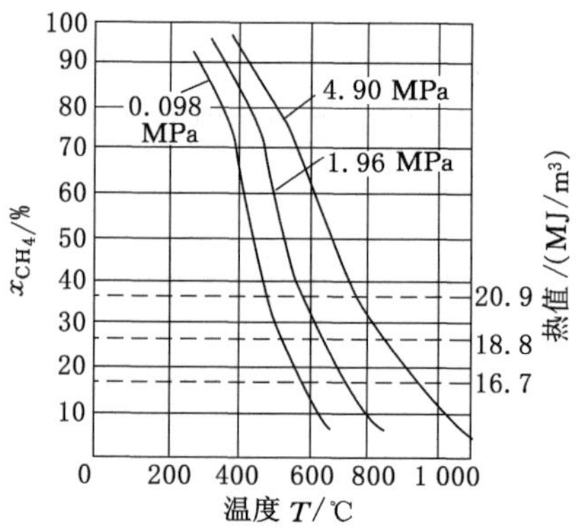

图 2-12　温度和压力对甲烷平衡含量的影响

$C+2H_2 \rightleftharpoons CH_4$ 反应的平衡常数 K_p 可以由以下公式计算：

$$\lg K_p = \frac{3\ 348}{T} - 5.957\lg T + 0.001\ 86T - 0.000\ 000\ 109\ 5T^2 + 11.79$$

$CO+3H_2 \rightleftharpoons CH_4+H_2O$ 反应也是生成甲烷的放热反应，温度过高对反应不利。如有 1%的 CO 转化为甲烷，则气体的绝热温升为 60～70 ℃。在合成气中 CO 的组成大约为 30%，因此，反应过程中必须将反应热及时移走，使得反应在一定的温度范围内进行，以确保不发生由于温度过高而引起催化剂烧结的现象发生。

其他生成甲烷的反应有：

$$CO_2+4H_2 \rightleftharpoons CH_4+2H_2O$$

$$2CO+2H_2 \rightleftharpoons CH_4+CO_2$$

这些反应一般都需要在有催化剂的条件下进行，而煤灰中某些成分如铁、铝、硅等对甲烷的生成起了催化作用。

四、煤气组成的热力学计算

我们先看一个计算实例：计算以空气-蒸气为气化剂加压气化煤气的平衡组成。

当以空气和水蒸气为气化剂时，制得煤气的组分有 CO、H_2、CO_2、CH_4、H_2O、N_2 等 6 种。为此需建立 6 个方程的联立方程组，才可求得煤气中的 6 种组分。

选取主要的反应方程式：

$$C+CO_2 \rightleftharpoons 2CO$$

$$CO+H_2O \rightleftharpoons CO_2+H_2$$

$$C+2H_2 \rightleftharpoons CH_4$$

得到三个化学反应平衡方程式：

$$K_{p1} = \frac{p_{CO}^2}{p_{CO_2}}$$

$$K_{p2} = \frac{p_{CO_2}p_{H_2}}{p_{CO}p_{H_2O}}$$

$$K_{p3} = \frac{p_{CH_4}}{p_{H_2}^2}$$

第四个方程式由道尔顿定律得出：

$$p_{CO} + p_{CO_2} + p_{H_2} + p_{H_2O} + p_{CH_4} + p_{N_2} = p$$

第五个方程可由物料平衡得出，即根据气化剂中的氢氧比和煤气中的氢氧比的平衡关系可得：

$$A = \frac{p'_{H_2O}}{2p'_{O_2} + p'_{H_2O}} = \frac{2p_{CH_4} + p_{H_2O} + p_{H_2}}{2p_{CO_2} + p_{CO} + p_{H_2O}}$$

用类似的方法，根据气化剂中的氮氧比和煤气中氮氧比的平衡关系可得到第六个方程。

$$B = \frac{p'_{N_2}}{2p'_{O_2} + p'_{H_2O}} = \frac{p_{N_2}}{2p_{CO_2} + p_{CO} + p_{H_2O}}$$

式中　p'_i——气化剂中各组分分压；

p_i——产物中各组分分压。

上述各方程式可改写成下式：

① $p_{CO_2} = \dfrac{p_{CO}^2}{K_{p1}}$

② $p_{H_2O} = \dfrac{p_{H_2}}{K_{p2}K_{p1}} p_{CO}$

③ $p_{CH_4} = K_{p3} p_{H_2}^2$

④ $\dfrac{2A}{K_{p1}} p_{CO}^2 + [A + (A-1)\dfrac{p_{H_2}}{K_{p1}K_{p2}}] p_{CO} - (1 + 2K_{p3} p_{H_2}) p_{H_2} = 0$

⑤ $p_{N_2} = 2B \dfrac{p_{CO}^2}{K_{p1}} + B(1 + \dfrac{p_{H_2}}{K_{p1}K_{p2}}) p_{CO}$

⑥ $p_{CO} + p_{CO_2} + p_{H_2} + p_{H_2O} + p_{CH_4} + p_{N_2} = p$

求解时，先给定 p_{H_2} 值，由式④确定 p_{CO}，再由式①确定 p_{CO_2}，式②确定 p_{H_2O}，式③确定 p_{CH_4}，式⑤确定 p_{N_2}。由式⑥验证 p_{H_2} 值的选择是否正确。若不正确，需重新设定。由于计算比较繁复，用手工计算既费时间又容易出差错，故可采用计算机进行实际运算。

上述计算实例只利用了物料衡算和主要化学反应的平衡关系，计算过程中反应温度为假定数据，实际上如果加入能量平衡关系式则不难计算出反应所处的温度，从而可确定该温度下平衡常数的值，进一步可确定煤气的组成。因此，有关煤气平衡组成的计算是通过求解一方程组实现的，该方程组包括以下三个部分：

① 物料平衡式。通常采用元素平衡式，如 C 平衡、H 平衡、O 平衡和 N 平衡等，只要进出煤气炉的物质构成确定，则这类关系式是客观存在的，因而应当首先选择。

② 热量衡算式。通过计算进出煤气炉物流的热焓或发热量(包括气化炉的散热损失)，则可以唯一地确定反应温度，因此此关系也通常是必选的。

③ 反应平衡常数关系式。这通常是比较难确定的。由于气化过程中反应方程式较多，在进行计算时不可能将所有的反应方程式都列入计算方程组中，只能选择对生成煤气组成起决定性作用的反应方程式。对于不同的气化方式，其选择也是不同的。

实际上，有关平衡组成的计算有两类方法，即化学计量法和非化学计量法，两者在本质上是一致的。上面所述的方法即为化学计量法，即化学反应是确定的，从而可利用平衡常数来计算。非化学计量法则是抛开具体的反应，应用化学平衡时吉布斯自由能最小原理及物料平衡式和非负性约束条件而进行计算的方法，它适合于反应过程比较复杂的场合。鉴于计算工作量较大，后者适合于编程计算。根据上述原理，已有许多应用程序得到开发，其中包括美国 Aspen Tech 开发的 Aspen Plus(RGibbs 模块)，具体的计算方法可参阅有关文献。

第三节　煤炭气化的动力学基础

一、概述

不论是相变化还是化学变化，都需要从两个基本的方面去研究，这就是既要研究变化的可能性，也要研究变化的速率。关于变化的方向、限度和平衡等问题，是变化的可能性问题，这是热力学的研究范围。前一节讨论的就是这方面的问题。关于变化机理和变化速率，则是动力学的研究范围。

研究煤或煤焦气化反应动力学的基本任务是：

① 讨论气化反应的反应机理。确定反应途径，揭示反应本质，以对过程进行调节和控制。

② 讨论气化反应进行的速率。确定反应速率以及温度、压力、物质的量浓度、煤或煤焦中矿物质等各种因素对反应速率的影响，从而可求得最适宜的反应条件，使反应按人们所希望的速率进行。

煤或煤焦的气化反应属于气相组分直接与固体含碳物质作用的气-固相非催化反应。研究煤或煤焦的气化反应动力学，主要包括提出反应过程的机理和确定化学反应的速率表达式。

(一) 化学反应控制步骤

煤或煤焦的气固反应经历七个相继发生的步骤，对于这种多步骤的过程一般采用速率控制步骤的分析方法。即系统的某一个步骤的速率同其余各步骤的速率相比要慢得多时，则该步骤就是过程的控制步骤，整个过程的速率由控制步骤的速率所决定。比较各步骤反应速率的快慢，通常是比较各步反应的速率常数的大小，同时也应注意各步的反应级数。

从反应过程的分析可以看出，步骤③吸附步、步骤④表面反应及步骤⑤脱附，本质上都是化学过程，故吸附控制、表面反应控制和脱附控制合称为动力学控制；步骤①反应物由气流主体扩散到固体颗粒外表面及步骤⑦产物由固体颗粒外表面扩散到主流气流中被带走的过程为外扩散过程；步骤②反应物在固体颗粒内孔的传递及步骤⑥产物通过固体颗粒内孔传递到颗粒外表面的过程为内扩散过程，内、外扩散过程合称传递过程。于是总的反应速率可以由外扩散过程、内扩散过程和动力学过程控制。

必须指出，反应系统总过程速率的控制步骤不是固定不变的。条件的变化可以导致总过程所包括的各个步骤的速率有不同程度的改变，因而使控制步骤发生转化。

了解固体含碳物质气化反应的分区和控制步骤分析的方法，对于描述气化反应过程和设计实际反应条件都是非常重要的。

(二) 温度对反应速率的影响

温度是影响反应速率的重要因素之一，反应速率随温度的升高而增大，如图 2-13 所示。该图上半部分表示气相和碳的反应速率的常用对数值随反应温度的倒数的变化关系，下半部分表示反应物在气-固界面和固相内部的浓度分布状况。由图可见，理论上把气-碳的反应速率随温度的变化划分为低温、中温、高温三个区域和两个过渡区。

1. 低温区Ⅰ

由于温度很低，反应速率很慢，表面反应过程是整个过程的控制步骤。反应剂物质的量浓度在整个碳颗粒内外近似相等。此时表观动力学接近化学反应的本征动力学，保持原来的反应级数、速率常数和活化能。

2. 中温区Ⅱ

总过程的反应速率由表面反应和内扩散所控制，该区域称为内扩散控制区。气相反应剂在颗粒内部渗入深度远小于颗粒半径 R，化学反应在碳粒表面和较浅薄层中进行。实验测得的表观活化能为真实活化能的一半，表面利用系数小于 1/2。

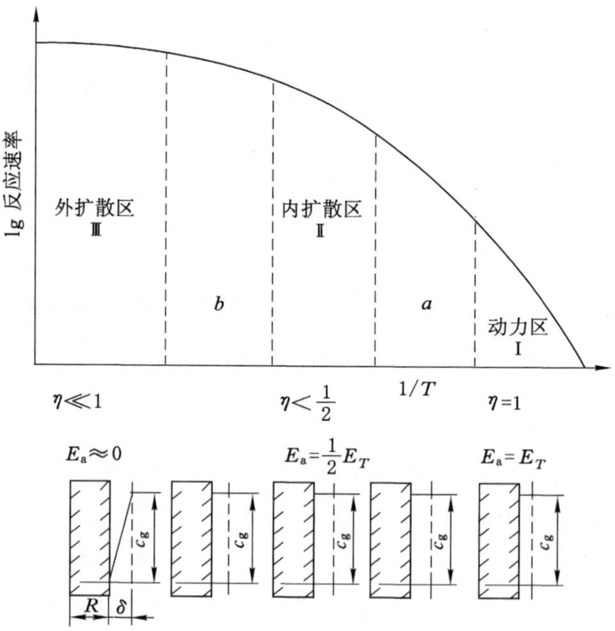

R—颗粒半径；c_g—反应物的气相物质的量浓度；δ—滞留边界层厚度。

图 2-13　多孔碳反应速率随温度变化的三区域图

3. 高温区Ⅲ

反应速率由外扩散控制，也即由反应剂或产物通过固体表面的滞流边界层的扩散控制，该区域称为外扩散控制区。因化学反应速率在高温下大大加快，故反应剂物质的量浓度在固体表面已接近为零，因此内表面利用系数远远小于 1。表观动力学接近扩散动力学。扩散系数对温度的变化并不敏感。实验测得的表观活化能约等于零。

4. 过渡区

在动力区和内扩散区之间有一过渡区 a；在内扩散区和外扩散区之间有一过渡区 b。在过渡区要确定总过程的反应速率的同时必须考虑两类过程反应速率的影响。

在不同的控制区，反应系统有不同的动力学特征，而且同一反应在不同的条件下，可能从一个控制区过渡到另一个控制区。下面结合煤或煤焦的气-固反应分别介绍动力学控制区、内扩散控制区和外扩散控制区以及有关的动力学方程式。

二、各控制区动力学特性

（一）动力学控制区

动力学控制包括吸附控制、表面反应控制和脱附控制，分析动力学控制过程的动力学问题，要涉及每一步骤的动力学问题，也就是说要同时解几个动力学方程才能获得总的动力学方程，这就提出了一个如何解这些动力学方程的问题。

在各步骤的反应过程中，就各步骤的速率而言，有两种情况：一种是在连续反应中各基元反应彼此速率相差很大，最慢的一个基元反应的速率代表整个反应的速率，这类反应称为有控制步骤的反应；另一种是各基元反应彼此间的速率相差不大，此类反应叫无控制步骤反应。但从这类反应中每一个基元反应的速率都可以代表整个反应速率这个意义上说，无控制步骤反应亦可称为都是控制步骤的反应。

1. 存在控制步骤的动力学方程

存在控制步骤时，控制步骤的特点是：控制步骤的速率代表整个反应的速率；控制步骤的速率是整个连续反应中最慢的步骤，所以该步骤没有达到平衡；其他非控制步骤的速率相对很大，均可认为处于平衡状态。

下面以表面反应为控制步骤的情况为例进行推导。这时吸附和脱附等步骤的速率非常快，在反应的每一瞬间，都可认为处于平衡态。

如有下面的单分子不可逆反应：

$$\mathrm{A} \longrightarrow \mathrm{M}$$

根据表面质量作用定律，表面过程基元反应的反应速率与反应物在表面覆盖分数成正比：

$$\omega = K_s \theta_A$$

式中　K_s——反应速率常数；

　　θ_A——A 的表面覆盖分数。

在一定条件下达到平衡时，一种气体被一种固体吸附的量有一定数值。表示在等温和达到平衡时同固体表面相接触的气相分压与其吸附量之间的关系式称为吸附平衡方程式，朗缪尔(Langmuir)方程是其中常用的理论方程式，其表达式为：

$$\theta = \frac{Kp}{1 + Kp}$$

式中，K 为吸附平衡常数或吸附系数，它定量地描述了表面覆盖度与平衡压力的关系。

这样，如果产物 M 的吸附很弱，对反应物 A 的吸附影响可以忽略，则在 A 的吸附达到平衡时，固体表面对 A 所覆盖的分数为：

$$\theta_A = \frac{K_A p_A}{1 + K_A p_A}$$

因此

$$\omega = K_s \frac{K_A p_A}{1 + K_A p_A} = \frac{K p_A}{1 + K_A p_A}$$

式中，$K = K_s K_A$，它包括了化学反应的速率常数和反应物的吸附平衡常数。因此 K 为表观速率常数，而不是真正的反应速率常数。

再如两种反应物在表面上进行双分子不可逆反应：

$$\mathrm{A} + \mathrm{B} \longrightarrow \mathrm{M} + \mathrm{N}$$

如果产物 M、N 在表面上的吸附可以忽略，根据质量作用定律，有

$$\omega = K_s \theta_A \theta_B = \frac{K_s K_A K_B p_A p_B}{(1 + K_A p_A + K_B p_B)^2}$$

式中，θ_A、θ_B 分别表示吸附物 A 和 B 的覆盖分数。A 和 B 成对地吸附在两个相邻的活性中心上的概率与表面上 A 和 B 的覆盖分数成正比。如果吸附的机理不同或表面反应的类型不同，显然会有不同的速率方程式。通常朗缪尔(Langmuir)方程是作为基本公式使用的。

2. 不存在控制步骤的动力学方程

不存在控制步骤的反应，即在各连串基元反应中每一步的反应速率都差不多，其特点是反应过程中任何一个基元步骤均未达到平衡，且其速率可以代表整个反应的速率。例如在

表面反应中，吸附、表面反应、脱附等步骤速率相近，吸附平衡没有建立。

由于反应没有达到平衡，不能用朗缪尔(Langmuir)等温吸附方程式，需要用定态法求解。对于表面反应，定态法指假定反应达到稳定状态后，各吸附物的覆盖分数不随时间而变化，即生成速率等于它的分解速率。

即
$$\frac{\mathrm{d}\theta_1}{\mathrm{d}t}=\frac{\mathrm{d}\theta_2}{\mathrm{d}t}=\cdots=\frac{\mathrm{d}\theta_i}{\mathrm{d}t}=0$$

例如，对于 C—CO_2，C—H_2O 反应，已知有如下反应机理：

$$\mathrm{RO}\underset{k_2}{\overset{k_1}{\rightleftharpoons}}(\mathrm{RO})$$

$$\mathrm{R}\underset{k_4}{\overset{k_3}{\rightleftharpoons}}(\mathrm{R})$$

$$\mathrm{C}+(\mathrm{RO})\overset{k_5}{\rightleftharpoons}\mathrm{CO}+\mathrm{R}$$

式中 RO——CO_2 或 H_2O；

R——反应产物；

(RO)——反应物吸附在碳表面上；

(R)——产物吸附在碳表面上。

以 θ_1、θ_2 分别表示反应物的抑制产物所占有的表面覆盖分数，p_1、p_2 分别表示反应物和产物的分压。在稳态条件下，根据表面质量作用定律：

$$\frac{\mathrm{d}\theta_1}{\mathrm{d}t}=k_1p_1(1-\theta_1-\theta_2)-(k_2+k_5)\theta_1$$

$$\frac{\mathrm{d}\theta_2}{\mathrm{d}t}=k_3p_2(1-\theta_1-\theta_2)-k_4\theta_2$$

根据定态条件
$$\frac{\mathrm{d}\theta_1}{\mathrm{d}t}=\frac{\mathrm{d}\theta_2}{\mathrm{d}t}=0$$

可以求出

$$\theta_1=\frac{\dfrac{k_1p_1}{k_2+k_5}}{1+\dfrac{k_3}{k_4}p_2+\dfrac{k_1p_1}{k_2+k_5}}$$

相应的反应速率

$$\omega=k_5\theta_1=\frac{K_1p_1}{1+K_2p_2+K_3p_1}$$

式中，$K_1=\dfrac{k_1k_5}{k_2+k_5}$，$K_2=\dfrac{k_3}{k_4}$，$K_3=\dfrac{k_1}{k_2+k_5}$。

可见，当反应没有控制步骤时，由表面质量作用定律，借助于定态法就可得到具体形式的动力学方程，而且这些方程在形式上类似于有控制步骤时的动力学方程。

对于不同类型的反应，都可根据其反应机理导出总的动力学方程式，其一般形式为：

$$\omega=\frac{\text{动力学系数}\times\text{推动力}}{\text{吸附数群}^n}$$

动力学系数是温度的函数，包含速率常数和吸附平衡常数。它的数值由反应系统的特性决定，在煤或煤焦的气-固反应中其数值高低表示碳反应活性的高低。

推动力包括气相反应物及产物的分压和平衡常数，它反映了离平衡状态的远近。在平衡状态时推动力为零，离平衡状态越远，推动力越大。

吸附数群指，如果反应物 A、B 和产物 C、D 都能被吸附，则吸附数群可以表示为$(1+K_A p_A+K_B p_B+K_C p_C+K_D p_D)$。

指数 n 表示与反应有关的相邻活性中心数目。$n=1$ 表示单一活性中心，$n=2$ 表示双活性中心，以此类推。如果某一组分的吸附相对弱得多，则吸附数群中该项可以省略，若所有组分均为弱吸附，则吸附数群近似为 1。

（二）外扩散控制区

在煤或煤焦的气化反应中，在气固两相之间的界面上有一层滞流边界层，气体反应物从气流主体到边界层的传质是通过湍流扩散方式进行的。而通过滞流边界层的传质则要靠在分子运动的基础上进行的分子扩散的方式。湍流扩散是一种效率很高的传质方式，速度很快，而分子扩散的阻力很大，速率很慢，所以外扩散过程表示的总反应速率取决于包围在颗粒外表面的滞流边界层对传质的阻力。

在讨论外扩散问题时，涉及两个独立的过程：

一个是表面反应过程，速率方程可表示为

$$\omega = k_r c_R$$

另一个是传质过程，其速率方程是

$$\omega = k_g S(c_g - c_R)$$

式中　k_r——反应速率常数；

c_R——颗粒表面反应组分 A 的物质的量浓度；

k_g——气膜传质常数；

S——单位体积碳粒所具有的颗粒外表面积；

c_g——气体主体中反应组分 A 的物质的量浓度。

在稳定状态下两式相等，则有

$$c_R = \frac{k_g S}{k_r + k_g S} c_g$$

把上式代入反应速度方程 $\omega = k_r c_R$，则有

$$\omega = \left(\frac{1}{k_g S} + \frac{1}{k_r}\right)^{-1} c_g$$

$$\frac{1}{k_0} = \frac{1}{k_g S} + \frac{1}{k_r}$$

式中　k_0——非均相气固总的反应速率系数。

$\omega = \left(\frac{1}{k_g S} + \frac{1}{k_r}\right)^{-1} c_g$ 是以 c_g 表示整个气固反应过程的表观速率方程式。

由 $c_R = \frac{k_g S}{k_r + k_g S} c_g$ 可得

$$\frac{c_R}{c_g} = \frac{k_g S}{k_r + k_g S} = \frac{1}{1 + \frac{k_r}{k_g S}}$$

即反应物在颗粒表面的物质的量浓度和气流主体物质的量浓度的比值与$\frac{k_r}{k_g S}$有关。通

常把$\frac{k_r}{k_g S}$称为达姆科勒(Damkohler)特征数,即

$$D_a = \frac{k_r}{k_g S}$$

达姆科勒特征数的物理意义为极限反应速率与极限传质速率之比。它可以作为颗粒外部传质过程影响程度的判据。达姆科勒特征数越小,表示极限传质速率远大于极限反应速率,过程为反应控制;反之,达姆科勒特征数越大,表示极限反应速率远大于极限传质速率,过程为传质控制。

(三)内扩散控制区

有些气固反应,如固体颗粒具有很高的孔隙率时,颗粒的内表面将成为主要反应表面。整个过程的速率受到表面反应和质量传递两个过程的影响。颗粒内部的扩散和化学反应不是严格的串联过程,反应物在微孔内扩散的同时在微孔壁面上发生化学反应。由于反应物的不断消耗,越深入微孔内部,反应物的物质的量浓度越低。所以内扩散过程和化学反应过程之间的关系更为复杂。这时可利用有效系数 η 来表征反应速率,即

$$\eta = \frac{\text{实际反应速率}}{\text{固体颗粒内部反应物浓度和温度与其外表面上的相等时的反应速率}} = \frac{\omega}{\omega_s} \tag{2-48}$$

对于一级反应且为球形颗粒,有效系数 η 可表示为:

$$\eta = \frac{3}{\phi_s}\left(\frac{1}{\tan\phi_s} - \frac{1}{\phi_s}\right) \tag{2-49}$$

在这种情况下,η 完全由 ϕ_s 决定。

$$\phi_s = R\sqrt{k_v/D_e}$$

式中 ϕ_s——西勒(Thiele)模数,是一无量纲的扩散模数。

R——颗粒半径;

D_e——气体在固体微孔内的有效扩散系数;

k_v——以颗粒体积作为基准的反应速率常数;

对于一级反应,速率方程可表示为:

$$\omega_s = k_v c_s \tag{2-50}$$

式中 c_s——扩散过程中气体组分在内孔某一位置上的物质的量浓度。

将式(2-50)和式(2-49)代入式(2-48),可以得到实际反应速率的表达式:

$$\omega = \eta\omega_s = \eta k_v c_s = \frac{3}{\phi_s}\left(\frac{1}{\tan\phi_s} - \frac{1}{\phi_s}\right)k_v c_s$$

为了推广到更为实际的各种形状的固体颗粒,定义一个通用的西勒(Thiele)模数 ϕ_s 为:

$$\phi_s = \frac{V_p}{S_p}\sqrt{k_v/D_e}$$

式中 V_p——固体颗粒的体积;

S_p——固体颗粒的外表面积。

可以通过 $\eta = f(\phi_s)$ 的关系图,查表确定有效系数 η,再根据公式 $\omega = \eta k_v c_s$ 计算反应速率。

三、主要气化反应的速率控制区

气化过程中发生诸多反应，一般归纳为碳与氧的反应、碳与水蒸气的反应和甲烷生成反应等进行研究。

（一）碳与氧的反应

在高温下碳和氧发生燃烧反应：

$$C+O_2 \rightleftharpoons CO_2$$

$$2C+O_2 \rightleftharpoons 2CO$$

$$2CO+O_2 \rightleftharpoons 2CO_2$$

碳的燃烧反应在所有气化反应中，速率是最大的。当温度在 400～900 ℃时，碳与氧反应得到一氧化碳和二氧化碳的物质的量浓度比符合下列关系：

$$\frac{c_{CO}}{c_{CO_2}} = 2\ 400\exp\left(-\frac{51\ 830}{RT_s}\right)$$

式中 R——摩尔气体常数，8.314 J/(mol·K)；

T_s——碳表面温度。

在温度高于 800 ℃时，碳的燃烧反应几乎不可逆地自左向右进行。若提高反应温度或增大煤焦粒度，则反应可趋于外扩散区；若降低反应温度或减小煤焦粒度，则反应可趋于内扩散区，甚至动力区。

史密斯(Smith)等的研究表明：对于粒径大于 100 μm 的碳粒，在 1 200 K 条件下，燃烧反应为外扩散控制；对于粒径为 90 μm 的碳粒，在 750 K 条件下，燃烧反应为表面反应控制；当碳粒粒径小至 20 μm 时，其动力区的温度范围可达 1 600 K。

在一般移动床煤气发生炉内，当氧化层温度低于 900 ℃时，燃烧的速率取决于碳的化学反应速率，此时温度的增加对反应速率影响很大。如在 775 ℃时，温度每提高 10 ℃，反应速率可增加一倍。当氧化层温度大于 900 ℃时，燃烧反应的速率主要取决于氧从气流主体扩散到碳表面的速率和由产物碳表面向气流主体扩散的速率。例如在 900～1 200 ℃范围内，电极碳的燃烧，空气的流速为 170 m/s，燃烧速率与空气流速的 0.47 次方成比例。

二氧化碳的还原反应 $C+CO_2 \rightleftharpoons 2CO$ 在 1 000 ℃以上明显发生正反应；若温度在 600～900 ℃范围内，将进行逆反应。研究认为，2 000 ℃以下二氧化碳还原反应处于动力区。因此，在一般气化炉操作条件下，二氧化碳还原反应进行得很慢，不可能达到平衡。二氧化碳还原反应的速率主要与操作温度和原料的活性有关。提高操作温度和采用高活性原料可加快二氧化碳的还原速率。

在温度为 800 ℃和二氧化碳分压为 9.8 kPa 条件下，该反应速率仅为碳燃烧反应速率的 $1/10^5$。在移动床发生炉的操作温度下，为使二氧化碳还原反应充分进行，气化炉内还原层的厚度要比氧化层厚得多。

（二）碳与水蒸气的反应

高温的碳与水蒸气反应，发生的主要反应为：

$$C+H_2O \rightleftharpoons CO+H_2$$

$$C+2H_2O \rightleftharpoons CO_2+2H_2$$

当反应温度升高时，正向反应进行得比较完全。在 1 000 ℃以上则可视为不可逆反应，生成一氧化碳的反应速率明显大于生成二氧化碳的反应速率，在一般煤气发生炉内水蒸气分解反应是达不到平衡的。

研究认为：对于活性高的原料，在 1 000～1 100 ℃以上，水蒸气分解反应进入扩散区。相应于一般煤气炉的还原层温度，反应可能处于扩散区或过渡区。此时炉温、蒸汽通过料层的流速、燃料的粒度，均可影响水蒸气分解反应的速率。对于活性高的原料，可在保证煤气质量不变的情况下，适当提高蒸汽的入炉速率，从而使发生炉的生产能力提高。

对于无烟煤、天然焦等原料，因其反应活性低，在 1 100 ℃时，水蒸气分解反应仍处于动力区。反应速率主要受温度的影响，如果炉温稍有下降，则煤气质量和气化强度将迅速降低。

水煤气反应 $CO+H_2O \rightleftharpoons CO_2+H_2$ 在 400 ℃以上即可发生，在 900 ℃时与水蒸气分解反应的速率相当，高于 1 480 ℃时，其速率很快。

在一般煤气发生炉内，可认为水煤气反应能达到热力学平衡。但是实际达到平衡的程度与温度、蒸汽分解率以及料层深度有一定的关系，还与燃料的反应性、灰分的催化活性有关。在低的水蒸气分解率下，该反应可以接近平衡，在水蒸气分解率足够高时，又有适量的二氧化碳存在，$\frac{p_{CO_2} \cdot p_{H_2}}{p_{CO} \cdot p_{H_2O}}$数值超过其平衡常数，反应将逆向进行。

（三）甲烷生成反应

气化过程中，碳与氢作用生成甲烷，主要反应为：

$$C+2H_2 \rightleftharpoons CH_4$$

甲烷的生成速率是很慢的。在温度 1 073 K 和压力 10 kPa 时，碳和氢的反应速率是二氧化碳还原反应的 3×10^{-3} 倍。在氢压力为 3 000～20 000 kPa，温度为 750～1 200 K 的条件下，200～400 μm 的碳粒完全反应大约需要 0.5 h。

当压力增高时，反应物浓度增大，反应速率提高。甲烷的生成速率还与燃料的反应活性有关，反应活性大的，甲烷生成速率高。此外，气化过程中，燃料灰分中的某些组成，对甲烷的生成起了催化作用。

四、高温、高压和高升温速率条件下的气化反应特性

现有的煤炭气化动力学数据大多是基于 1 000 ℃左右的条件得到的，而现代大型气流床煤气化炉通常是在 1 400～1 600 ℃的高温和 3 MPa 及以上的高压条件下运行的，现有的煤炭气化动力学数据难以满足加压气流床气化技术的需要。

为此，西安热工研究院和英国帝国理工大学进行合作，采用目前世界上比较先进的，高温、高压、速热的煤化学反应动力学研究试验装置——英国帝国理工大学的高压丝网试验装置（wire mash reactor），针对八种典型的中国动力煤种，分别在常压与高压状态下进行了干煤粉热解和气化过程的反应动力学研究。

研究结果表明：

① 在相同的压力条件下，热解析出的总挥发分量随着温度的升高而增加，这主要是因为在较高的热解温度下，煤粒内更多的大分子物质发生裂解，生成了挥发性物质；在相同的温度条件下，热解析出的总挥发分量随着压力的升高而减少，这是因为随着外界环境压力的增加，致使热解过程中释放出挥发分越来越困难。

② 在较高的气化温度(1 500 ℃)下,煤粒气化的反应活性的提高远远大于压力上升引起的对煤粒的挥发分析出的抑制。这充分说明,采用高温高压的气化方法,不但可以利用高压下反应气体密度增加来提高其反应性,而且较高的气化温度对煤粒气化活性的增强远远高于由于增压而抑制挥发分析出所带来的负面影响。在温度升至 1 500 ℃,2.0 MPa 的气化压力下,煤中碳的转化率已达 91%,煤样的气化反应进行得比较完全。由此可见,反应温度的增加,可以大幅度地提高煤的气化反应速率,并且已经没有必要在更高的温度下进行气化反应试验了。

③ 综合各个煤种的试验结果显示,在 1 000～1 500 ℃、常压至 2.0 MPa 的气化压力条件下,各煤种的气化反应速率在相同的气化温度下随气化压力的升高而增加;在相同的气化压力下气化反应速率随气化温度的上升而上升。由此可见,在这个气化条件范围内,气化反应过程同时受化学反应控制与扩散控制的影响。

第四节　气化过程的主要评价指标

煤炭气化工艺的经济性取决于许多因素。例如,原料煤的理化性质、气化炉的类型、操作指标的控制、自动化水平和日常操作管理等。在综合考虑众多因素的前提下,选择合适的原料和工艺路线来生产经济、合格的煤气,将显得非常重要。

气化过程的主要评价指标包括煤气质量、气化强度、煤气产率、消耗指标、原料的损失、碳转化率、气化效率、气化热效率、水蒸气分解率(或蒸汽分解率)、汽氧比和煤气炉的可用率等。

一、煤气质量

煤气的质量主要包括热值和组成。煤气热值的高低与煤气中可燃组分的含量有关,而煤气中可燃组分含量的多少又取决于气化原料煤热解的挥发分产率以及挥发分的组成、气化剂组成、气化炉炉型、操作压力等。

煤气中主要可燃成分是 CO 和 H_2,它们主要来自二氧化碳的还原反应和水蒸气的分解反应。显然,气化剂中氮气的含量低,生成的煤气中有效成分就多,相应的热值就高。

气化原料的反应活性与结渣性对 CO 和 H_2 的含量也有较大的影响。在炉温一定的情况下,反应性好的原料有利于气化反应;结渣性弱的原料气化时可以适当提高炉温,同样有利于气化反应的进行,从而可以提高煤气中的有效成分。

出炉煤气中一般含有一些水蒸气,其主要来源是原料中所带的水分、煤干馏产生的热解水以及作为气化剂送入而未分解的水蒸气。水蒸气的存在,会降低煤气的热值,因此煤气离开发生炉后必须冷凝冷却,以降低煤气中的水蒸气含量,一般冷煤气的出站温度低于 35 ℃。

二、气化强度

气化强度是指气化炉炉体单位截面上的生产强度。通常气化强度的表示方法有:

① 以消耗的原料煤量表示,单位为 kg/(m^2·h);

② 以生成的煤气量表示,单位为 m^3/(m^2·h);

③ 以生产的热量表示,单位为 kJ /(m^2·h)。

气化炉生产能力与炉体的截面积和气化强度有关：

$$I = FqV$$

式中 I——煤气发生炉的生产能力，m^3/h；

F——炉体截面积，m^2；

q——气化强度，$kg/(m^2 \cdot h)$；

V——煤气产率，m^3/kg。

影响气化强度的因素很多，原料煤的性质（煤种、粒度以及灰熔融性）、气化过程的操作条件（温度、压力、汽氧比）以及煤气发生炉的构造等因素均对气化强度有较大影响。一般固定床气化强度为 200～300 $kg/(m^2 \cdot h)$，流化床气化在同等条件下比固定床高 2～4 倍。

对气流床气化，其气化能力表达方式往往采用以下几种：

① 以单台炉每天处理煤量表示，如 500 t/d，2 000 t/d；

② 以 MW 表示，尤其用于联合循环发电 IGCC 时；

③ GE（原 Texaco）气化炉以容积表示能力，如 12.74 m^3 和 25.47 m^3，4.0 MPa 处理能力分别为 500 t/d 和 930 t/d。

在实际生产过程中，煤种和发生炉的截面积都是固定的，只有适当提高气化强度，才能提高生产能力和改善煤气质量。因为提高气化强度，可以相应减少炉体散热损失，提高料层温度，有利于水蒸气的分解，从而提高煤气的质量。

三、煤气产率

煤气产率是指气化单位质量的原料煤所得到煤气的体积数（在标准状态下），通常以 m^3/kg 表示。煤气产率的高低决定于原料煤的水分、灰分、挥发分、固定碳的含量以及碳转化率。通常煤气产率由物料平衡计算得到。

对于同一类型的原料煤而言，原料煤中的惰性物含量（水分和灰分）越低，煤气产率就越高。含有不同量惰性组分的煤气产率可根据已知煤种的惰性组分含量及煤气产率计算得到。

煤气产率与原料煤中挥发分的含量有关。原料煤中挥发分的含量越高，煤气产率越低；原料煤中固定碳含量越高，煤气产率越高。另外，煤气产率还与气化过程中原料损失量有关。原料损失量增加，则煤气产率降低。

四、消耗指标

气化过程的消耗指标通常指单位质量的原料煤或单位体积煤气消耗的蒸汽或氧气量（标况），通常表示为：kg（蒸汽）/ kg（原料煤）、kg（蒸汽）/m^3（煤气）、m^3（O_2）/kg（原料煤）、m^3（O_2）/kg（煤气）。在工业应用尤其是用于化工合成原料气时，使用单位有效气消耗原料煤或氧气量表示，即 kg（原料煤）/1 000 m^3（$CO+H_2$）、m^3（O_2）/1 000 m^3（$CO+H_2$）。国外有时也以单位热量消耗表示，如 kg（蒸汽）或 m^3（O_2）/MJ（或 BTU）。消耗指标是煤炭气化过程经济性的重要指标，它关系到气化炉是否能正常运行，是否能将煤最大限度地转化为煤气。

五、原料的损失

原料的损失包括飞灰含碳量和灰渣含碳量，也称作随煤气离开气化炉的带出损失和随灰渣离开气化炉的排出损失。

1. 飞灰含碳量

气化过程中由于气流在料层中和气化炉上部空间的流动，煤气夹带细颗粒一起出炉，夹带物被称为飞灰。飞灰中含有未反应的碳，会给原煤能量的转换带来一定的损失。原料中小颗粒含量愈多，气流速度愈大，则带出物的数量愈多。所以，原料机械强度愈低、热稳定性愈差，在固定床气化过程中会产生愈多的小颗粒和粉末，造成大量的带出损失。

飞灰的含碳量一般以飞灰中的碳的百分率表示。飞灰量越少，含碳量越低，则气化效率越高。

2. 灰渣含碳量

由于熔融的灰分将未反应的原料包裹，其不能继续与气化剂接触，而是成为碳核随灰渣一起排出炉外，这样也会造成一定的能量损失。灰渣含碳量与原料灰分含量、灰分性质、操作条件及发生炉结构等有关。对固态排渣而言，原料煤灰熔点低、灰分含量高、气化过程中水蒸气用量大以及操作过程中料层移动过快都将导致排出灰渣中含碳量增加。对液态排渣而言，灰渣含碳量主要与灰分含量和操作温度有关，如水煤浆气化操作温度低于干粉气化操作温度，因此前者排出物含碳量高。

灰渣含碳量以灰渣中碳所占的质量分数表示。一般固定床和流化床气化炉排出灰渣含碳量要求低于10%，最好5%以下；干法进料气流床灰渣含碳量一般在1%以下；水煤浆进料灰渣含碳量一般在5%～10%以下。

随灰渣一起排出炉外的排出损失的碳量可由下式计算：

$$C_A = \frac{A_{ar} - M \cdot A_m}{1 - X} \cdot X$$

式中　C_A——随灰渣排出的碳量，以原料质量分数表示；

A_{ar}——原料中的灰分，%；

M——带出物的量，以原料质量分数表示；

A_m——带出物的灰分，%；

X——灰渣中的碳含量，%。

六、碳转化率

碳转化率是指在气化过程中消耗的（参与反应的）碳总量占入炉原料煤中碳量的百分数，计算公式如下：

$$\eta_c = \frac{\text{入炉煤碳含量} - \text{飞灰碳含量} - \text{灰渣中碳含量}}{\text{入炉煤碳含量}} \times 100\%$$

或

$$\eta_c = \frac{1\ \mathrm{m^3}\ \text{煤气（标况）中（含焦油等）碳含量} \times \text{煤气产率}}{1\ \mathrm{kg}\ \text{入炉煤碳含量}} \times 100\%$$

气化炉的碳转化率一般为90%～100%，其中干粉进料气流床气化的碳转化率最高。

七、气化效率

气化效率是指气化生成物的发热量与所使用原料煤发热量之比。只利用冷煤气的潜热时称冷煤气效率，同时利用热煤气显热时称热煤气效率。发热量往往使用低位值，有时也使用高位值。

当不包括焦油时：

$$\eta_{气} = \frac{Q_g \times V}{Q_{coal}} \times 100\%$$

式中　$\eta_{气}$——气化效率(冷煤气效率),%；

Q_g——生成煤气的热值,kJ/m³；

V——煤气产率，m³/kg；

Q_{coal}——入炉原料煤发热量，kJ/kg。

当包括焦油时：

$$\eta_{气} = \frac{Q_g \times V + Q_{tar}}{Q_{coal}} \times 100\%$$

式中　Q_{tar}——单位原料气化生成焦油的热量,kJ/kg。

八、气化热效率

气化热效率是指生成物的发热量与可回收热量之和占所供给总热量的百分率。气化热效率是评价整个煤炭气化过程中能量利用的经济技术指标。其计算公式如下：

当不包括焦油时：

$$\eta_{热} = \frac{Q_g + K \times Q_R}{Q_{coal} + Q_{air} + Q_{steam}} \times 100\%$$

式中　$\eta_{热}$——气化热效率,%；

Q_{air}——气化单位原料空气带入的热量,kJ/kg；

Q_{steam}——气化单位原料水蒸气带入的热量,kJ/kg；

Q_R——气化单位原料可回收的热量总和,kJ/kg；

K——热量有效回收系数。

当包括焦油时：

$$\eta_{热} = \frac{Q_g + Q_{tar} + K \times Q_R}{Q_{coal} + Q_{air} + Q_{steam}} \times 100\%$$

当废热不回收时,气化热效率低于气化效率。实际生产中,由于存在各种热损失,气化效率不可能达到理想气化效率100%的数值,实际气化效率只有50%～83%。当回收热量如产生蒸汽或过热气化剂,可提高热效率,如Shell干粉加料使用废热锅炉回收显热产生蒸汽时热效率可达95%。

九、水蒸气分解率(或蒸汽分解率)

水蒸气分解率(或蒸汽分解率)是指加入气化炉的水蒸气参与反应的百分数。水蒸气分解率越高,得到的煤气质量越好,粗煤气中水蒸气含量越低,气化效率越高;反之,得到的煤气质量越差,粗煤气中水蒸气含量越高,气化效率越低。该指标一般用于固定床和流化床气化,水煤浆进料气流床气化无此指标,干粉进料因入炉水蒸气量很少,其分解率>90%。

十、汽氧比

汽氧比是指气化剂中蒸汽与氧气之比,单位为kg/kg或kg/mol。汽氧比主要用于固定床和流化床气化,是最主要的控制指标之一,它可控制气化炉内反应温度。汽氧比主要与煤的灰熔融性有关。对固态排渣的气化过程，如灰渣软化温度 *ST* 低，则需要采用高汽氧比控制炉温，防止结渣；对液态排渣如 BGL 固定床气化，因需要高温使灰渣熔化，因此采用低汽氧比。

汽氧比也是一个经济指标，一般尽量控制越低越好。

十一、煤气炉的可用率

对工业化生产，更关心气化炉运行的可靠性和可用率，如连续运行时间、每年累计运行时间等。现代煤化工一般要求气化炉满负荷可用率>90%，累计运行时间 8 000 h。可用率由下式计算：

$$\text{单台气化炉可用率} = \frac{\text{每年单台气化炉累计运行时间}}{365\ \text{d} \times 24\ \text{h/d}} \times 100\%$$

从目前气化炉运行情况看，大规模单台气化炉一般达不到 90% 的可用率，因此需要增设备用气化炉。

除以上指标外，还有其他一些指标也经常会用到。对工业应用往往需要根据实际情况进行负荷调节，气化炉负荷调节范围越大，越有利。而对 IGCC 发电还需要负荷调节速度与电力负荷变化速度相匹配。

思　考　题

1. BC 段（流化床阶段）有什么现象？处于这一阶段有什么优点和缺点？
2. AB 段（固定床阶段）有什么特点？处于这一阶段有什么优缺点？
3. 对于均匀砂粒的填充床，其气体流经整个床层的压降随其流速的变化关系如图 2-1 所示，试对 B、C、D 点进行分析。
4. 流化床可用哪些操作特性加以描述？
5. 请解释什么是化学反应热效应。
6. 低温区的气固化学反应控制步骤是什么？如何消除其影响？
7. 中温区的气固化学反应控制步骤是什么？如何消除其影响？
8. 高温区的气固化学反应控制步骤是什么？如何消除其影响？
9. 煤或焦炭的气固反应经历了哪些步骤？其中哪些是化学过程？
10. 什么是吕·查德里原理？
11. 对于可逆反应 $a\text{A}+b\text{B} \rightleftharpoons c\text{C}+d\text{D}$，请写出平衡常数的三种表达形式。
12. 简述 K_c 的物理意义。
13. 气化过程的主要评价指标有哪些？
14. 什么是气化效率和气化热效率？两者有何区别？
15. 水蒸气分解率指什么？该指标的大小意味着什么？
16. 什么是汽氧比？该指标的作用是什么？
17. 什么是煤气产率？什么是气化强度？
18. 气化过程中原料煤的损失有哪些？
19. 煤的粒度对气化有什么影响？

20. 颗粒床层空隙率与什么有关？在床层的分布如何？
21. 在固定床阶段，流体通过单位长度床层的压降与什么因素有关？
22. 在流化床阶段，如何得到流体通过单位长度床层的压降大小？
23. 简述空气煤气、混合煤气、水煤气和半水煤气的定义。
25. 理想发生炉煤气制造过程的三个基本假设是什么？
26. 什么是煤的灰分？灰分含量高对气化有什么影响？
27. 什么是煤的灰熔点？灰熔点的高低对煤气化有什么影响？
28. 什么是煤的反应性？煤的反应性对煤气化有什么影响？
29. 烟煤作为气化用煤的主要特性是什么？

第三章　常压移动床气化

移动床气化技术又称固定床气化技术，是开发应用最早的气化技术，也是最简易、安全可靠、成熟的气化技术，在冶金、机械、化工、建材和耐火陶瓷等行业得到广泛应用。

从煤的适应性来说，移动床气化技术能适应不黏结煤类如无烟煤、贫煤、部分贫瘦煤、不黏煤、弱黏煤、长焰煤和类似的型煤。由于企业规模的不断扩大，装置大型化是煤气化发展趋势。

第一节　常压移动床的气化过程

常压移动床气化工艺是比较传统的气化方法。其特点是：整个气化过程是在常压下进行的；在气化炉内，煤是分阶段装入的，随着反应时间的延长，燃料逐渐下移，经过前述的干燥、干馏、还原和氧化等各个阶段，最后以灰渣的形式不断排出，而后补加新的燃料；操作方法有间歇气化法和连续气化法；气化剂一般为空气或富氧空气，用来和碳反应提供热量，水蒸气则利用该热量和碳反应，自身分解为氢气、一氧化碳、二氧化碳和甲烷等气体。其中氢气、一氧化碳和甲烷等有效成分可作为化工原料、城市煤气和工业燃气。

常压固定床气化煤气根据使用气化剂和煤气的热值不同，一般可以分为发生炉煤气、水煤气、半水煤气。发生炉煤气又可分为空气煤气和混合煤气。

一、空气煤气

空气煤气的生产是发生炉煤气最简单的生产工艺。它以空气作为气化剂，主要的化学反应如下：

$$C+O \longrightarrow CO_2 \quad \Delta H=-393.8\ \text{kJ/mol} \tag{3-1}$$

$$C+CO_2 \rightleftharpoons 2CO \quad \Delta H=-162.4\ \text{kJ/mol} \tag{3-2}$$

从发生炉底部通入的空气气化剂中的氧在炉内氧化层与炽热的碳作用，理想情况下只生成二氧化碳，并放出大量的热。二氧化碳热气体上升到还原层，继续与碳作用发生还原反应，生成一氧化碳，并吸收一定的热量。一氧化碳是空气煤气的主要可燃成分。

从化学反应的平衡角度来看，随着温度的升高，有利于促进吸热反应(3-2)的进行，因而生成气体中一氧化碳含量增加；而温度升高，对放热反应(3-1)是不利的，因此，气体中二氧化碳的含量降低，当温度超过 900 ℃时，气体中的二氧化碳含量甚少。

从化学反应的速度来看，在超过 900 ℃后，碳的燃烧反应(3-1)的速度极快，属于扩散控制，即氧气向固体颗粒表面的扩散决定了燃烧反应的总速度，因而，提高气体流速与减小固体颗粒的粒径有助于提高燃烧速度，其中以提高气流速度最为有效。对碳与二氧化碳的反应(3-2)而言，其速度要远远低于碳的燃烧反应，在 2 000 ℃以下属于化学反应控制，随着温度的提高，达到相同一氧化碳含量所需要的时间缩短，即反应速度提高。

将上述两个反应相加可以得到气化区总反应方程如下：

$$C+0.5O_2 \Longrightarrow CO \quad \Delta H=-231.4\ kJ/mol$$

由上述总反应方程可见，空气煤气的主要有效成分为一氧化碳。实际生产中，由于有煤料的夹带损耗，实际气化效率达不到理想效果，但计算气化效率可以得出实际气化过程和理想过程之间的差距。

空气煤气一般作为化学工业原料，但空气气化过程中放出大量的热量，而吸收热量的反应主要是二氧化碳的还原反应，此外还有气化过程的散热损耗，这会使得炉内热量积聚，料层和煤气温度升得较高，存在易结渣、煤气热值低、出口温度高、气化效率低等问题，这就大大限制了其在工业上的应用。目前使用不很普遍，但是它是研究其他气化工艺的基础。

二、混合煤气

为克服空气煤气的诸多缺点，以煤或者焦炭等含碳物质为原料，在空气中掺入一定量的水蒸气作为气化剂，在常压移动床煤气发生炉内进行气化，所得的可燃气体被称为混合煤气。此煤气的主要成分为一氧化碳、二氧化碳、氢气和甲烷等气体，其中氢气和甲烷的热值较高，因而和空气煤气相比较，热值大大提高。又因为水蒸气的分解需要吸收热量，这就可以降低气化层的温度，使灰渣维持在不熔融的状态，因此可以采用固态排渣气化炉。

在实际过程中制得的混合煤气除有一氧化碳、氢气、二氧化碳和氮气外，还含有干馏产生的一定量的高热值甲烷及一些其他的碳氢化合物，以及一定量的硫化氢、氨气及水蒸气等。另外，进入气化炉内的水蒸气的实际反应温度较低，蒸汽的分解率较低，因此，蒸汽分解产生的氢气和一氧化碳较理论值低，但由于干馏段生成的部分氢气的补充，最终煤气的组成视具体情况而定。对于实际煤气的热值而言，由于干馏段生成的甲烷等化合物热值高，反而实际煤气的热值较理想煤气的热值高一些。

实际混合煤气与理想混合煤气组成有一定的差别，波动范围较大，煤气组分随着气化原料的性质、操作工艺条件、炉型结构及气化剂组成的变化而变化。混合煤气广泛用作工业燃料气。

三、水煤气和半水煤气

常压煤气发生炉生产的另一种重要的煤气是水煤气，它广泛用于合成原料气，这种煤气生产工艺避免了普通方法制取混合煤气时易结渣及热效率低的缺点，并能获得热值较高的水煤气。某些工业部门，要求制取的煤气热值要高，有些化工行业需要氢气含量较高的煤气作为合成原料气，如合成氨企业。为满足这些企业的用气特点，常使用水煤气发生炉来生产水煤气。典型的制取水煤气的方法是煤的燃烧和水蒸气的分解分开交替进行，可制得(H_2+CO)与 N_2 之比为 15.8～23.1 的水煤气，在合成氨工业上需配入适量的氮气，使得(H_2+CO)和 N_2 之比约为 3.2，称之为半水煤气。

以水蒸气作为气化剂，在炉内主要进行的气化反应如下：

$$C+H_2O \rightleftharpoons CO+H_2 \quad \Delta H=131.5\ kJ/mol \tag{3-3}$$

$$C+2H_2O \longrightarrow CO_2+2H_2 \quad \Delta H=90.0\ kJ/mol \tag{3-4}$$

生成的产物还可以进行如下的反应：

$$CO+H_2O \rightleftharpoons H_2+CO_2 \quad \Delta H=-41.5\ kJ/mol \tag{3-5}$$

$$C+2H_2 \rightleftharpoons CH_4 \quad \Delta H=-74.9\ kJ/mol \tag{3-6}$$

为了提供热量以维持炉内一定的温度，生产上采用的方法有外热法和内热法。外热法热量消耗大，不常采用。内热法用得比较普遍，在气化之前，先通入空气燃烧部分煤，产生气化所需要的足够的热量，然后送入水蒸气进行气化反应制取煤气，随气化的进行，床层温度逐渐下降，到一定程度后，停止送入水蒸气。然后再通入空气进行燃烧反应。在第二次送入空气之前，由于炉内残存部分煤气，为防止爆炸，一般用水蒸气对气化炉进行吹扫后方可通入空气。这种方法工业上称间歇制气。理想情况下，碳在气化时全部生成一氧化碳，燃烧时全部生成二氧化碳。实际水煤气生产中，由于接触时间和浓度的限制，碳不能进行充分的氧化，除了生成二氧化碳外，还生成一部分一氧化碳。

第二节　混合发生炉煤气的基本原理

一、基本原理

发生炉煤气的主要成分是一氧化碳、氢气、二氧化碳和氮气，它的主体可燃组分是一氧化碳和氢气，而且含有大量的惰性组分氮气，显然煤气的热值不会很高，低热值仅为5.0～6.1 MJ/m^3，因而发生炉煤气属于低热值煤气。

当以无烟煤、焦炭等不含挥发物或挥发物含量较少的物质为气化原料时，制取的发生炉煤气，热值相对较低。而采用含有较多挥发物的烟煤为气化原料时，制取的发生炉煤气因为煤气中含有一定量的干馏产物，例如甲烷、不饱和烃等碳氢化合物，热值略高。由于煤气中还含有不少焦油，这导致后续煤气冷却净化处理工艺和煤气应用范围也有所不同。

固定床气化过程的基本原理是气化剂中的氧气成分和原料中的碳发生氧化反应，生成二氧化碳和部分一氧化碳，并放出大量的热量；生成的二氧化碳进一步和碳发生还原吸热反应生成一氧化碳；而气化剂中的水蒸气和碳发生反应，分解成氢气和一氧化碳。同时，炉内发生水煤气平衡反应，平衡气相产物中一氧化碳、二氧化碳、氢气和水蒸气的比例。此外，煤气化时还伴有干馏过程，会产生一些碳氢化合物，例如甲烷等。有的气化煤气中还含有一定量的焦油等液相产物。

（一）理想发生炉煤气

为了理解、掌握发生炉煤气制造的基本原理，用于正确分析常压固定床煤气发生炉炉内的气化过程，首先，我们在假设的理想条件下，研究理想发生炉煤气的制造过程。

理想发生炉煤气制造过程的三个基本假设条件是：

① 气化原料为纯碳，且最终碳全部转化为一氧化碳；

② 气化剂空气与水蒸气按化学计量方程式供给，完全彻底地反应，无过剩；

③ 整个气化过程无热损失，自身实现热平衡。

根据上述三个假设条件，我们可以将常压移动床煤气发生炉炉内的气化过程分成以下几个阶段：

空气和碳的燃烧反应：

$$C+O_2+3.76N_2 = CO_2+3.76N_2+393.8\ MJ \tag{3-7}$$

二氧化碳的还原反应：

$$C+CO_2 = 2CO-172.6\ MJ \tag{3-8}$$

水蒸气的分解反应：

$$C+H_2O = CO+H_2-131.4\ MJ \tag{3-9}$$

由于理想发生炉煤气的制造过程假设最终碳全部转化成一氧化碳，故反应(3-7)、反应(3-8)应合并写成：

$$2C+O_2+3.76N_2 = 2CO+3.76N_2+221.2\ MJ \tag{3-10}$$

根据第三个基本假设条件，气化过程自身实现热平衡，即碳和氧生成一氧化碳所放出的热量全部用于水蒸气的分解反应，故总反应式的推导如下：

$$\begin{array}{r} 2C+O_2+3.76N_2 = 2CO+3.76N_2+221.2\ MJ \\ +1.68C+1.68H_2O = 1.68CO+1.68H_2-220.8MJ \\ \hline 3.68C+O_2+1.68H_2O+3.76N_2 = 3.68CO+1.68H_2+3.76N_2+0.4MJ \end{array}$$

其中 1.68 是反应(3-10)和反应(3-9)热效应的比值。总反应式：

$$3.68C+O_2+1.68H_2O+3.76N_2 = 3.68CO+1.68H_2+3.76N_2$$

依据上述总反应式，我们可以推出理想发生炉煤气的气化指标：

① 煤气的组成(体积分数)：

$$CO: 3.68\div(3.68+1.68+3.76)\times100\%=40.4\%$$

$$H_2: 1.68\div(3.68+1.68+3.76)\times100\%=18.4\%$$

$$N_2: 3.76\div(3.68+1.68+3.76)\times100\%=41.2\%$$

② 煤气高热值/低热值：

$$Q_{gr}=(0.404\times12.636+0.184\times12.745)\ MJ/m^3=7.45\ MJ/m^3$$

$$Q_{net}=(0.404\times12.636+0.184\times10.785)\ MJ/m^3=7.09\ MJ/m^3$$

③ 煤气产率，气化 1 kg 原料所得的煤气体积：

$$V_{gas}=[(3.68+1.68+3.76)\times22.4]\div(3.68\times12)\ m^3/kg=4.63\ m^3/kg$$

④ 气化效率，气化煤气的热量与气化所用原料的热量之比：

$$\eta=(7.09\times4.63)\div(393.8\div12)\times100\%=100.0\%$$

理论上效率达到了 100%。

⑤ 空气消耗，气化 1 kg 原料所需要的空气量：

$$V_{air}=[(1+3.76)\times22.4]\div(3.68\times12)\ m^3/kg=2.41\ m^3/kg$$

⑥ 水蒸气消耗，气化 1 kg 原料所需要的水蒸气量：

$$W=(1.68\times18)\div(3.68\times12)\ kg/kg=0.68\ kg/kg$$

显然，根据理想发生炉煤气制造过程的假设条件，整个气化过程碳全部气化，水蒸气百分之百地分解，没有任何损失，气化效率可达到 100%。事实上，实际的煤气化生产过程不会处于这样的理想状态下。

实际的发生炉煤气制气过程和理想发生炉煤气制气过程比较，有如下重大的差别：

① 气化原料煤非纯碳物质，有挥发分、灰分等，故实际气化煤气中有干馏煤气成分，且

气化过程氧化燃烧反应生成的二氧化碳不可能全部还原成一氧化碳，或者说碳氧反应的生成物不可能全部是一氧化碳，总有一部分二氧化碳的存在。另外，一氧化碳和未分解的水蒸气还会发生变换反应，即称为水煤气反应（$CO+H_2O \Longrightarrow H_2+CO_2$），该反应会平衡反应产物中的一氧化碳和二氧化碳的比例。

② 气化原料中的水分，受热会蒸发，且气化剂中的水蒸气不可能全部分解，未分解的部分水蒸气随上升的气流引出，煤气发生炉出口的粗煤气中含有的水蒸气，就是由煤中蒸发的水分、气化剂中未分解的水蒸气以及气化过程中生成的化合水所组成的。

③ 气化炉及系统有保温措施，但未必绝热，加上一般气化炉构造、材料及技术上的原因，部分炉壁设有水夹套，防止炉壁钢板过热。因此，气化炉必然存在着与环境的热量交换，无法成为一个孤立系统。炉体散热、粗煤气携带的显热等都会影响煤气的气化效率；此外，由于原料中的灰分和实际气化条件，气化炉上部总有一部分细小颗粒的原料煤未参与气化反应即被上升的气流夹带出炉外，形成带出物即飞灰损失；还有少量的碳随炉渣排出炉外，造成炉渣含碳的损失。

（二）实际发生炉煤气的制造

实际发生炉煤气的制造过程是建立一个高温环境，促进气化原料煤或焦炭和气化剂发生化学反应，转换成含有一氧化碳、氢气等可燃气体成分的过程。成熟的煤气化技术一般都采用自热式的气化工艺，即气化原料中的一部分发生碳氧反应，放出热量，维持一系列气化反应的需要。足够的热量使得生成的二氧化碳进一步还原成一氧化碳，水蒸气和碳反应分解成氢气和一氧化碳。考虑到工艺的简便和热传递效果等因素，发生炉煤气制造又是一个逆流过程，即物料流的移动方向自上而下，气化剂以及生成的煤气流向则是自下而上。用简化的形式表示这一过程，如图 3-1 所示。

实现煤气化过程的制气设备——气化炉主要由加料装置、炉体和排渣装置等三大部分组成，整个气化炉内的料层自下而上可以大体分成灰渣层、氧化层、还原层、干馏层和干燥层。图 3-2 所示为典型的常压移动床煤气发生炉构造和炉内料层的划分。

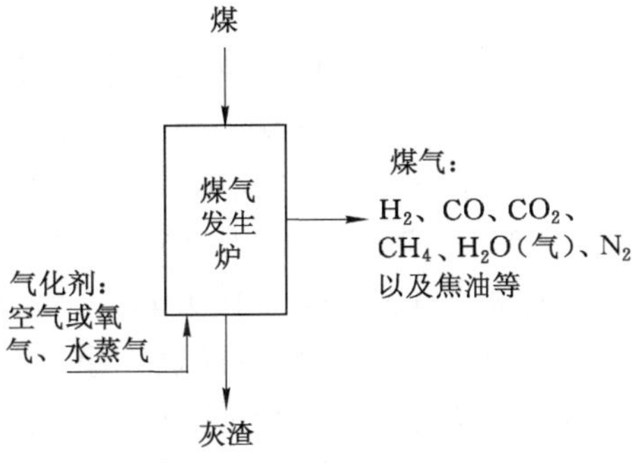

图 3-1　自然逆流式煤气化示意图

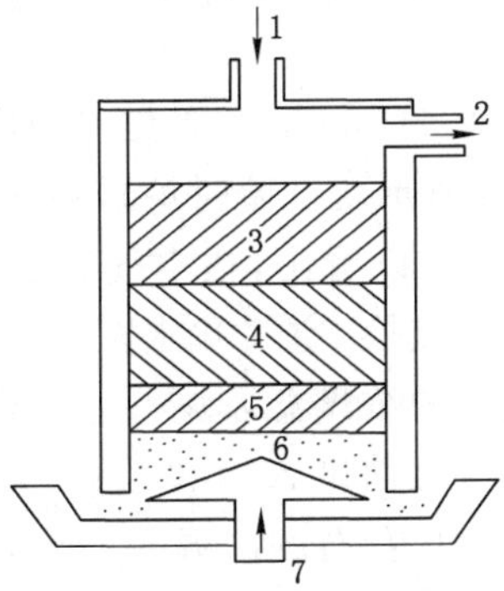

1—煤或焦炭；2—煤气；3—预热层（干馏）；
4—还原层 $CO_2+C \longrightarrow 2CO$，$H_2O+CO \longrightarrow H_2+CO_2$；
5—氧化层 $C+O_2 \rightarrow CO_2$；6—灰渣层；
7—气化介质（空气+水蒸气）。

图 3-2　煤气发生炉构造和料层划分简图

生产运行时气化原料从煤气发生炉上部的加料装置落入炉内，整个料层由炉膛下部的炉栅支撑，空气混合一定量的水蒸气所组成的气化剂从煤气发生炉下部的送风口进入炉内，气化反应生成的煤气经物料层上方的煤气出口引出，原料气化后的灰渣由排渣装置排出炉外。

气化剂通过气化炉下部的送风口进入气化炉后，由炉栅缝隙均匀分布，并渗入料层底部区域的灰渣层，气化剂和灰渣进行热交换，气化剂被预热，灰渣则被冷却。气化剂随后上升至氧化层。在氧化层，气化剂中的氧气成分和原料中的碳发生碳氧反应，放出大量的反应热，这一部分热量也是维持气化炉内气化反应的基础。气流接着上升到还原层，先前氧化层生成的二氧化碳在这里被碳还原成一氧化碳，气化剂中的水蒸气分解，生成氢气和一氧化碳。氧化层和还原层生成的气体与气化剂中未反应的组分一起继续上升，加热上面的原料层。此刻由于上升气流中不再含氧，原料实际处于无氧加热的干馏状态，这一料层称为干馏层。从干馏层下落的物料即为干馏产物——半焦或焦炭，它们进入还原、氧化区域。干馏煤气与来自下面还原层的煤气混合即为发生炉煤气，煤气经过最上面的干燥层将刚入炉的原料预热、干燥后，进入煤气发生炉上部空间，经发生炉的煤气出口引出。

如上所述，发生炉煤气的制造过程是一个热交换良好的逆流过程。气化剂首先接触灰渣层，既可预热自身，又冷却了灰渣，而灰渣层保护了煤气炉炉栅不受高温烘烤。氧化层主要进行碳的氧化反应，反应温度很高，是炉内温度最高的区域，化学反应速度也很快，故氧化层高度很小。在还原层中主要是二氧化碳的还原和水蒸气的分解反应，两反应均为吸热反应，所需热量由氧化层带入，还原层温度向上逐渐下降，反应速度相应减慢，因而还原层高度大大超过氧化层。气化煤气制造的主要反应是在氧化层和还原层中进行的，所以常称氧化层和还原层为气化区，是气化炉内重要的区域。上部进行原料预热、干燥和干馏的干燥层和干馏层，常称为干馏区。

事实上，煤气发生炉内进行的气化反应并不是在那么几个似乎明显截然分开的区域中完全独立进行的，而是在整个物料层中进行着错综复杂的气化反应。但是，从总体来看，将气化过程分成如上所述的有代表性的几个层面、几个反应阶段，有助于理解实际发生炉煤气的气化过程。

哈斯拉姆(Haslam)等以焦炭为原料，从发生炉内料层的不同高度取样分析气体组成，结果如图 3-3 所示。试验时炉料高度 0.45～1.4 m，气化强度 50～350 kg/(m^2 · h)。

从图 3-3 可以看出，在空气和水蒸气最初进入灰渣层时，气体的组成不发生变化。在这里仅进行热交换，空气和水蒸气被预热，而灰渣被冷却。灰渣层约高 120 mm。接着在氧化层内氧气的浓度急剧减少，直至接近耗尽。氧化层的厚度为 90～100 mm。水蒸气在氧几乎耗尽之前进入氧化层内，表观上没有发生任何变化，只是受到预热。事实上在氧化层 1 000 ℃左右的高温条件下，碳和水蒸气还是有分解反应的，只是氧化层中仍有游离氧，分解生成的氢气又与氧气急速地反应，重新化合成水。在氧气减少的同时，二氧化碳的数量迅速增加并在氧接近耗尽时达到最大值，以后二氧化碳又迅速减少，而一氧化碳的量开始上升。当氧气接近耗尽时，气流进入还原层。在此层内二氧化碳逐渐还原为一氧化碳，水蒸气分解生成氢气和一氧化碳，水蒸气的量逐渐减少。由于一氧化碳含量增加和未分解水蒸气的存在，沿着还原层向上，温度逐渐降低。一氧化碳和水蒸气发生变换反应，即一氧化碳和水蒸气转变成二氧化碳和氢气，此情况一直延续到燃料层上部

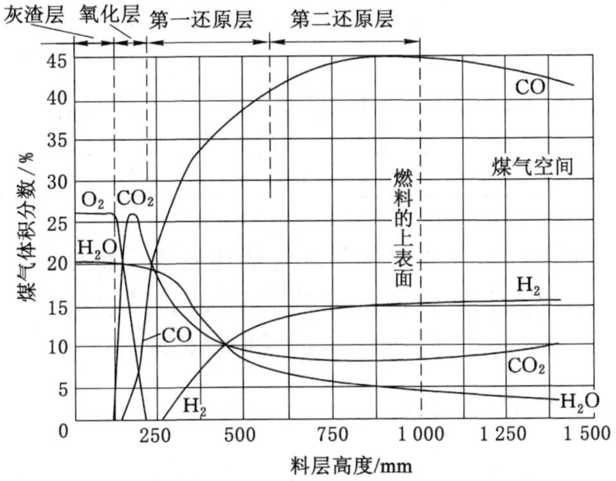

图 3-3　气体组成随料层高度变化图

空间，所以二氧化碳和氢气的含量仍有所增加，一氧化碳含量稍有降低。这些变化和我们前面对实际发生炉煤气气化过程的描述是一致的。表 3-1 列举了几例非常有代表性的煤种的实际气化指标。

表 3-1　典型原料实际气化指标

项　目		原料种类			
		大同煤	阳泉煤	焦作煤	鹤岗煤
水分/%		2.50	4.12	4.00	1.69
灰分/%		18.72	23.14	14.40	17.63
固定磷/%		58.33	67.78	80.38	52.88
挥发分(干燥无灰基)/%		25.96	7.07	<1.5	34.23
热值/(MJ/kg)		29.14	26.50	28.00	27.90
消耗系数和产量	蒸汽消耗量/(kg/kg)	0.3～0.4	0.3～0.5	0.3	0.23
	空气消耗 t(标态下)/(m^3/kg)	2.2～2.3	2.8	2.2	1.85
	发生炉煤气产量(标态下)/(m^3/kg)	3.3	4.0	4.1	2.77
	饱和温度/℃	53～56	50～60	46	60
煤气组成 φ/%	CO_2	3～4	5.4	2	4.4
	CO	27	25	34	28.3
	H_2	13～15	17	8	11.1
	CH_4	2～3.4	2.1	0.4	4
	C_nH_m	0.4～0.6	～	0.2	0.6
	O_2	0.2	0.2	0.1	0.2
	N_2	50	50.3	55.3	51.4
Q/[kJ/m^3(标态)]		6 270	5 434	5 350.4	6 589
气化强度/[kg/(m^2·h)]		230	200～250	200	292

表 3-1(续)

项　目	原料种类			
	大同煤	阳泉煤	焦作煤	鹤岗煤
粒度/mm	25～75	25～50		
气化效率/%	～71.02	～77.70	～78.30	～65.40

从表 3-1 中可以清楚地看到二氧化碳并未全部还原成一氧化碳，氢气的组成也比理想发生炉煤气数值低，干馏煤气代表性的组成甲烷、不饱和烃少量存在，单位煤气产率 3～4 m^3/kg，气化效率约在 70%～75%之间。原因我们都已经讨论了。

二、水煤气及实际气化的工作循环

以无烟煤或焦炭为原料，水蒸气为气化剂，进行常压气化，制得的含氢量较高的可燃气体称为水煤气。水煤气广泛应用于化学合成工业，作为生产碳氢化合物或其他化合物的反应中间体原料气氢的主要来源，在城市煤气工业中水煤气作为重要的掺混气源之一。20 世纪 80 年代末 90 年代初国内水煤气部分甲烷化技术得到了研究和发展，利用这一技术，水煤气经改制可降低一氧化碳的含量，催化合成甲烷，减小了煤气的毒性，又提高了煤气的热值。在一些中小城镇的煤气化工程中，水煤气部分甲烷化后曾作为主力气源之一。

水煤气的主要成分是氢气、一氧化碳、二氧化碳和少量的氮气。它的低位煤气热值为 10.0～11.0 MJ/m^3。合成氨工业中，原料气需要的是氢气，水煤气中的一氧化碳要进一步变换，一氧化碳和水蒸气反应转化成氢气和二氧化碳后经过净化工艺脱除二氧化碳，最终形成含氢量高的气体。合成氨生产中为使原料气中氢和氮有适当的比例，要求煤气中($CO+H_2$)与 N_2 之比(体积比)为 3.1～3.2，生产上在原有纯水煤气的基础上适量配入含氮量很大的吹风阶段燃烧后烟气，可满足合成氨生产工艺的要求。这种加氮的水煤气被称为半水煤气。

水煤气制造的主要反应是水蒸气的分解反应。该反应为吸热反应，且水煤气制造过程需维持适当的反应温度。水蒸气分解反应所需要的热量的供给方法可以是多种多样的，有外部加热法、热载体循环制气法、内热式的氧和水煤气的连续气化法以及内热式的间歇送风蓄热法等。我国主要采用内热式间歇送风蓄热法，这一工艺比较简单，不需要纯氧，即气化炉间歇鼓入空气燃烧部分原料，加热炉膛，提供煤气化反应所需的热量，当然空气燃烧后的烟气是放空的。这样整个水煤气制造过程是一个不断的循环过程，每个循环可分成燃烧、制气两大阶段。其基本原理就是在吹风阶段空气送入气化炉中，空气和原料中的碳发生燃烧反应，释放出大量的热量，燃烧后烟气带出炉外一部分热量，炉体散热也有损失，但大量的热量积蓄在炉膛内，当积蓄的热量达到一定程度时，停止鼓风；在气化阶段，水蒸气作为气化剂送入气化炉内，水蒸气和灼热的碳发生反应，生成氢气和一氧化碳，当炉膛温度降低到不利于分解反应进行时，停止送入水蒸气，重新开始新一轮的循环。出于技术与安全考虑，实际气化过程中燃烧阶段和气化阶段之间还有几个短暂的技术过渡阶段。由于吹风阶段燃烧后烟气和制气阶段生成的水煤气被分别引出，因此，同样采用空气、水蒸气两种物质参加煤气化过程，而气化产品的水煤气含氮量远远小于一般发生炉煤气的含氮量，煤气热值也大大提高。当然，气化反应的基本条件没有发生根本性的变化，水煤气中的可燃组分仍以氢气和一氧化碳为主体，煤气热值的上升也就有一定的限度。和发生炉煤气一样，水煤气通常仍被归属于低热值煤气一类。

我国城市煤气工业和化肥工业的常压移动床水煤气制造广泛采用间隙法工艺，它是一种内热式的气化工艺技术，整个工艺过程有吹风燃烧蓄热、水蒸气分解制气两个主要阶段。由于水煤气是可燃易爆的危险性气体，水煤气在气化炉炉膛、管道中不能和空气直接相遇，燃烧蓄热阶段的烟气也不能混到水煤气中，以免降低煤气的热值，因此，吹风燃烧蓄热阶段和水蒸气分解制气阶段之间需要有技术性的过渡辅助阶段。此外，为均衡气化炉炉膛温度，保证气化反应的顺利进行，大中型水煤气炉水蒸气分解制气时分别有从炉底喷射进入气化炉气化和从炉顶喷射进入气化炉气化的两个阶段即上行制气阶段和下行制气阶段，以充分利用料层下部和上部的热量来分解水蒸气。一般大型气化炉水煤气制造的工作循环由六个阶段组成：吹空气阶段、蒸汽吹净阶段、一次上吹制气阶段、下吹制气阶段、二次上吹制气阶段和空气吹净阶段。六个阶段的工作循环，如图 3-4 所示。

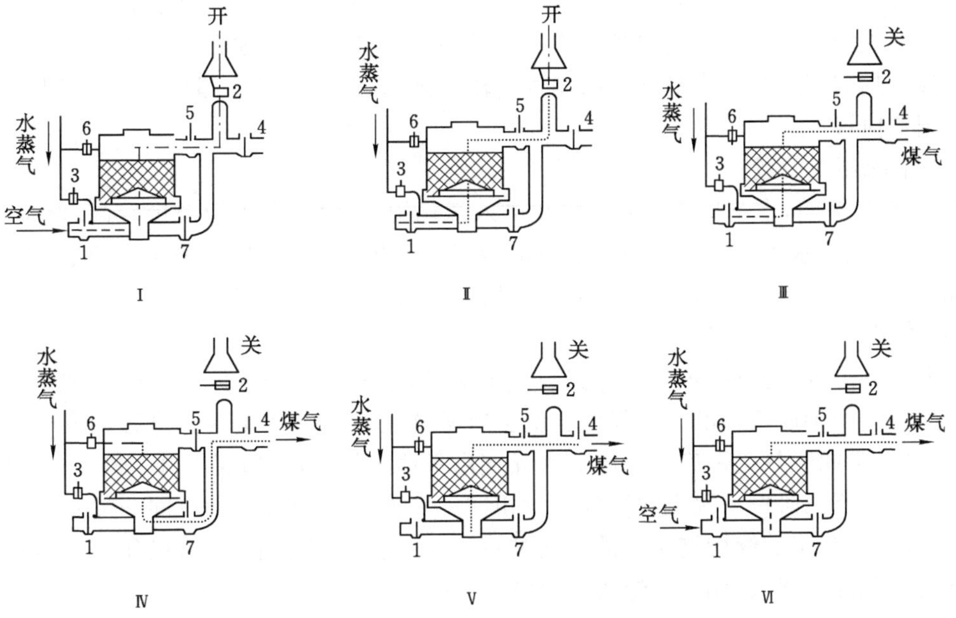

Ⅰ—吹空气阶段；Ⅱ—蒸汽吹净阶段；Ⅲ—一次上吹制气阶段；Ⅳ—下吹制气阶段；
Ⅴ—二次上吹制气阶段；Ⅵ—空气吹净阶段；
1—空气阀；2—烟囱阀；3—上吹蒸汽阀；4—上行煤气阀；5—吹风气阀；6—下吹蒸汽阀；7—下行煤气阀。

图 3-4　六阶段间歇法水煤气生产工作循环

(1) 吹空气阶段

此阶段的作用是空气经空气阀 1 从炉底送入气化炉内，氧气和碳进行燃烧反应，放出的热量加热料层和炉膛，燃烧烟气及吹出气由气化炉上部出口经阀 5 排出。为了缩短加热时间，提升燃烧强度，空气送入的速度较高。气流速度大改善了扩散条件，但化学反应速度会相对较弱，造成燃烧并不完全，离开气化炉的烟气中含有一氧化碳，有时含量达到 10%。因此，吹风气即燃烧烟气一般还要经过通入二次空气的燃烧蓄热室进一步燃烧，其中的一氧化碳燃烧后成为二氧化碳，释放的热量加热燃烧蓄热室中的格子砖，能量得到了回收，最后烟气经废热锅炉换热后由烟囱排出。

(2) 蒸汽吹净阶段

吹空气阶段燃烧后的吹风气大量充斥气化炉炉膛,为了保证水煤气的质量,避免含有大量氮气和二氧化碳的吹风气进入水煤气系统,在制气阶段开始前应将炉内和管路系统内的残余气体赶净。通过短暂的水蒸气吹扫,气化炉和管路系统不再残留燃烧后的烟气。进行的过程是关闭阀1,切断空气送风通路,蒸汽经阀3进入气化炉底部,残余吹风气受驱赶,从气化炉上部排出,经阀5、阀2流向烟囱。在制取半水煤气时,该阶段可以取消,这时残余吹风气与下一阶段制取的水煤气一起进入水煤气系统。

(3) 一次上吹制气阶段

在水蒸气吹净炉膛,管路废气已经清扫的基础上,作为气化剂的水蒸气仍然经阀3由炉底吹入气化炉内,在高温条件下与原料进行水蒸气分解反应制得水煤气,这是主要的水煤气制气过程。还原反应首先发生在气化炉料层下部,故下部温度降低得很快,渐渐地气化层上移,水煤气从气化炉上部引出经阀4进入水煤气净化系统。这时炉子上部的温度仍然很高,上升的水煤气流带走了较多的热量。为了有效地利用气化炉炉膛在燃烧阶段积蓄的热量,使料层温度均匀、稳定,在水蒸气上吹制气一段时间后,改从炉子上部吹入水蒸气制气,即进入下吹制气阶段。

(4) 下吹制气阶段

阀3、阀5关闭,水蒸气经阀6从炉顶进入气化炉,这时上部料层温度较高,发生水蒸气分解反应,生成的水煤气从气化炉下部引出,经阀7、阀4流向水煤气净化系统,吸热反应使得上部料层温度逐渐降低,这样整个炉内料层的温度逐渐趋向均衡。

(5) 二次上吹制气阶段

在水蒸气下吹制气后,炉子下部充满了水煤气,这时若立即通入空气开始燃烧蓄热,重新鼓入的空气与炉底沉积的水煤气混合就会有爆炸的危险。为了生产过程的安全,需再次上吹水蒸气,将此时气化炉底部空腔的水煤气由水蒸气推动,沿料层上升。阀门的启闭状态及气流路线与第三阶段一次上吹制气阶段相同。二次上吹制气阶段时间一般不长,以免炉温降得过低,不利于后续燃烧阶段的顺利进行。工业生产实践中,有时操作不当,没有控制好燃烧阶段前的炉温,造成炉子熄火,制气循环中断。

(6) 空气吹净阶段

在一个新的循环开始之前,用空气流推动炉内和管道中未分解的水蒸气流将残余的水煤气吹入水煤气系统,避免损失,关断阀3,停止向气化炉通入水蒸气,转动阀门1,向气化炉送入空气,气流推动将残存在炉内和管道中的水煤气经阀4送入水煤气净制系统。这个阶段时间很短,目的是回收残余的水煤气。

完成上述六个阶段,也就是实现了制造水煤气的一个操作循环。水煤气的制造就是不断地重复上述的工作循环。

三、气化工艺条件和影响因素

水煤气的生产就气化本身来说,和发生炉煤气的生产十分相近。有关气化炉操作各方面的影响也有许多共同点。但间歇式水煤气制造方法的运行操作还受到和其工艺特殊性相关因素的影响。下面分别对主要的影响因素如对入炉气化原料即煤种的要求,间歇法水煤气制造过程各燃烧蓄热、气化制气和中间技术过渡阶段等的时间分配比例，以及炉温和气流速度等操作条件等进行分析比较，得出保证气化炉及气化生产安全高效、正常运行的基本概念和合理的操作条件。

（一）水煤气对煤种的要求

水煤气气化原料，不能使用有黏结性的煤种，并且气化的原料必须具有低的挥发分产率，避免焦油等杂质影响水煤气工艺流程一系列阀门开启关闭，给水煤气生产可能造成的危险。另外，用于合成氨工业原料气的水煤气后续工艺和变换用催化剂要求高，有焦油将增加煤气净化的负担。因此，一般水煤气炉的气化原料是无烟煤和焦炭。

无烟煤和焦炭性质有差异，主要是无烟煤的反应性差，往往要求适当提高操作温度；其次，无烟煤的机械强度比焦炭差，再加上含有水分和黏着性，容易夹带碎煤或煤末。入炉前应注意筛尽煤屑。此外，无烟煤的热稳定性也比焦炭差，入炉后受热易爆裂，造成带出物多、吹风阻力大和气流分布不均等问题。因此，选用无烟煤为原料必须要求其热稳定性好，而不是任何无烟煤都适用。

（二）间歇法水煤气加热气化循环过程的时间分配比例

水煤气制气工艺一般采用六个阶段的工作循环，即间歇法工艺。燃烧蓄热、水蒸气分解制气过程交替循环，气化炉炉温呈阶段性的波动，相对而言水煤气的组成是随着时间而变化的，要保证水煤气质量的稳定，可尽量缩短每一个工作循环的时间，但是气化炉和燃烧烟气、水煤气管路系统的频繁切换，阀门设备的密封性、可靠性降低，使用寿命也大大缩短，生产的安全性难以保障。另外，工作循环的时间还与气化原料的特性有关。气化原料活性差的，燃烧气化需要较长的时间；气化原料活性好的，进行气化反应时，料层温度降低很快，适当缩短循环时间对制气生产是有利的。多年来，煤气行业机械设备与技术不断更新改造，自动控制阀控制气化运行过程相当成熟。计算机也在水煤气炉运行控制方面得到广泛的应用。从稳定水煤气质量、保证气化运行设备安全可靠等诸多因素综合考虑，应该有一个比较合理的水煤气制造循环过程的时间分配，一般循环过程时间为 2.5～4.5 min。如果气化原料的反应性好，反应速度快，料层温度变化也快，循环时间就宜短些。表 3-2 给出了某厂间歇法生产水煤气、半水煤气的六个循环时间比例。

表 3-2　间歇法生产水煤气、半水煤气循环时间的分配

各阶段名称	制水煤气		制半水煤气	
	时间/s	比例/%	时间/s	比例/%
1. 吹风	48.6	27	40.5～42.3	22.5～23.5
2. 蒸汽吹净	5.4	3	0	0
3. 一次上吹	39.6	22	43.2～46.8	24～26
4. 下吹	70.2	39	72.9～76.5	40.5～42.5
5. 二次上吹	10.8	6	12.6～16.2	7～9
6. 空气吹净	5.4	3	5.4～7.2	3～4
总计	180	100	180	100

从表中可知，水煤气制造的生产阶段第三、第四、第五、第六阶段(其中第三、第四为主要

生产阶段)的时间占整个循环时间的比例为70%。这也是间歇法水煤气生产能力较低的原因之一。

间歇法水煤气工艺的各循环阶段,料层温度有变化,水煤气组成和产量亦随之不断变化。其变化情况见表3-3和图3-5。随着制气阶段的进行,蓄热阶段积蓄的热量不断消耗,水蒸气分解反应速度放慢,产量下降,一般一次上吹制气阶段的水煤气产量占总水煤气量的50%~75%。下吹制气阶段水煤气产量占25%~45%,二次上吹制气由于时间短,产气量的份额较小。炉温下降,二氧化碳还原反应不完全,同时水蒸气的分解率也下降,大量过剩的水蒸气,使得水煤气平衡反应向生成氢气和二氧化碳的方向进行,煤气组成中氢气和二氧化碳含量上升,一氧化碳比例下降。

表3-3 各阶段中水煤气组成的变化

项目		一次上吹制气	下吹制气	二次上吹制气
水煤气组成 $\varphi/\%$	CO_2	6.97	5.77	8.84
	H_2O	0.43	0.43	0.43
	O_2	0.20	0.20	0.20
	CO	38.38	39.31	34.33
	H_2	49.31	50.39	56.31
	CH_4	0.64	0.54	0.70
	N_2	4.07	3.36	4.99
煤气高热值(标态下)/(MJ/m^3)		11.5	11.8	11.2
煤气低热值(标态下)/(MJ/m^3)		10.5	10.7	10.2

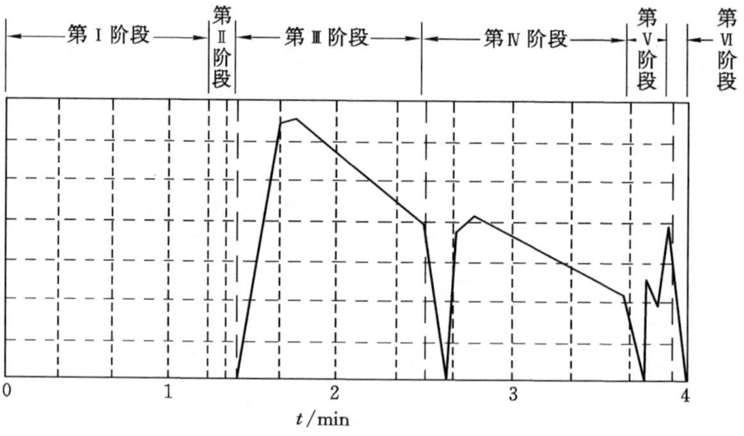

图3-5 各阶段单位时间水煤气产量的变化情况

（三）气化操作条件

对水煤气气化操作过程有着重要影响的是气化炉炉温控制、鼓风和水蒸气鼓入速度等气化条件,下面分别加以分析讨论。

1. 炉温与气化效率

水煤气生产的工作循环中，第一步是吹空气过程即吹风阶段，目的是提高料层温度，在炉膛内积蓄尽可能多的热量。料层温度愈高，在吹水蒸气制气时就能分解更多的水蒸气。吹风阶段的燃烧反应能释放出大量的化学热，为了在吹风阶段中能充分利用气化原料的化学能，得到更多的热量，人们总是希望燃烧过程尽可能按完全燃烧反应的模式进行。

但料层温度的升高与燃烧反应生成二氧化碳之间是有矛盾的。随着料层温度升高，燃烧反应生成一氧化碳的量增加，二氧化碳生成量却减少，即发生不完全氧化反应。而且，过高的料层温度使得燃烧后的吹出气气流本身带走大量的显热。

设吹风阶段的效率为 η_1，是料层积蓄的热量与在该阶段所消耗热量之比，即

$$\eta_1 = \frac{Q_a}{G_a Q_{gr}} \times 100\%$$

式中　Q_a——料层积蓄的热量，MJ；

Q_{gr}——原料的热值，MJ/kg；

G_a——吹风阶段原料消耗量，kg。

η_1 和生成气中二氧化碳含量（体积分数）、吹风气出口温度的关系如图 3-6 所示。

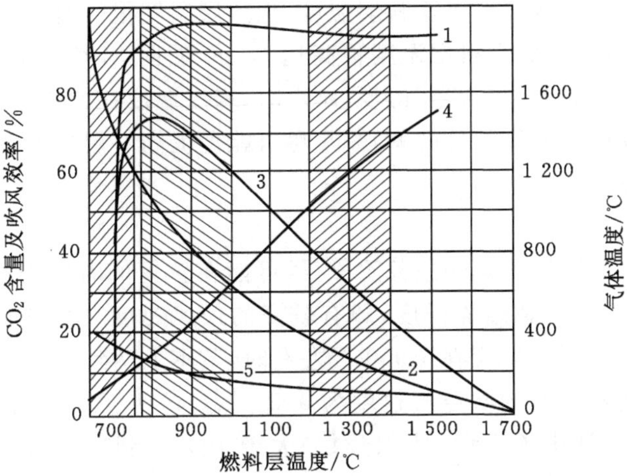

1—气化剂速度为 43.5 mm/s 时制气阶段的效率；2—吹风阶段的效率；
3—气化剂速度为 60 mm/s 时的总效率；4—吹风气温度；5—吹风气中 CO_2 的含量。

图 3-6　CO_2 含量、气化过程效率与温度的关系

由图 3-6 可知，随着料层温度的升高，吹风气的温度也升高，带走的显热增加，并且其中的二氧化碳含量减少，而一氧化碳含量是增加的，又造成化学热损失，吹风阶段的效率在下降。当料层温度达到 1 600 ℃时，吹风气的温度也几乎达到此值；当料层温度为 1 700 ℃时，吹风阶段所放出的热量几乎全部被吹出气带走，没有热量积蓄在料层和炉膛中。这时吹风阶段的效率为零。从图 3-6 中也可看出，料层温度愈低，吹风阶段效率愈高。然而只有较高的料层温度，才能有水蒸气的高分解率，制气阶段效率得以提高。因此，只有综合考虑了吹风阶段和制气阶段的总效率之后，才能确定料层最适宜的温度。一般吹风阶段料层温度保持在 1 000 ℃为宜。

吹水蒸气过程是制气阶段，它利用吹风阶段积蓄在料层中的热量进行水蒸气的分解反

应。设制气阶段的效率 η_2，是生成的水煤气总化学热与制气阶段所消耗的总热量之比。可用如下的热量关系来表示：

$$\eta_2 = \frac{(G_a + G_b)V_g Q_{gr,g}}{G_b Q_{gr} + Q_0} \times 100\% = \frac{Q_g}{G_b Q_{gr} + Q_a} \times 100\%$$

式中 Q_g——水煤气总化学热，MJ；

$Q_{gr,g}$——水煤气的热值，MJ/m^3；

V_g——水煤气产率，m^3/kg；

G_b——制气阶段原料消耗量，kg；

Q_o——制气阶段料层供给的热量，MJ，设吹风、制气运行稳定时，$Q_o = Q_a$。

就制气而言，水蒸气分解总是期望一个较高的料层温度，从图 3-6 可以看到，当料层温度为 900 ℃左右时，制气阶段效率相当高，气化效率约 95%；当料层温度低于 800 ℃时，制气阶段效率迅速下降，水煤气制造过程总效率也急剧下跌。

蓄热、制气两个过程的总效率为所得水煤气热量与两个过程中全部原料提供的热量之比：

$$\eta = \frac{Q_g}{G_b Q_{gr} + Q_a/\eta_1} \times 100\%$$

水煤气气化过程的总效率取决于料层温度，当料层温度很低时，总效率为零。因为料层温度太低不能生成水煤气；而当料层温度很高达 1 700 ℃时，空气吹风阶段效率为零，过程总效率也将为零。实践表明：当吹空气过程结束时，料层温度在 800～900 ℃时，过程的总效率最高。生产上为保证水蒸气的分解率，总是尽可能地提高料层的温度，只要温度不超出气化原料的灰熔点即可。

2. 气化剂速度

吹风阶段是不生产煤气的蓄热预备阶段，尽可能在较短的时间内积蓄一定的热量是我们的目标。为此，希望能提高燃烧强度，即有较高的鼓风速度。当气化过程气化强度介于 500～600 $kg/(m^2 \cdot h)$、氧化反应在 1 000 ℃左右时，基本上达到了扩散区，提高气流速度可以强化氧化反应。通常采用的吹空气速度为 0.5～1.0 m/s，吹风气中一氧化碳含量(体积分数)为6%～12%，二氧化碳含量(体积分数)大于 40%。制气阶段水蒸气鼓入速度减慢时，不仅对水煤气生成有利，而且使过程的总效率有所提高，但过低的鼓入速度会降低设备的生产能力。通常水蒸气鼓入速度保持在 0.05～0.15 m/s 之间。

为了优化水煤气制造过程，又缩短非分解制气时间，常采用高吹空气速度 1.5～1.6 m/s。在这种情况下，鼓风燃烧时料层温度迅速升高，而二氧化碳来不及充分地还原，吹风气中一氧化碳含量低；与此对应可采用高水蒸气鼓入速度，可取 0.25 m/s 左右。当然气化原料的化学反应性要好，例如选用焦炭或热稳定性好的无烟煤。

有生产性鼓风实验数据表明，吹风强度大，显热损失大；吹风时间较短的情况下，吹风强度大的，热量积蓄在料层间的比例高；吹风一段时间后，吹风强度小的热量积蓄比例才比吹风强度大的高；吹风气一氧化碳含量，吹风强度大时间又短的比较低，即燃烧化学热损失小。因此，目前生产上采用提高风压、大风量短时间送风方法，生产性鼓风实验数据见表 3-4。

关于水蒸气鼓入速度，当水蒸气鼓入速度一定时，随着料层温度的升高，水煤气中二氧化碳含量低，水蒸气的分解率增加；而当料层温度一定时，随着水蒸气速度的增加，煤气中未分解的水蒸气和二氧化碳的含量也增加。另外，水蒸气的分解率还与气化原料的化学反应性即反应能力有关。因此，针对不同的气化原料，应选择最相适宜的水蒸气速度。

表 3-4 生产性鼓风实验测定记录

鼓风强度/[$m^3/(m^2 \cdot h)$]	鼓风压力[1]/(mmH_2O)	鼓风时间/min	煤气组成/%			热量分布/%			原料耗量/[$kg/(m^2 \cdot h)$]
			φ_{CO_2}	φ_{O_2}	φ_{CO}	料层	CO	显热	
2 025	56	0.42	16.6	1.2	5.0	75.2	16.2	8.6	261
2 025	56	0.99	13.8	0.2	11.6	60.0	32.1	7.9	302
2 025	56	1.59	10.2	0.4	17.6	48.0	44.5	7.5	343
2 025	56	2.19	8.4	0.4	21.4	42.3	50.5	7.2	381
2 025	56	3.42	6	0.4	24.8	36.2	56.5	7.3	398
3 868	284	0.39	20.2	0.6	0.4	80.3	1.4	18.3	451
3 868	284	0.88	18.6	0.4	3.6	70.8	11.3	17.9	492
3 868	284	1.68	12	0	17.3	44.6	41.4	14.0	706
3 868	284	2.35	8.8	0	21.0	35.8	49.4	14.8	709
3 868	284	3.35	5.4	0.2	26.2	27.5	58.0	14.5	748

注：① 1 mmH_2O=9.8 Pa。料层高度：1 220 mm；原料种类：焦炉焦炭；开始鼓风时的温度 950 ℃。

课程资源

思 考 题

1. 衡量气化技术的客观标准有哪些？
2. 常压移动床气化的特点是什么？
3. 空气煤气、混合煤气、水煤气和半水煤气有何区别？
4. 简要分析气化炉内各类气体(H_2O、CO、CO_2、H_2)组成随料层高度的变化。
5. 简述发生炉煤气反应层分布。
6. 简要叙述固定床气化的基本原理。
7. 为什么氧化层的高度很低，而还原层的高度大大超过氧化层？
8. 气化炉中灰渣层有什么作用？
9. 水煤气发生炉的主要工艺指标有哪些？
10. 水煤气生产强化的途径有哪些？
11. 简述水煤气制造的原理。
12. 水煤气的工作循环是什么？
13. 影响吹风和制气阶段效率的因素有哪些？
14. 为什么经过一次上吹制气阶段之后还要经历下吹制气阶段？
15. 简要叙述水煤气生产对煤种的要求。
16. 实际水煤气生产工艺条件是怎样的？
17. 简要叙述循环时间的确定。

第四章　移动床加压气化

煤固定层加压气化采用的原料粒度为5～50 mm，气化剂采用水蒸气与纯氧，随着气化压力的提高，气化强度大幅提高，单炉制气能力可达75 000 m^3/h（干基）以上，而且煤气的热值提高。碎煤加压气化在中国城市煤气生产和制取合成气方面受到广泛重视。

第一节　移动床加压气化发展史

目前，在工业应用中较为成熟的技术为鲁奇碎煤加压气化工艺，其碎煤加压气化炉由德国鲁奇公司所开发，称为鲁奇加压气化炉，简称鲁奇炉。

早在1927～1928年间，德国鲁奇公司在德国东易河矿区利用褐煤在常压下用氧气做气化剂来制取煤气。煤气经加压净化后分离出二氧化碳可以使煤气热值提高。但在常压下气化炉产气量有限，而且煤气输送的压缩费用较高，从而促使人们进行加压气化工艺的研究。通过理论计算，在压力为2.0 MPa和温度为1 000 K的平衡气体中，甲烷含量可达20%以上，这将大大提高煤气的热值。随后的小型试验结果也证实了加压气化理论的正确性。由于这一切都是在鲁奇公司进行的，故将这种方法称为鲁奇式加压气化法。

鲁奇碎煤加压气化技术的发展根据炉型的变化大致可划分为三个阶段。

第一阶段（1930～1954年）。1930年在德国希尔士斐尔德建立了第一套加压气化试验装置，1936年设计了第一代工业化的鲁奇炉，以褐煤为原料生产城市煤气，气化剂为氧气和水蒸气，气化剂通过炉箅的中空转轴由炉底中心送入炉内，出灰口设在炉底侧面，炉内壁有耐火衬里，只能气化非黏结性煤，气化强度较低。

第二阶段（1954～1965年）。为了能够气化弱黏结性的烟煤，提高气化强度，德国鲁尔煤气公司与鲁奇公司合作建立了一套试验装置，对泥煤、褐煤、次烟煤、长焰煤、贫煤和无烟煤进行了气化试验，根据试验结果设计了第二代鲁奇炉。该炉型在炉内设置了搅拌装置，起到了破黏作用，从而可以气化弱黏结性煤，同时取消了炉内的耐火衬里，设置了水夹套，排灰改为炉底中心排灰，气化剂由炉底侧向进入炉箅下部。

第三阶段（1969～1980年）。为了进一步提高鲁奇炉的生产能力，扩大煤种的应用范围，满足现代化大型工厂的生产需要，经对第二代炉改进，开发了第三代鲁奇炉，其内径增大到3.8 m，采用双层夹套外壳，炉内装有搅拌器和煤分布器，转动炉箅采用宝塔形结构，多层布气，单炉产气量提高到35 000～55 000 m^3/h（干气），同时第三代炉的结构材料、制造方法、操作控制等均采用了现代技术，自动化程度较高。

1974年，鲁奇公司与南非萨索尔合作开发出直径为5 m的第四代加压气化炉，该气化炉几乎能适应各种煤种，其单炉产气量可达 75 000 m^3/h，比第三代炉能力提高 50%。

此外，鲁奇公司还开发研制了液态排渣气化炉，该炉可以大幅提高气化炉内燃烧区的反应温度，这样不但减少了蒸汽消耗量，提高了蒸汽分解率，而且气化炉出口煤气有效成分增加，从而使煤气质量提高，单炉生产能力比固态排渣气化炉提高 3～4 倍。

鲁奇公司还进行了“鲁尔-100”气化炉的研究开发，该气化炉将气化压力提高到 10 MPa (100 atm)，随着操作压力的提高，氧气消耗量降低，煤气中甲烷含量提高，以替代天然气。鲁奇加压气化炉各发展阶段主要技术特性见表 4-1。

表 4-1　鲁奇加压气化炉各发展阶段主要技术特性

发展阶段	第一代	第二代		第三代	第四代
年代	1936～1954	1954～1965		1969～1974	1974～
炉型	Dg2.6m，侧面除灰炉型	Dg2.6m，中间除灰炉型		Dg3.8m，(MARK-Ⅳ型)	Dg5.0m，(SASOL-Ⅲ型)
煤种	褐煤	弱黏煤	不黏煤	所有煤种	所有煤种
生产能力/(m^3/h)	8 000	14 000～17 000	32 000～45 000	36 000～55 000	75 000～100 000
气化强度/[$m^3/(m^2 \cdot h)$]	1 500	2 600～3 200	3 500～4 500	3 500～4 500	3 800～5 000

第二节　加压气化的基本原理

一、加压气化的基本过程

鲁奇加压气化炉内生产工况如图 4-1 所示。

在实际的加压气化过程中，原料煤从气化炉的上部加入，在炉内从上至下依次经过干燥、干馏、半焦气化、残焦燃烧、灰渣排出等物理化学过程。

加压气化炉也是一种自热式反应炉，通过在燃烧层中的 $C_4O_2 \longrightarrow CO_2$ 这个主要反应，产生大量热量，这些热量提供给：① 气化层生成煤气的各还原反应所需的热量；② 煤的干馏与干燥所需热量；③ 生成煤气与排出灰渣带出的显热；④ 煤气带出物显热及气化炉设备散失的热量。这种自热式过程热的利用效果好，热量损失小。

二、燃料床层的结构及特性

(一) 燃料床层的结构

在移动床气化炉内，无论是常压操作，还是加压操作，沿料层的高度方向一般都会出现不同特征的区域，即所谓的分层现象，这是移动气化炉的共同特点。在整个移动床气化过程中，原料自上而下，气化剂自下而上，逆流接触，逐渐完成煤炭由固态向气态的转化。随着各种反应的进行，有的反应放热，有的反应吸热，使料层纵向温度的分布不均匀，存在着一个温度最高的区域，如图 4-2 所示。

料层各区域中存在着不同的温度特征，这实际上也反映了不同的气化特征。在加压气化炉内，这种不同特性的区域自上而下依次可分为干燥层、干馏层、甲烷层、第二反应层(气

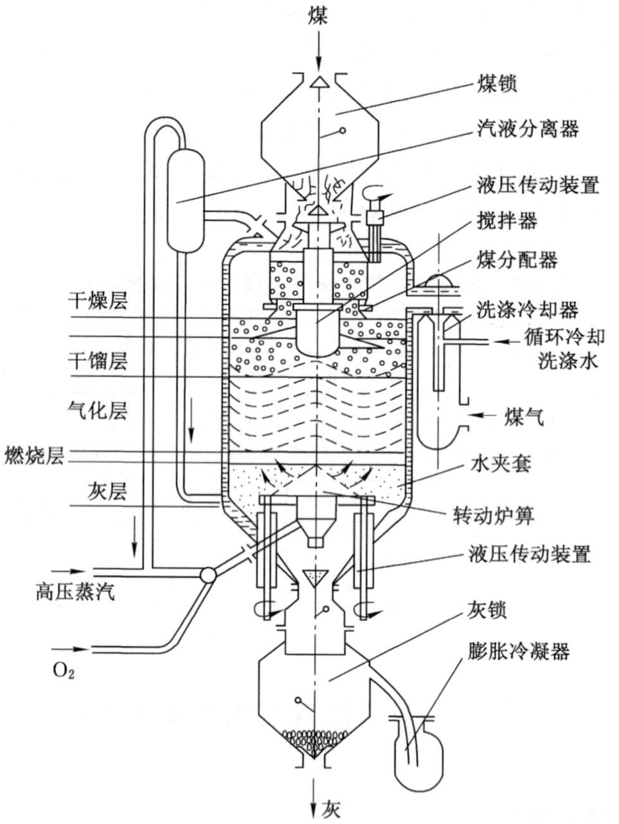

图 4-1 鲁奇加压气化炉内生产工况

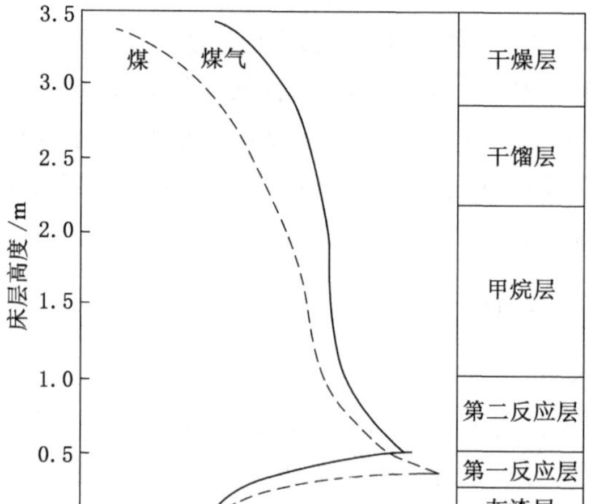

图 4-2 加压气化炉内床层高度与温度之间的关系

化层）、第一反应层（氧化层）和灰渣层，共 6 层。图 4-2 表示了炉内各层的高度及所对应的温度，其数值可见表 4-2。

表 4-2 加压气化炉内各层高度及对应温度

床层名称	高度（自炉箅算起）/mm	温度/℃
灰渣层	0～300	450
氧化层	300～600	1 000～1 100
气化层	600～1 100	800～1 000
甲烷层	1 100～2 200	550～800
干馏层	2 200～2 700	350～550
干燥层	2 700～3 500	350

由图 4-2 可知，在同一层中，气固两相的温度并不相同。在灰渣层和第一反应层中，是固相向气相传热，而在其他各层中，则是气相向固相传热。

（二）各层的主要特点和作用

1. 灰渣层

灰渣层位于料层的最底部。在该层中，原料中的碳已基本耗尽，气化反应已结束，因此温度快速下降。它覆盖在炉箅的上面，以免被炽热的碳层烧坏或变形，保护了炉箅，又能使刚由炉底进入的气化剂在灰渣层中得到预热，将灰渣层的热量带回反应层中。被冷却的灰渣排入灰锁。

2. 第一反应层

第一反应层亦即氧化层。主要进行的是碳的氧化反应，生成大量的 CO_2 和少量的 CO。并且发现，同时还进行着 $2C+2H_2O(g)\longrightarrow CH_4+CO_2$ 的反应，使得水蒸气稍有消耗。该层的主要反应均为放热反应，是料层中温度最高的区域，提供气化炉内其他反应所需的热量。由于碳燃烧反应在高温下反应速度非常快，因此原料在该层的停留时间比较短，约 3～8 min。若气化灰分高、活性差、粒度大的原料时，则停留时间可适当延长。

3. 第二反应层

第二反应层亦即气化层。该层的主要标志是氧气已全部耗尽。水蒸气大量分解，CO_2 被还原，使气体中 CO 和 H_2 的含量不断增加。CO_2 和 $H_2O(g)$的量逐渐减少。同时也进行着 $2C+2H_2O(g)\longrightarrow CH_4+CO_2$ 的反应。该层生成大量的 CO 和 H_2，为甲烷化反应创造了条件。随着水蒸气的分解和 CO_2 还原反应的进行，上部料层温度逐渐降低，甲烷的生成量不断增加，从而进入了甲烷层。

4. 甲烷层

甲烷层是生成甲烷的主要反应层，也是加压气化与常压气化的区别所在。该层进行的甲烷生成反应是碳的加氢反应。一氧化碳与氢之间的反应，反应速度比第一反应层和第二反应层中的气化反应速度要慢得多，因此，为使反应能充分进行，生成尽可能多的甲烷，一般要求甲烷层厚度较大，保证原料在该层停留 0.5～1 h。由于甲烷生成反应放出的热量与该层中其他反应吸收的热量几乎相等，因此该层的温度变化较小。

5. 干馏层

原料煤经过干燥层预热后，在干馏层中脱除挥发分，生成热解水和多种干馏产物，如低温焦油、油、脂肪酸、酚、氨、不饱和烃、HCN 及半焦。在加压气化炉内，由于温度较低并有大量氢气存在，因此产生的焦油和以脂肪烃为主的轻质油很少裂解，并以蒸汽状态存在于粗煤气中。同时，在该层还存在着 CO 的变换反应，决定了出炉煤气的组成。

6. 干燥层

入炉原料在上升气流的对流传热作用下，失去水分，逐渐升温。预热的程度取决于入炉原料的水分。与此同时，充分的热交换可降低出炉煤气的温度，减少热损失。

三、加压气化的主要反应

在加压气化的条件下，气化炉内进行着以下的反应：碳的氧化反应、二氧化碳的还原反应、水蒸气的分解反应以及甲烷的生成反应。与常压气化相比，加压气化过程中甲烷生成反应增多。一方面是由于较厚干馏层挥发分热解产生甲烷，另一方面是由于甲烷层中碳的加氢生成甲烷，而且主要以后者为主。在加压情况下，以上反应亦与常压气化有一定的区别。

（1）碳的氧化反应

$$C+O_2 \longrightarrow CO_2-393.8\ MJ/kmol \qquad (以\ \Delta H\ 表示)$$

气化剂的氧与原料中的碳反应，生成 CO_2，并放出大量的热，以提供气化所需要的热量。在压力作用下，碳的氧化反应速度大大加快，反应氧浓度增加，反应区高度降低。

（2）二氧化碳还原反应

$$C+CO_2 \longrightarrow 2CO+162.4\ MJ/kmol \qquad (以\ \Delta H\ 表示)$$

根据化学反应平衡原理，二氧化碳还原反应以高温、低压有利。在加压气化过程中，压力使反应平衡向左移动，在反应温度一定时，压力越高，则一氧化碳的平衡浓度越低，故加压气化粗煤气中二氧化碳的含量比常压煤气高。一氧化碳的平衡浓度，在实际生产中，由于二氧化碳还原反应的速度相当缓慢，很难达到反应平衡，因此实际气体中一氧化碳含量比图示值低。

（3）水蒸气分解反应

$$C+H_2O(g) \longrightarrow CO+H_2+131.5\ MJ/kmol \qquad (以\ \Delta H\ 表示)$$

此反应与二氧化碳还原反应相似，低压高温有利于生成物平衡浓度的提高，加压使水蒸气分解率下降。它们之间的关系见图 4-3。

由图 4-3 可以看出，反应速度随温度升高而加快，随压力增大而减慢。但是，在加压气化中，水蒸气分解生成的氢气是甲烷生成反应中氢的重要来源。提高蒸汽浓度，增加蒸汽的绝对分解量，使氢气的绝对量也增加。

（4）甲烷生成反应

$$C+2H_2 \longrightarrow CH_4-74.9\ MJ/kmol \qquad (以\ \Delta H\ 表示)$$

这一反应是体积减小的放热反应，根据化学反应平衡原理，提高压力降低温度有利于甲烷的生成。

图 4-4 为甲烷生成速度与压力、温度的关系。甲烷的生成速度随温度和压力的升高而加快。图 4-5 为在不同压力下，石墨加氢气化的甲烷平衡含量曲线。随着压力的提高，

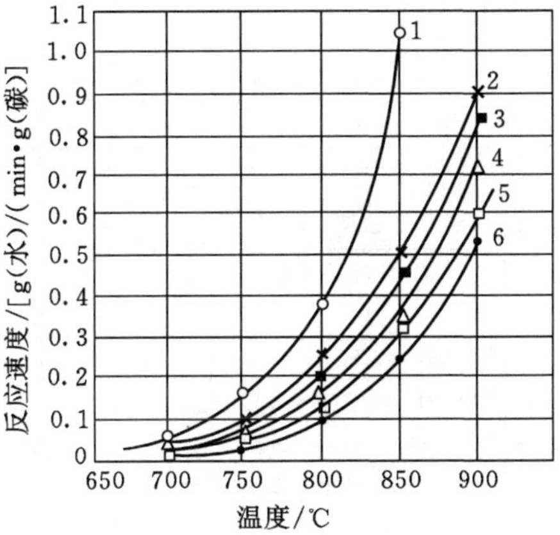

1～6 分别表示反应压力为 0.098 MPa，0.98 MPa，1.96 MPa，4.9 MPa，6.86 MPa 和 9.8 MPa。

图 4-3　不同温度下水蒸气分解反应总速度与温度、压力的关系

系统的平衡向温度较高区移动。在 0.1 MPa 时，要制取热值为 16.7～18.8 MJ/m³（4 000～4 500 kcal/m³）的（CH_4＋H_2）混合物，必须在 550～650 ℃下操作，但是，在该温度范围时，由图 4-4 可知，甲烷的生成速度极慢，而且，在该温度下，无论是水蒸气的分解反应，还是二氧化碳的还原反应，实际上都不可能进行（图 4-4、图 4-5）。在 5 MPa 时，同样热值的（CH_4＋H_2）混合物可以在较高的温度（860～950 ℃）下获得。此时，甲烷的生成速度已相当快，水蒸气的分解和二氧化碳的还原也能顺利进行，从而使加压气化生产甲烷含量较高的煤气成为可能。

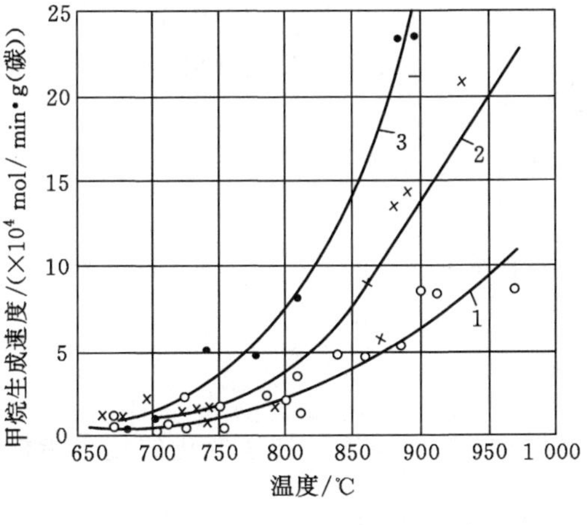

1—0.098 MPa；2—4.9 MPa；3—9.8 MPa。

图 4-4　甲烷的生成速度与温度、压力的关系

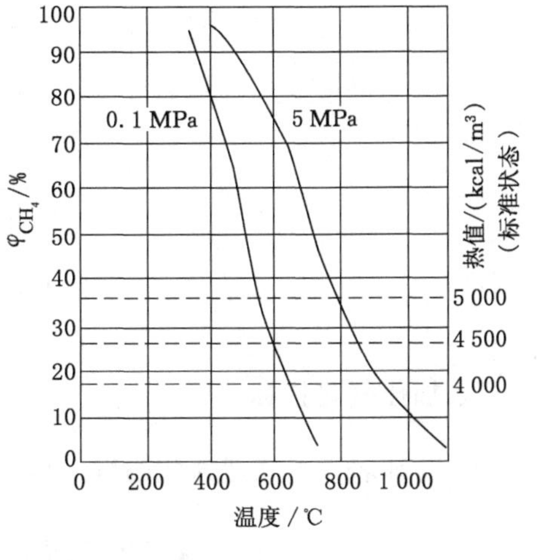

图 4-5　石墨加氢气化的甲烷平衡含量曲线

（1 kcal/m³＝4.186 8 kJ/m³）

气化过程的总反应特性可用图 4-6 表示。

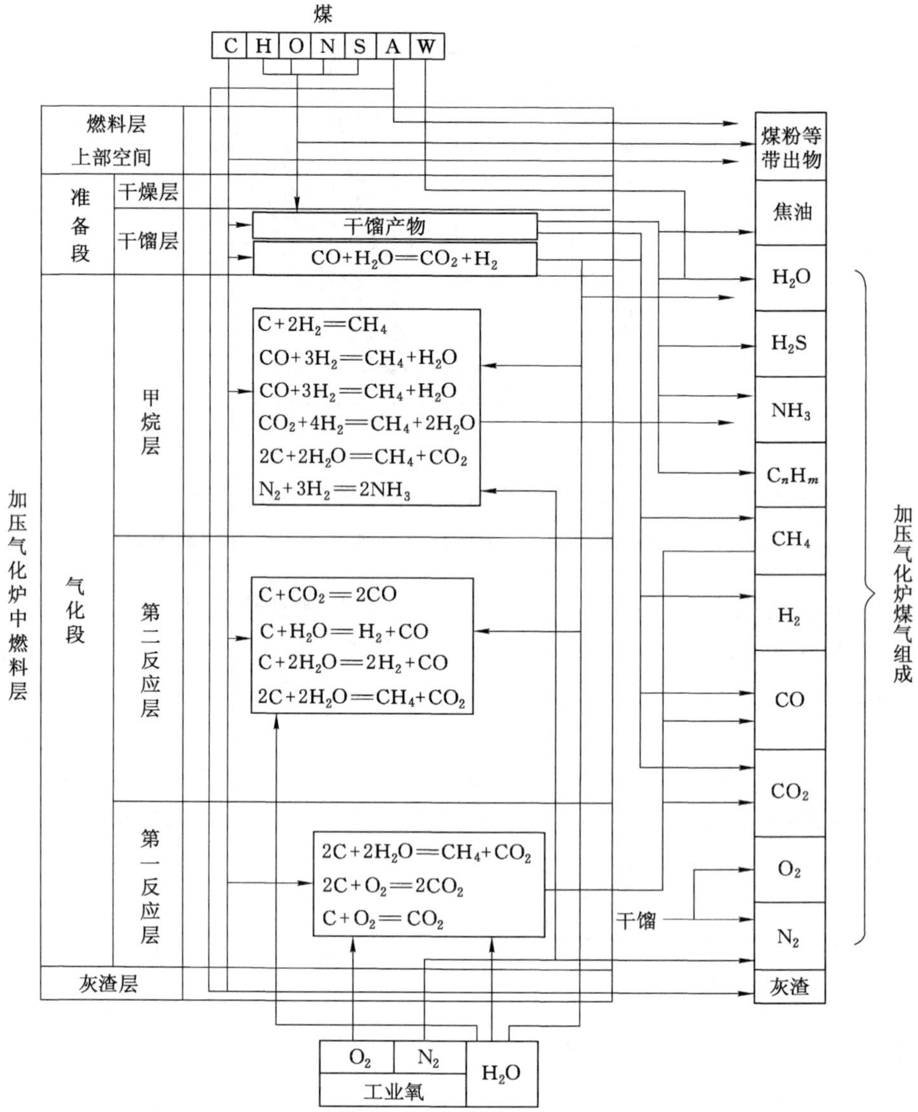

图 4-6　加压气化过程简图

四、加压气化指标

表 4-3 和表 4-4 分别为我国部分煤种加压气化和国外不同煤种加压气化的技术指标。

表 4-3　我国部分煤种加压气化的技术指标

产　地		沈北煤	小龙潭煤	官地煤
一、煤质分析				
1. 煤种		褐煤	褐煤	贫瘦煤
2. 工业分析（质量）/%	M_{ad}	15.10	18.45	0.39
	A_{ad}	23.62	12.50	22.19

表 4-3(续)

产　地		沈北煤	小龙潭煤	官地煤
	V_{ad}	30.94	36.27	12.77
	$S_{t,ad}$	0.47	1.38	1.66
	$Q_{b,ad}$/(kJ/kg)	15 533	17 643	27 876
3. 元素分析(质量)/%	C_{ad}	44.52	45.84	67.71
	H_{ad}	3.91	3.37	4.46
	O_{ad}	11.40	17.26	2.30
	N_{ad}	0.98	1.37	1.29
	S_{ad}	0.47	1.38	1.66
4. 灰的成分(质量)/%	SiO_2	51.67	19.73	50.30
	Al_2O_3	30.49	11.53	34.40
	TiO_2	~	0.66	2.15
	Fe_2O_3	7.53	10.22	5.25
	CaO	2.78	33.83	1.27
	MgO	1.59	3.08	0.58
	SO_3	1.45	22.30	1.31
5. 灰熔点/℃	*DT*	1 340	1 170	1 330
	ST	1 380	1 240	>1 500
	FT	1 435	1 300	>1 500
二、操作条件				
1. 工业氧纯度/%		99.70	99.99	99.99
2. 工业氧压力/MPa		2.55	2.74	2.65
3. 氧气消耗/[m^3/(m^3 粗煤气)]		0.142	0.130	0.144
4. 蒸汽温度/℃		330.0	400.0	360.0
5. 蒸汽压力/MPa		2.74	3.14	2.82
6. 蒸汽消耗/[kg/m^3(粗煤气)]		0.93	1.07	0.85
7. 蒸汽分解率/%		39.1	32.90	36.0
8. 气化炉压力/MPa		1.96	1.96	1.76~1.96
9. 煤料粒度/mm		6~40		
10. 粗煤气出口温度/℃		200~300	180~200	380~430
11. 汽/氧	kg/m^3	6.5	8.2	5.8~6.0
	mol/mol	8.1	10.2	7.2~7.5
12. 固定碳/氧/(mol/mol)		3.83	3.99	3.40
三、煤气				
1. 粗煤气组成(体积)/%	CO_2	31.80	33.30	27.88
	CO	13.70	11.90	20.12
	H_2	39.80	41.70	40.27

表 4-3(续)

产地		沈北煤	小龙潭煤	官地煤
	CH_4	11.50	10.18	8.18
	C_nH_m	0.40	0.63	～
	O_2	0.15	0.34	0.24
	N_2	2.62	1.29	2.17
	H_2S	0.03	0.66	0.59
2. 粗煤气热值	HHV	11 648	11 463	11 292
	LHV	10 396	10 186	10 396
3. 净煤气热值	HHV	16 689	16 764	15 361
	LHV	14 897	14 901	14 143
4. 华白指数/(kJ/m^3)	粗煤气	13 632	13 419	13 306
	净煤气①	26 724	27 939	23 425
5. 煤气重度/(kg/m^3)	粗煤气	0.95	0.95	0.93
	净煤气	0.50	0.46	0.56
6. 煤气比①	重，粗煤气	0.73	0.73	0.72
	净煤气①	0.39	0.36	0.43
7. 粗煤气黏度(25 ℃)/CP		0.012 8	0.012 8	0.012 7
四、副产品				
1. 副产品产率/[kg/(100 kg 煤)]	焦油	4.73	2.01	2.17
	轻油	1.06	0.67	0.50
	酚水	92.80	91.0	46.0
	酚	0.906	0.62	0.13
	氨	0.78	0.68	0.59
	吡啶	0.039	0.066 4	0.092
2. 焦油元素分析(质量)/%	C_{ad}	82.62	81.86	
	H_{ad}	9.21	9.31	
	O_{ad}	7.05	6.09	
	N_{ad}	1.00	1.34	
	S_{ad}	0.12	1.40	
3. 轻油元素分析(质量)/%	C_{ad}	81.54		
	H_{ad}	9.49		
	O_{ad}	5.89		
	N_{ad}	1.28		
	S_{ad}	1.80		
4. 酚水全分析	pH	7.54		
	比重 D_4^{20}	1.009		

表 4-3(续)

产　地		沈北煤	小龙潭煤	官地煤
	总酚/(mg/L)	7 866	3 810	
	挥发酚/(mg/L)	4 711	3 310	
	固定酚/(mg/L)	3 155	500	
	总氨/(mg/L)	13 707	6 870	
	挥发氨/(mg/L)	13 509	6 640	
	固定氨/(mg/L)	128	230	
	氰化物/(mg/L)	63.0	—	
	硫化物/(mg/L)	464	360	
	水中含油/(mg/L)	308	1 340	
	化学耗氧量/(mg/L)	27 714	—	
	生物耗氧量/(mg/L)	14 000	—	
	水中悬浮物/(mg/L)	75	—	
	吡啶/(mg/L)	737	—	

注:① CO 未经变换,CO_2脱除率为 95%。

表 4-4　国外不同煤种加压气化的技术指标

		泥煤	褐煤		次烟煤		烟煤		无烟煤
来源粒度 (in.) (mm)		爱尔兰 0.6～1.6 15.2～40.6	德国 0.04～0.4 1.0～10.1	北达科他 0.16～1.20 4.1～30.5	里奥图尔比奥 0.2～1.2 5.1～30.5	萨索尔 0.2～1.2 5.1～30.5	韦斯特菲尔德 0.2～1.2 5.1～30.5	多尔斯顿 0.2～1.2 5.1～30.5	越南 0.2～1.2 5.1～30.5
工业分析(质量)/%	挥发分	57.3	36.8	29.1	30.5	19.7	28.9	29.1	5.7
	固定碳	25.2	32.6	30.4	38.7	38.3	43.0	47.6	87.3
	水分	15.5	26.5	34.3	16.5	5.4	15.7	5.1	2.0
	灰分	2.0	4.1	6.2	14.3	36.3	12.4	18.2	5.0
高热值/(kJ/kg 无水无灰基)		22 865	26 168	27 935	31 168	30 098	32 122	33 332	35 913
Fischer 法焦油(质量)/(%干燥无灰基)		15.0	11.6	8.3	14.3	4.3	11.1	13.5	0
硫(质量)/%		0.1	0.4	1.1	1.0	0.6	2.1	2.0	0.5
灰熔融度/℃		—	1 204	1 249	1 427	1 421	1 399	1 382	1 499
操作条件	压力/MPa	2.03	2.52	3.03	3.03	2.86	2.45	2.24	2.86
	蒸汽/氧/(mol/mol)	8.7	8.7	9.3	6.7	6.8	5.6	5.3	6.8
产物粗煤气组成(体积)/%	CO	17.0	19.1	15.9	20.2	21.4	24.2	24.8	20.3
	H_2	34.1	37.2	39.2	38.9	38.4	39.7	38.3	45.3
	CH_4	13.6	11.8	10.8	11.7	9.6	9.4	9.3	4.7

表 4-4(续)

来源粒度 (in.) (mm)		泥煤	褐煤		次烟煤		烟煤		无烟煤
		爱尔兰 0.6～1.6 15.2～40.6	德国 0.04～0.4 1.0～10.1	北达科他 0.16～1.20 4.1～30.5	里奥图 尔比奥 0.2～1.2 5.1～30.5	萨索尔 0.2～1.2 5.1～30.5	韦斯特 菲尔德 0.2～1.2 5.1～30.5	多尔斯顿 0.2～1.2 5.1～30.5	越南 0.2～1.2 5.1～30.5
产物粗煤气组成(体积)/%	C_nH_m	0.6	0.4	1.2	0.4	0.5	1.0	0.6	0.3
	H_2S	0.1	0.2	0.4	0.3	0.2	0.8	0.5	0.1
	CO_2	33.8	30.7	32.2	28.1	28.9	24.4	25.8	27.5
	N_2	0.8	0.5	0.3	0.4	1.0	0.5	0.7	1.3
	高热值/(kJ/m^2)	11 614	11 446	11 409	11 748	11 096	11 811	11 438	9 836
单位数据									
消耗氧	(m^3/kg 煤) (无水无灰基)	0.14	0.18	0.25	0.28	0.31	0.33	0.41	0.59
	(m^3/10^9J 煤气)	8.64	8.74	10.51	11.32	11.96	12.28	14.86	19.31
消耗蒸汽	(kg/kg)	0.96	1.20	1.79	1.42	1.61	1.42	1.65	3.09
	(kg/10^9 煤气)	57.6	57.6	74.3	57.9	62.3	52.4	60.1	100.5
生产粗煤气	(m^3/kg 煤) (无水无灰基)	1.44	1.81	2.10	2.08	2.32	2.29	2.39	3.12
	(10^9J/t 煤) (无水无灰基)	16.99	21.13	24.43	24.94	26.23	27.52	27.81	31.22

五、加压对气化指标的影响

(一)压力对煤气成分的影响

与常压气化相比,加压气化时,煤气中的甲烷和二氧化碳含量增加,一氧化碳和氢气含量下降。其变化情况见表 4-5。在加压情况下,有利于碳加氢生成甲烷的反应,不利于水蒸气的分解反应和二氧化碳的还原反应,一定程度上影响了水蒸气的分解和二氧化碳的还原,造成二氧化碳和水蒸气的含量偏高,一氧化碳和氢气的含量偏低。但是,为了向碳加氢反应提供足够的氢气和维持固态排渣顺利进行的气化温度,只能采用过量水蒸气的方法,从而造成水蒸气的分解率降低,煤气中未分解的水蒸气含量增多,同时,水蒸气量的增多又造成了一氧化碳的变换反应的加剧,更增加了粗煤气中二氧化碳的含量。

表 4-5 常压气化与加压气化煤气组成比较

		煤气组成(体积)/%				低热值/(kJ/m^3)
		CO	H_2	CH_4	CO_2	
混合发生炉煤气		24～31	11～18			5 024～6 280
水煤气		37～38	48～50			10 048～11 723
加压气化鲁奇炉煤气	粗煤气	16～22	38～39	10～11	28～32	10 048～11 304
	净煤气	24～31	53～59	13～18	2.0～3.5	14 654～16 747

（二）压力对氧气消耗量的影响

很明显，加压气化有利于生成甲烷反应的进行，而该反应是放热反应，所放出热量可以作为气化炉中的第二热源，减少碳与氧燃烧反应中原料和氧气的消耗。并且，气化压力越高，对生成甲烷的反应越有利，放出的热量越多，氧气的消耗越少。图 4-7 为气化压力与氧气消耗量及氧气利用率的关系。在制气生产的成本计算中，若使用电力为主要生产动力，则电费一般占成本的 25%～30%，其中制氧所耗电量占总电耗的 1/2 左右，因此，氧耗降低有明显的经济性。

（三）压力对蒸汽消耗量的影响

加压气化时，压力升高，水蒸气消耗量也增大，其关系如图 4-8 所示。但是，加压却不利于水蒸气的分解，即水蒸气分解率下降。而且，在实际生产中，还需用蒸汽量来控制炉温以保证固态排渣能顺利进行，因此，总的蒸汽消耗量加压时比常压高 2.5～3 倍。图 4-9 所示为水蒸气分解率与气化压力的关系。显然，压力升高，需要的当量氢增加，水蒸气消耗量增加，使得水蒸气绝对分解量也增加，但水蒸气分解率却下降，水蒸气的利用率降低，这是固态排渣加压气化工艺的一大缺陷。

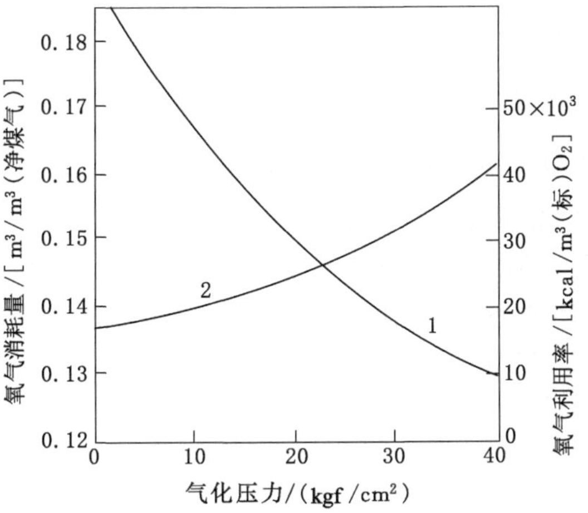

1—氧气消耗量；2—氧气利用率。

图 4-7　气化压力与氧气消耗量及氧气利用率的关系

（1 kcal/m³＝4.186 8 kJ/m³；1 kgf/cm²＝0.098 MPa）

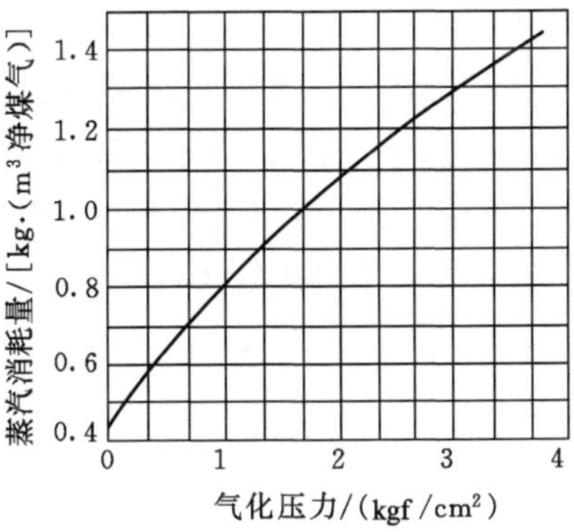

图 4-8　气化压力与蒸汽消耗量的关系

（1 kgf/cm²＝0.098 MPa）

（四）压力对生产能力的影响

加压气化可使气化强度明显提高。这是由于气化压力的提高，既加快了反应速度，又延长了气-固反应接触的时间。这就意味着可以减少设备的投资。

假设带出物的数量相等，即常压气化和加压气化过程中，出炉煤气的动压头相等时，则应有下列方程式：

$$W_1^2 \frac{\gamma_1}{2g} = W_2^2 \frac{\gamma_2}{2g}$$

$$\frac{W_2}{W_1} = \sqrt{\frac{\gamma_1}{\gamma_2}}$$

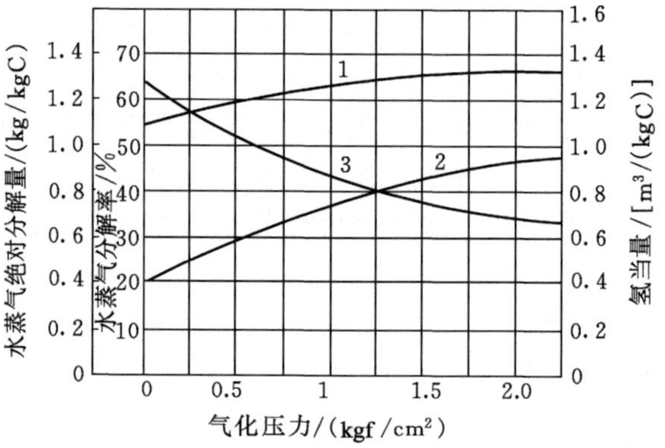

1—氢当量;2—水蒸气绝对分解量;3—水蒸气分解率。

图 4-9　水蒸气分解率与气化压力的关系

($1\ \text{kgf/cm}^2=0.098\ \text{MPa}$)

因
$$\frac{\gamma_1}{\gamma_2}=\frac{p_1}{p_2}$$

故
$$\frac{W_2}{W_1}=\sqrt{\frac{p_1}{p_2}}$$

式中　W_1, W_2——常压气化炉和加压气化炉内的煤气实际流速,m/s;

γ_1, γ_2——常压气化炉和加压气化炉内的煤气实际重度,kg/m^3;

p_1, p_2——常压气化和加压气化的压力,MPa。

将煤气当作理想气体,并把 p_1、p_2 下的体积都换算成标准状况下的数值,则有

$$\frac{V_1}{V_1'}=\frac{T_1 p_0}{T_0 p_1}$$

$$\frac{V_2}{V_2'}=\frac{T_2 p_0}{T_0 p_2}$$

式中　V_1, V_2——压力 p_1、p_2 下的实际体积,m^3;

V_1', V_2'——对应于实际体积 V_1、V_2 的标准状况体积,m^3;

T_0, p_0——标准状况下的温度和压力。

为便于比较,选定同一气化炉,其截面积相同,则有

$$\frac{V_1}{V_1'}=\frac{T_1 p_0}{T_0 p_1}$$

$$\frac{V_2'}{V_1'}=\frac{V_2\cdot T_0\cdot p_2}{T_2 p_0}\cdot\frac{T_1 p_0}{V_1 T_0 p_1}=\frac{V_2}{V_1}\cdot\frac{p_2 T_1}{p_1 T_2}=\frac{W_2}{W_1}\cdot\frac{p_2 T_1}{p_1 T_2}$$

因
$$\frac{W_2}{W_1}=\sqrt{\frac{p_1}{p_2}}$$

故
$$\frac{V_2'}{V_1'}=\sqrt{\frac{p_1}{p_2}}\cdot\frac{p_2 T_1}{p_1 T_2}=\frac{T_1}{T_2}\sqrt{\frac{p_2}{p_1}}$$

上式表示加压气化与常压气化生产能力的关系。

就常压气化炉而言，p_1 通常稍高于大气压，$p_1 \approx 0.1078$ MPa，常压气化与加压气化温度之比 $\frac{T_1}{T_2} \approx 1.1 \sim 1.25$。

所以 $$\frac{V_2'}{V_1'} = (1.1 \sim 1.25)\sqrt{\frac{p_2}{0.1078}} = (3.35 \sim 3.81)\sqrt{p_2}。$$

也就是说，加压气化时的煤气体积数是常压气化的 $(3.35 \sim 3.81)\sqrt{p_2}$ 倍。如气化压力为 2.45 MPa 时，鲁奇加压气化炉的生产能力是常压气化炉的 5.24～5.96 倍。

在同一反应料层厚度为 h 时，两种气化方法的气-固接触时间 τ 的比较如下：

$$\frac{\tau_2}{\tau_1} = \frac{\frac{h}{W_2}}{\frac{h}{W_1}} = \frac{W_1}{W_2} = \sqrt{\frac{p_2}{p_1}} = \sqrt{\frac{p_2}{0.1078}} = 3.05\sqrt{p_2}$$

很明显，加压气化炉内的气-固接触时间是常压气化的 $3.05\sqrt{p_2}$ 倍，如气化压力为 2.45 MPa时，$\tau_2/\tau_1 = 4.77$。并且，在实际的气化过程中，加压气化炉的料层比常压气化炉厚，因此，实际的接触时间还要长些，使气化反应更加充分，几乎接近平衡状态，碳的转化率较高。

（五）压力对煤气产率的影响

提高气化压力，增加了甲烷的生成量，减少了气体的总体积，降低了煤气产率。而且，净煤气产率的下降幅度比粗煤气产率更大。这是由于加压气化的粗煤气中二氧化碳含量较多，且随气化压力的升高而增加，一旦净化脱除，将使净煤气体积数大大减少。

六、加压气化对煤质的要求

（一）煤种对煤气组成和产率的影响

煤种不同，加压气化后煤气的质量不相同，如图 4-10 所示。在相同的操作条件下，煤化程度越低的煤气化时，所得煤气的热值越高。粗煤气和净煤气组成与煤中挥发分的关系如图 4-11 和图 4-12 所示。年轻煤煤气中甲烷含量较高，这是由于煤的挥发分愈高，干馏气愈多，而干馏气中甲烷含量比纯气化煤气高得多，可达 65％以上，而纯气化煤气中的甲烷含量仅 5％左右。同时，年轻煤活性高，气化温度的适当降低，有利于甲烷生成反应的进行。

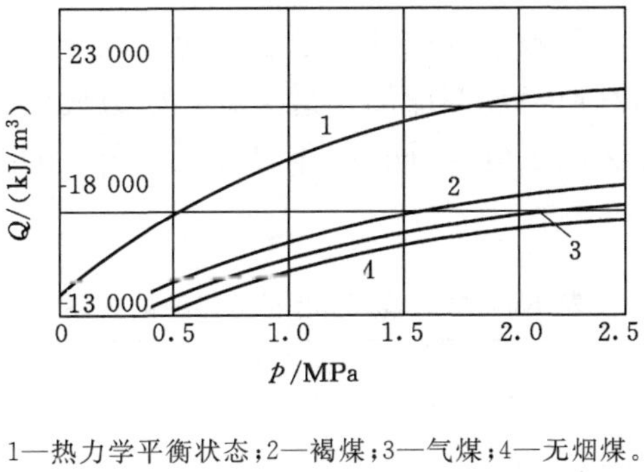

1—热力学平衡状态；2—褐煤；3—气煤；4—无烟煤。

图 4-10　煤种与净煤气热值的关系

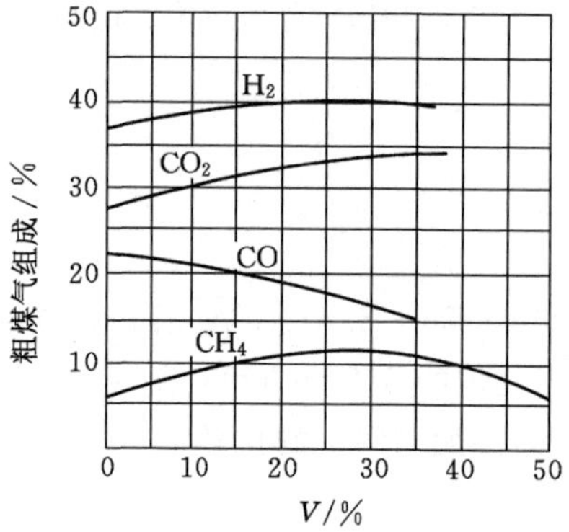

图 4-11　粗煤气组成与煤中挥发分的关系

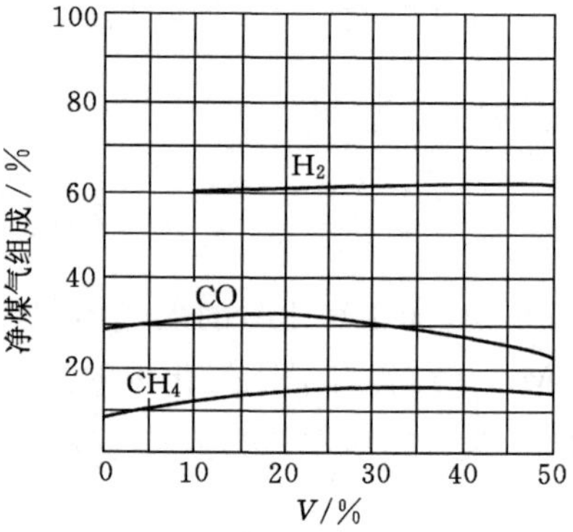

图 4-12　净煤气组成与煤中挥发分的关系

煤中挥发分对煤气产率也有很大的影响，如图 4-13 所示。煤化程度愈低，其煤气产率愈低。这是因为煤化程度愈低，固定碳含量愈低，进入气化区的碳量就愈少，从而造成煤气产率较低。但煤气中干馏煤气占的比例较高，且甲烷含量也较高。

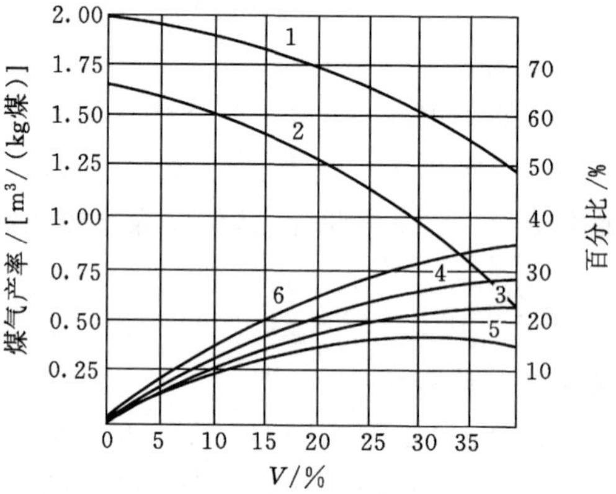

1—粗煤气产率；2—净煤气产率；3—干馏煤气占净煤气体积百分比；4—干馏煤气占净煤气热能百分比；5—干馏煤气占粗煤气体积百分比；6—干馏煤气占粗煤气热能百分比。

图 4-13　煤中挥发分对煤气产率、干馏煤气量等的影响

（二）煤种对消耗指标的影响

不同煤种的煤气化时，氧气和水蒸气消耗量是不同的，如表 4-6 所示。随着煤化程度的加深，气化所需的氧气和蒸汽消耗量都增加。这主要是因为煤化程度愈低的煤，其参与气化的碳量愈少，所需的氧气和蒸汽量也少，同时，年轻煤活性好，由甲烷化反应贡献的热量多，所以氧耗亦少。

表 4-6　氧耗、蒸汽消耗与煤种的关系

	褐煤	无烟煤
（1）以煤的工作基计算		
在标准状态下氧气消耗率/(m^3/kg)	0.141	0.297
水蒸气消耗率/(kg/kg)	0.85	1.48

表 4-6(续)

	褐煤	无烟煤
(2) 以煤的可燃基计算		
在标准状态下氧气消耗率/(m^3/kg)	0.199	0.335
水蒸气消耗率/(m^3/kg)	1.20	1.67

此外,煤化程度愈高,气化压力就愈高。各种煤要求的气化压力(MPa)大致为:泥炭1.57～1.96,褐煤1.76～2.16,不黏煤1.96～2.35,黏结性烟煤2.16～2.55,高变质烟煤2.16～2.55,无烟煤2.35～2.74,焦炭2.16～2.55。这是因为煤化程度愈高,干馏煤气量愈少,甲烷含量就愈低,为提高煤气中的甲烷含量以保证煤气热值,只有采用提高气化压力的方法来促进甲烷的生成反应。同时,高变质程度煤种的干馏半焦反应能力较差,提高气化压力可以提高反应速度,以保证气化炉的生产能力。

(三) 煤质对加压气化的影响

同一种煤,如果煤质不同,那么鲁奇加压气化的效果也是不同的。通常主要是考虑经济上的合理性,而并非是技术上的限制。鲁奇加压气化时,既可以选用活性好的煤,也可以选用活性差的煤,但是活性好的褐煤与活性差的贫煤相比,前者氧耗低60%,可以大大降低运行费用,同时气化强度高40%～60%,因此煤气成本降低35%～40%。通常鲁奇加压气化对煤质的具体要求如下。

1. 水分

加压气化炉的炉温通常低于常压气化炉,而且料层较厚,因此入炉煤的水分可以较高,但当有些褐煤水分过高时,对气化就会造成不良的影响:一是促使褐煤块碎裂;二是造成氧耗显著增加,如图4-14所示;三是增加净化系统的负荷;四是增加污水处理的投资和操作费用;五是给原料预处理造成困难。因此,煤中水分控制在20%左右时,气化效果较好。根据德国标伦厂的经验,当原料煤水分高于20%时,每增加1%的水分,氧耗将增加1.5%,煤气出炉温度下降5 ℃左右,水汽含量增加3%左右。当原料煤水分由20%上升到30%时,气化炉的生产能力下降10%左右。故通常要求褐煤水分控制在20%以内。

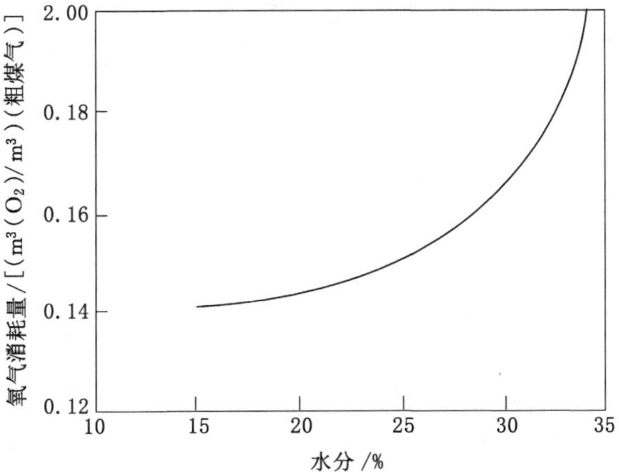

图4-14　煤中水分和氧气消耗量的关系

2. 灰分

鲁奇加压气化炉原则上对煤的灰分无严格要求，即使灰分含量高达 55%，也可用作加压气化的原料。但是，煤中灰分含量增加，导致消耗定额增加，煤气产率降低，灰渣含碳量增加，煤气热值降低，如表 4-7 所示。因此，控制煤的灰分小于 20%时较为经济。

表 4-7 煤中灰分含量对气化指标的影响

指标		单位	灰分/%				
			15	15～30	35～40	45～50	55
氧气消耗		m^3/(m^3 净煤气)	0.136	0.138	0.150	0.159	0.195
水蒸气消耗		kg/(m^3 净煤气)	1.12	1.15	1.25	1.35	1.67
煤气产率	m^3/(kg 煤)	0.844	0.651	0.557	0.45	0.363	
	m^3/(kg 干燥无灰基)	1.178	1.178	1.095	1.095	1.023	
煤气组成（体积）	CH_4	%	15.2	15.2	14.5	14.3	12.2
	H_2	%	54.5	55.8	56.0	57.7	58.6
	CO	%	22.6	21.7	21.4	20.5	20.4
	惰性气体	%	7.7	7.3	8.1	7.5	8.8
	煤气热值	kJ/m^3	16 542	16 169	16 061	15 952	15 198

3. 粒度

加压气化时，由于气化炉内气流的实际速度远低于常压气化，因此，原料粒度可小于常压气化，并且与煤的机械强度、热稳定性和活性有关。通常，加压气化炉中采用的原料粒度为：褐煤 4～6 mm、烟煤 5～25 mm、焦炭和无烟煤 5～20 mm。同时，要求原料颗粒组成均匀，最大粒径与最小粒径比为 5～8。最小粒径宜在 6 mm 以上，小于 2 mm 的粉煤量控制在 1.5%以内，小于 6 mm 的细粒煤量控制在 5%以内。国外曾做过不同粒度的试验，结果见表 4-8。

表 4-8 原料粒度对气化指标的影响

项目	消耗指标			
	大粒煤 10～20 mm	正常粒度	0～20 mm	0～6 mm
在标准状态下纯 O_2/(m^3/16 744 kJ)	0.147	0.144	0.140	0.137
H_2O/(kg/16 744 kJ)	1.340	1.255	1.206	1.214
煤/(kg/16 744 kJ)	0.939	0.912	0.829	0.858

因此，在不被气流带走小颗粒的前提下，减小煤的粒径有较好的经济性。不同压力下煤的粒度、气化能力与炉膛床层压降之间的关系如图 4-15 所示。

4. 黏结性

通过对美国强黏结性烟煤的试验，表明鲁奇加压气化炉能气化自由膨胀序数(FSI)7 以下的强黏结性煤。但是，与气化褐煤相比，消耗指标增加 10%～15%，气化炉的处理能力降

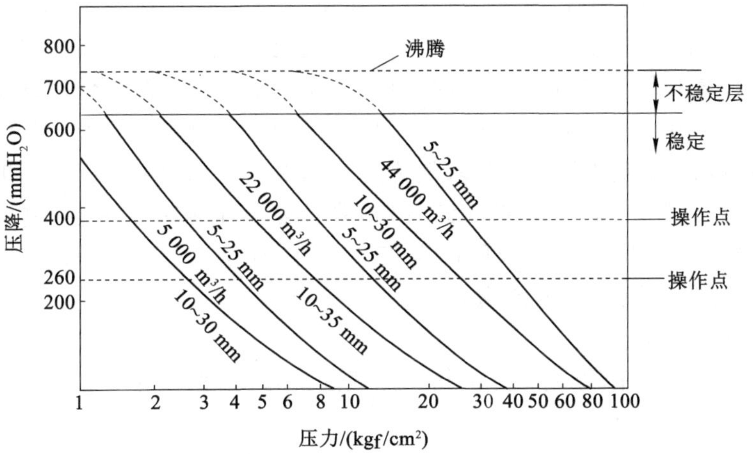

图 4-15　不同压力下煤的粒度、气化能力与床层压降之间的关系

（1 mmH_2O=9.806 65 Pa）

低 15%～20%，气化效率下降 5%左右。因此，从经济性角度出发，气化煤的黏结性还是以不黏或弱黏为好。

5. 灰熔点与结渣性

这是影响汽氧比和气化强度的关键，尤其是活性差的煤，因对炉温要求高，对灰熔点要求也高，通常要求 ST>1 200 ℃，最好高于 1 400 ℃。灰质量的好坏，会影响操作温度的波动范围，品位好的灰，即使操作温度波动较大，炉内也不易发生挂渣结块现象。

6. 反应活性

在气化温度相同时，煤的反应活性越高，则气化反应速度越快，反应接近平衡的时间越短。因此，反应活性高的煤种气化炉的生产能力较大，与反应性差的煤相比，有时竟相差 40%～50%。

原料煤活性好，有利于改善煤气质量，有利于提高气化强度，有利于降低消耗指标。尤其在加压气化炉中，由于气化温度低于常压气化，原料反应活性的好坏就显得更为重要。

第三节　鲁奇固态排渣加压气化工艺

一、加压气化工艺条件的选择

（一）气化压力的选择

毫无疑问，气化压力提高具有许多优点，加压气化是气化技术发展的方向。但在选定气化压力的操作范围时，必须综合考虑各方面的因素。

1. 煤气用途

为充分利用加压气化炉出炉煤气的余压，应使气化压力尽可能与用户的要求相匹配，同时应考虑到煤气用途不同对煤气组成要求也不同。当煤气作为城市民用燃料时，气化压力的高低就决定了煤气厂建设的位置。同时，要求煤气中有较高的甲烷含量和较高的热值，并且要求较低的一氧化碳含量。当煤气作为合成气原料时，由于中压法合成氨的操作压力为 20～35 MPa，合成甲醇的操作压力为 8～10 MPa，这就要求合成气有较高的压力。但是，常压气化后压缩合成气与加压气化压缩气化剂中的氧气所消耗的动力是完全不同的。煤的气化是体积增大的过程，1 mol 的氧气随着气化用煤的不同，可制得 5～10 mol 的煤气，所以，仅需压缩 10%～20%的氧气，通过加压气化，就可以得到压力相近的煤气。目前，合成气的生产一般取气化压力为 2.45～2.94 MPa。同时，作为合成气原料，甲烷是一种惰性气体，会降低氢氮分压，降低氨的生成率。并且，在通过合成塔时，将带走塔中的热量，降低催化剂床层的温度。此外，还会使高压机的循环气做虚功。因此，作为合成气要求甲烷含量愈低愈好。

2. 气化煤种

如前所述，气化压力随煤化程度的加深而提高，同时亦要考虑煤气的用途。

3. 设备制造加工技术

加压气化不仅要求气化炉能在高压下运行，而且需要一整套工艺设备如煤锁、灰锁、洗涤冷却器等。这些高压设备的制造要求较高，因此，选择气化压力时要考虑到国内现有设备制造加工的技术水平。

（二）气化温度的选择

根据气化理论，气化温度的高低决定了气化过程的热力学和动力学。为了减少投资，降低煤气成本，应尽可能提高气化温度，以提高气化强度，尤其是对活性差的煤更应如此。而且温度高，蒸汽分解率高，煤气中水汽含量少，处理煤气水的投资费用和运行费用也相应降低。但是，气化温度不同，煤气组成也不同，因此选择气化温度时，应综合考虑。

1. 煤气用途

图 4-16 为在 1.96 MPa 压力下气化褐煤时气化温度与粗煤气组成之间的关系。

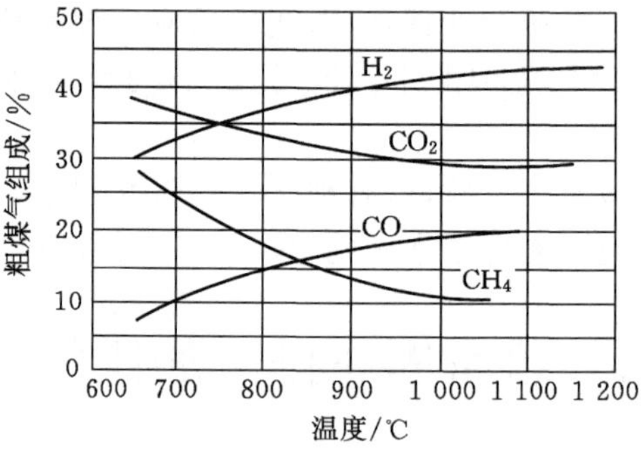

图 4-16　气化温度与粗煤气组成的关系

由图 4-16 可见，压力一定时，随着气化温度的提高，合成气的有效成分（$CO+H_2$）含量增加，二氧化碳和甲烷含量降低，因此，可适当提高操作温度，控制在 1 150 ℃左右。相反，若生产城市煤气时，为了获得较高的甲烷含量和较低的一氧化碳含量，就应降低操作温度。当温度低至 650～700 ℃时，尽管甲烷含量最高、一氧化碳含量最低，但无论生成甲烷的反应还是其他反应，速度都很慢，因此，在实际操作过程中，气化温度控制在 950～1 050 ℃范围。

2. 原料煤的灰熔点和灰性能

最合适的气化温度应根据原料煤的灰熔点和灰性能来确定。对于灰性能好的长渣煤[$ST(DT)>50$ ℃]，适宜的操作温度为 ST，对于灰性能差的短渣煤，可直接在近 DT 下操作，但不能超过 ST。

3. 原料煤的反应活性

反应活性好的煤可适当降低气化温度，特别是对生产城市煤气而言，操作温度低有利于甲烷的生成。因此，在生产城市煤气的场合，当原料为无烟煤时，操作温度选取 1 150 ℃，煤烟选取 1 000～1 100 ℃，褐煤则选取 950～1 050 ℃。

（三）气化剂温度和组成的确定

1. 气化剂温度的确定

入炉气化剂温度的高低关系到气化剂带入炉内的显热多少，对煤气生产的各项指标有一定的影响。表 4-9 为德国标伦厂以褐煤为气化原料，压力 1.96 MPa，气化层温度 1 000 ℃时，在不同气化剂温度下得到的试验结果。

表 4-9　不同气化剂温度的试验结果

指标		单位	气化剂温度/℃			
			250	500	750	1 000
粗煤气(湿)组成(体积)	CH_4	%	8.7	9.4	9.6	5.7
	H_2	%	25.6	27.2	27.1	27.7
	C_nH_m	%	0.5	0.4	0.3	0.3
	CO	%	12.8	14.2	12.6	16.2
	CO_2	%	28.4	23.8	24.3	21.9
	H_2O	%	24.0	25.0	26.1	28.2
粗煤气(干)组成(体积)	CH_4	%	11.2	12.5	12.8	8.9
	H_2	%	35.5	36.3	38.0	39.5
	C_nH_m	%	0.6	0.5	0.4	0.4
	CO	%	19.5	18.9	18.3	21.1
	CO_2	%	33.2	31.8	30.5	30.1
净煤气(干)组成(体积)	CH_4	%	16.8	17.8	18.3	11.5
	H_2	%	52.9	53.9	55.6	58.5
	C_nH_m	%	0.9	0.7	0.6	0.5
	CO	%	29.4	27.3	25.6	29.5
净煤气的发热值		kJ/m^3	16 496	17 166	17 250	16 119
净煤气/粗煤气			0.668	0.682	0.695	0.699
氧气消耗量		m^3/m^3净煤气	0.172	0.154	0.138	0.108
水蒸气消耗量		kg/m^3净煤气	0.97	1.03	1.12	1.13
净煤气产率		m^3/kg 煤	0.69	0.71	0.96	1.14
热效率	生成煤气率/进炉总热	%	74.8	73.9	72.8	70.5
	水蒸气分解率	%	40.8	37.5	36.2	34.4

从表 4-9 发现，随着气化剂入炉温度的升高，氧耗明显降低，汽耗略有上升，水蒸气分解率略有下降。因此，在选择气化剂过热温度时，应综合考虑氧耗、汽耗及水蒸气过热费用等各种因素，以求得最佳的经济效益，并能获得最佳质量的煤气。

2. 气化剂组成的确定

不同的气化剂类型，是由生产不同用途的煤气成分要求来确定的。通常，以空气-水蒸气为气化剂主要生产工业燃料气，以氧气-水蒸气为气化剂主要生产城市煤气或合成气，以氧气-水蒸气-二氧化碳为气化剂主要生产合成油的原料气，具体可见表 4-10。

表 4-10　不同类型气化剂的组成和煤气质量

气化剂类型		$O_2+H_2O(g)$	空气$+H_2O(g)$	$O_2+H_2O(g)+CO_2$
气化剂	O_2/m^3	100	100	100
	N_2/m^3	—	377	—
	$H_2O(g)/kg$	482	217	382
	CO_2/m^3	—	—	100
生成气	$CO_2/\%$	28	15	32
	$CO/\%$	22	19	27
	$H_2/\%$	38	22	32
	$CH_4/\%$	11	5	8
	$N_2/\%$	1	39	1
	煤气热值/(kJ/m^3)	10 843	6 577	9 751
	煤气产率/(m^3/kg 干煤)	2.16	3.35	2.30

通常情况下，鲁奇加压气化采用的气化剂是氧气和水蒸气的混合物，生产城市煤气或合成气，需要确定水蒸气和氧气的比例（汽氧比）。它是影响加压气化过程最活泼的因素，改变汽氧比，实质上是调整和控制气化过程的温度。采用褐煤做气化原料，在不同气化压力下，气化层温度与汽氧比之间的关系，如图 4-17 所示。由图 4-17 中可见，随汽氧比的降低，气化层温度升高，氧化层中的最高温度的控制以灰渣不产生熔融结块为极限。所以，汽氧比只能在一定的范围内变动。如生产城市煤气时，各种原料煤的汽氧比（kg/m^3）的变动范围为：褐煤 6～8，烟煤 5～7，无烟煤和焦炭 4.5～6，可见，汽氧比还与煤种有关，即与煤的活性有关，煤的活性越高，汽氧比越高，即气化层温度越低。当然，在上述变动范围内，如何选定一适宜的汽氧比，应综合考虑煤气成分、蒸汽分解率、气化压力及煤气用途等多种因素。表 4-11 是不同汽氧比下沈北褐煤加压气化的试验结果。

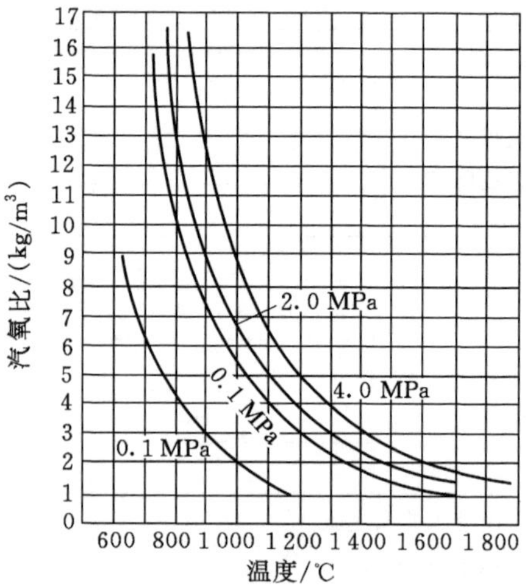

图 4-17　汽氧比对气化层温度的影响
（气化原料：褐煤）

表 4-11　不同汽氧比下沈北褐煤加压气化的试验结果

项目		单位	试样号		
			059	060	062
气化压力		MPa	2.0	2.05	2.00
汽氧比		kg/m^3	8.8	7.2	5.9
水蒸气温度		℃	366	355	340
水蒸气消耗率		kg/kg	1.227	0.998	0.841
氧气温度		℃	26	26	27
氧气消耗率		m^3/kg	0.139	0.137	0.141
产品产率	粗煤气(在标准状态下)	m^3/kg 煤	1.23	1.27	1.18
	焦油	kg/t 煤	55.0	56.5	59.9
	轻质油	kg/t 煤	12.6	12.5	10.7
	酚水	kg/t 煤	1 058.8	1 138.0	869.5
粗煤气组成（体积）	CH_4	%	12.1	12.8	12.6
	H_2	%	40.4	39.05	36.8
	C_nH_m	%	0.32	0.32	0.32
	CO	%	10.41	15.05	17.3
	CO_2	%	34.26	31.75	29.9
	N_2	%	2.38	0.9	2.81
	O_2	%	0.13	0.13	0.2
粗煤气发热值(在标准状态下)		kJ/m^3	11 512	12 206	12 248
水蒸气分解率		%	36.3	38.4	43.7
出炉煤气温度		℃	240	210	190
灰中碳含量		%	10.4	8.5	6.3

由表 4-11 可见，随汽氧比的增加，蒸汽消耗量增加，氧耗相对降低，但蒸汽耗量增加幅度远大于氧气消耗量的减少幅度。水蒸气分解率随汽氧比的增加而降低，煤气中水汽含量将增加，意味着废水处理量将增加。煤气组成也随汽氧比的改变而改变。汽氧比增加，煤气中未分解水蒸气量增加，一氧化碳变换反应加快，使粗煤气中一氧化碳含量减少，氢气和二氧化碳含量增加，粗煤气热值降低，灰渣含碳增加。此外，改变汽氧比，将使副产物的产率和性质也发生一定的变化。

（四）气化强度的确定

气化强度的大小直接影响着气化炉的生产能力。而气化强度受煤的种类和性质（粒度、水分、灰分、灰熔点、活性、机械强度和热稳定性等）、气化层温度（汽氧比和气化剂温度）和气化压力等诸因素的控制。对某一种煤、某一炉型和某一粒度有一最佳的气流速率，此值应通过试验来确定。否则，带出物将大大增加，而且高速气化缩短了气固相接触时间，造成灰渣中含碳量增加。合适的气流速率为：褐煤 0.65 m/s，烟煤 0.58 m/s，无烟煤 0.52 m/s（以气化炉空炉膛横截面积和实际流量计算）。通过对鲁奇炉结构的不断改进，如煤分布器、破黏搅拌装置及炉箅等的改进，大大改善了气化剂气流的分布状况，使气化强度有了大幅度的提高，从而提高单炉生产能力。

二、移动床加压气化炉炉型

（一）第一代鲁奇气化炉

第一代鲁奇加压气化炉是直径为 2.6 m 的侧面排灰炉型，主要由煤箱、炉体、灰箱几部分组成，其结构图如图 4-18 所示。

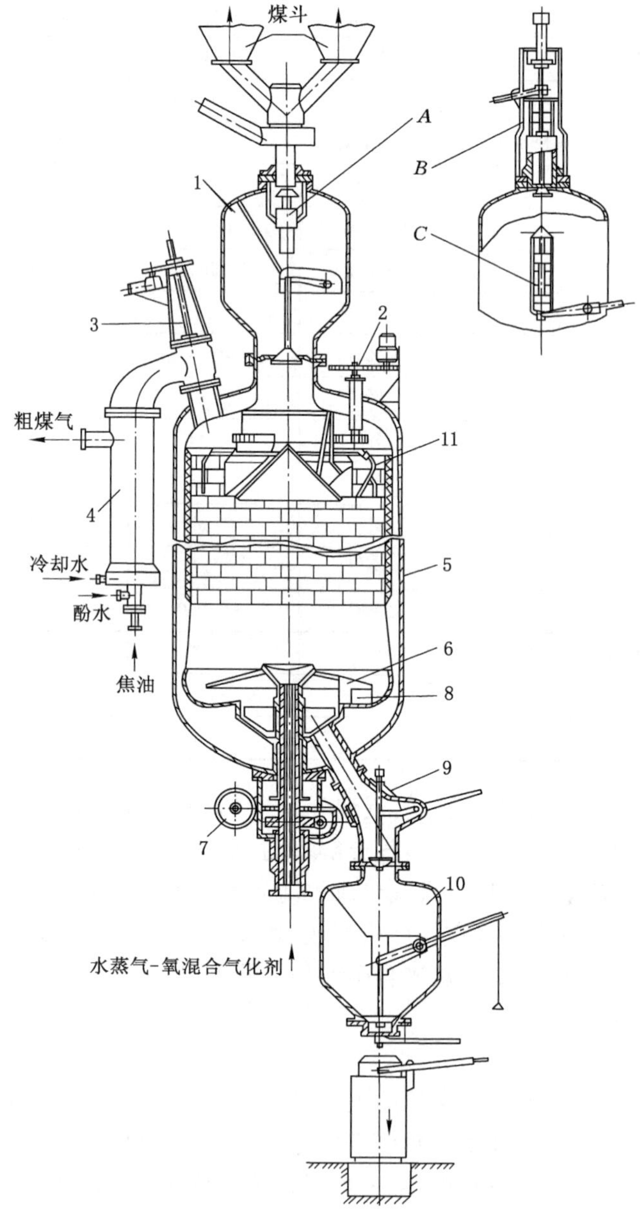

1—煤箱；2—上部刮刀传动机构；3—煤气出口管刮刀；4—喷冷器；5—炉体；6—炉箅；7—炉箅传动机构；8—刮灰刀；9—下灰颈管；10—灰箱；11—裙板。

A—带有内部液压传动装置的煤箱上阀；B—外部液压传动装置；C—煤箱下阀的液压传动装置。

图 4-18　直径 2.6 m 侧面排灰炉型

气化炉体是内径 2.52 m、外径 3.0 m、高度 6 m 的圆筒体。为防止高温对炉体的损坏，在炉内壁衬有耐火砖，耐火砖厚度一般为 120～150 mm，砌筑在内壁的支撑圈上。内衬砖既可避免炉体受热损坏，又可减少气化炉的热损失。

气化炉筒体由双层钢板制成，在内、外壳体之间形成夹套，生产时由锅炉水保持夹套充满水，产生的蒸汽通过上升管进入比炉体位置高的集汽包内，在汽包内进行汽液分离，分离后的蒸汽通过管道并入气化剂管内，作为气化剂的一部分，以减少新鲜蒸汽用量。当蒸汽温度降低时设置有夹套蒸汽与气化炉出口煤气平衡管，将产生的蒸汽排入粗煤气中。集汽包与夹套的连通是由两根上升管和两根下降管来实现的。夹套中产生的饱和水蒸气由两根上升管引至汽包内，分离后的饱和水与补充锅炉水则由汽包底部的两根下降管导入夹套底部。整个水系统形成了自然循环，以使气化炉内壁维持在气化压力相对应的水的饱和温度之下，避免气化炉内壁超温。

在炉膛的上部设有一圆筒形裙板，中间吊有正锥体布煤器，以便使煤下流时能在炉内均匀分布。在炉体的顶部设置有 2～3 个直径为 100 mm 的点火孔，其点火操作是在炉内堆好木柴等可燃物，由点火孔投入火把引燃木柴后逐渐开车。排灰炉箅的转动是由电动机通过齿轮减速机和蜗轮蜗杆减速传动机构来带动的。煤经气化后产生的灰渣，由安装在炉箅上的三个灰刮刀将灰从炉箅下部的间隙排至灰箱，再经灰箱泄压后排出。

在该炉型的结构中，由于气化剂是从主轴的中心进入炉内，而转动的主轴与固定的炉体、气化剂连接管之间的密封，尺寸越大越难以解决，这就从结构上限制了该炉型的气化剂入炉量，从而限制了气化炉的生产负荷。另外，炉内壁衬砖不但减小了炉内径，降低了生产能力，而且在较高温度下内衬易形成挂壁，造成气化炉床层下移困难。

第一代鲁奇加压气化炉由于以上几方面的影响，单炉产气量一般为 4 500～5 000 m^3/h。许多厂家对第一代鲁奇炉进行了改进，主要有：① 取消炉内的耐火衬里，扩大炉内空间，增大气化炉横截面积，从而使单炉产气量增加。② 将平盘型风帽炉箅改为宝塔形炉箅，改善炉箅的布气效果，使炉内反应层较为均匀，使气化强度提高。通过改进，第一代气化炉的生产能力较改进前提高 50%以上。

（二）第二代加压气化炉

在综合了第一代气化炉的运行情况后，鲁奇公司于 20 世纪 50 年代推出直径 2.6 m、中间除灰的第二代气化炉，如图 4-19 所示，其特点如下：

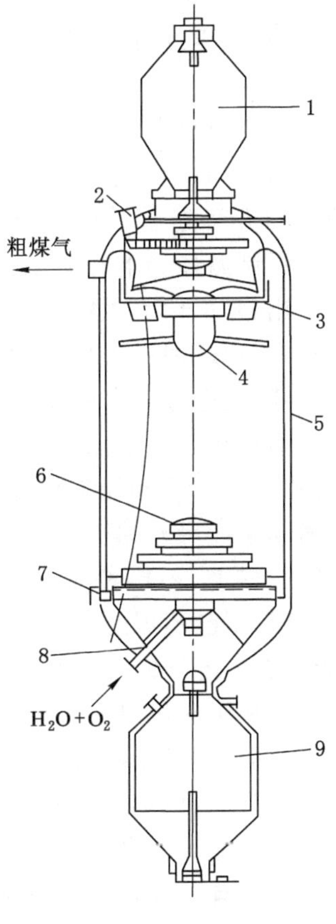

1—煤箱；2—上部传动装置；3—布煤器；4—搅拌装置；5—炉体；6—炉箅；7—炉箅传动轴；8—气化剂进口管；9—灰箱。

图 4-19　直径 2.6 m 中间除灰炉型

① 在炉内部设置了转动的搅拌装置和布煤器。搅拌装置设有两个搅拌桨叶，在炉内的干馏层，随着

叶片的转动，在干馏层的焦块受到了搅动，破坏了煤焦的黏结，这使得气化炉能够气化弱黏结煤，扩大了气化煤种。

② 炉箅由单层平型改为多层塔节型结构，气化剂通过三层炉箅的环形缝隙进入炉内。这种布气形式不但增大了气化剂的入炉量，而且使炉内布气更加均匀，弥补了第一代气化炉布气不均、灰中残碳量较高的缺陷。

③ 入炉气化剂管与传动轴分开，单独固定在炉底侧壁上。

④ 取消了炉内耐火衬里，使气化炉内截面积增大，提高了气化炉的生产能力。

⑤ 灰锁设置在炉底正中位置，气化后产生的灰渣从炉箅的周边环隙落在炉下部的下灰室，然后再进入灰锁。

(三)“萨索尔”炉型

“萨索尔”炉型是第二代炉型的改进型，在南非萨索尔第一期工程中投建的加压气化炉，其内径是 3.7 m，其结构如图 4-20 所示。

该炉型的最大特点是将底部的炉箅与上部的布煤器用一根轴连接起来，该轴上下贯穿整个气化燃料层。其传动装置设在温度较低的气化炉上部，从而避免了传动装置在底部受灰渣的磨损。

由于炉内温度较高，为避免传动轴等内件超温损坏，在中心轴内通入锅炉水冷却，此锅炉水和炉体的夹套连通形成一个水系统，用泵来进行水的强制循环。水的流动方向是从夹套底部由泵抽出经加压后送至中心轴内，流至炉箅冷却水槽，然后返回流入传动轴外面环状空隙，进入布煤器，最后进入水夹套上部。

该炉型存在以下缺点：① 由于中心传动轴长达 4 m 以上，材质和加工精度要求高，在运行中受高温影响故障较多。② 炉箅和布煤器、搅拌器为同一转速，不能按生产需要分别进行调整，故而该炉型已不再使用。

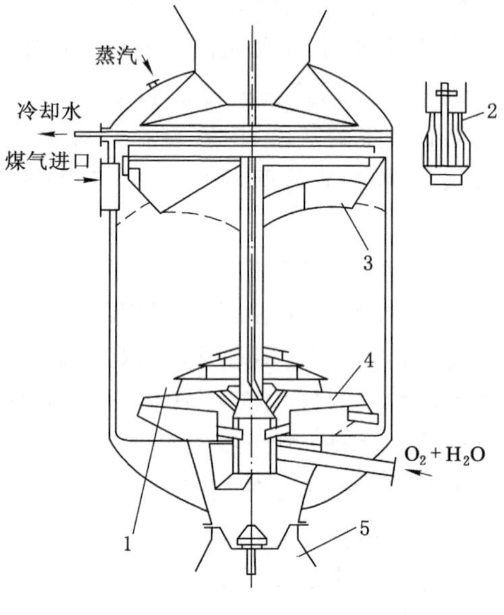

1—煤箱；2—炉箅和耙的传动装置；
3—布煤器；4—梯形炉箅；5—灰箱。

图 4-20 直径 3.7 m 的“萨索尔”炉型

(四) 第三代加压气化炉

第三代加压气化炉是在第二代炉型上进行改进的，其型号为 Mark-Ⅲ，是目前世界上使用最为广泛的一种炉型。其内径为 3.8 m，外径为 4.128 m，炉体高 12.5 m，气化炉操作压力为 3.05 MPa。该炉生产能力大，炉内设有搅拌装置，可气化除强黏结性烟煤外的大部分煤种。第三代加压气化炉如图 4-21 所示。

为了气化有一定黏结性的煤种，第三代气化炉在炉内上部设置了布煤器与搅拌器，将它们安装在同一空心转轴上，其转速根据气化用煤的黏结性及气化炉生产负荷来调整，一般为 10～20 r/h。从煤锁加入的煤通过布煤器上的两个布煤孔进入炉膛内，平均每转布煤 15～20 mm 厚，从煤锁下料口到布煤器之间的空间，约能储存 0.5 h 气化炉用煤量，以缓冲煤锁在间歇充、泄压加煤过程中的气化炉连续供煤。

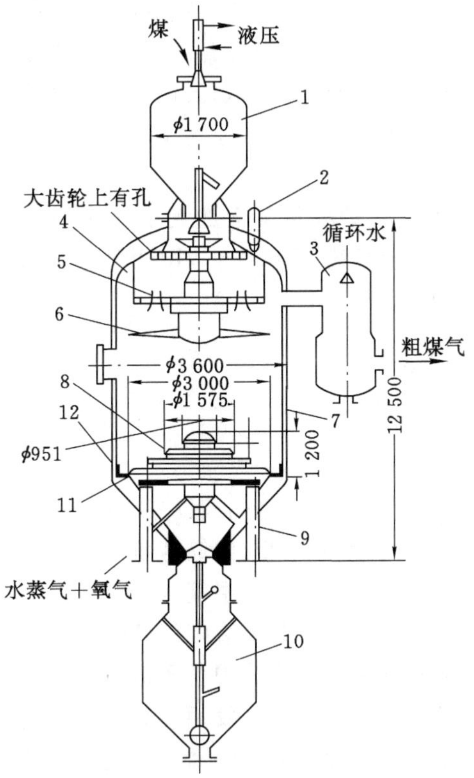

1—煤箱；2—上部传动装置；3—喷冷器；4—裙板；5—布煤器；6—搅拌器；
7—炉体；8—炉箅；9—炉箅传动装置；10—灰箱；11—刮刀；12—保护板。

图 4-21　第三代加压气化炉

在炉内，搅拌器安装在布煤器的下面，其搅拌桨叶一般设上、下两片。桨叶深入煤层的位置与煤的黏结性能有关，其位置深入气化炉的干馏层，以破除干馏层形成的煤焦块。桨叶的材质采用耐热钢，其表面堆焊硬质合金，以提高桨叶的耐磨性能。

桨叶和搅拌器、布煤器都为壳体结构，外供锅炉给水通过搅拌器、布煤器的空心轴内中心管，首先进入搅拌器最下底的桨叶进行冷却，然后再依次通过冷却上桨叶、布煤器，最后从空心轴与中心管间的空间返回夹套形成水循环。该锅炉水的冷却循环对布煤搅拌器的正常运行非常重要。因为搅拌桨叶处于高温区工作，水的冷却循环不正常将会使搅拌器及桨叶超温烧坏造成漏水，从而造成气化炉运行中断。

该炉型也可用于气化不黏结煤种。此时，不安装布煤搅拌器，整个气化炉上部传动机构取消，只保留煤锁下料口到炉膛的储煤空间，结构简单。

炉箅分为五层，从下到上逐层叠合固定在底座上，顶盖呈锥形，炉箅材质选用耐热、耐磨的铬锰合金钢铸造。最底层炉箅的下面设有三个灰刮刀安装口，灰刮刀的安装数量由气化原料煤的灰分多少来决定。灰分较少时安装 1～2 把刮刀，灰分较多时安装 3 把刮刀。支承炉箅的止推轴承体上开有注油孔，由外部高压注油泵通过油管注入止推轴承面进行润滑。该润滑油为耐高温的过热汽缸油。炉箅的传动采用液压电动机（采用变频电动机）传动。液压传动具有调速方便、结构简单、工作平稳等优点。但为液压传动提供动力的液压泵系统设备较多，故障点增多。由于气化炉直径较大,为使炉箅受力均匀,采用两台电动机对称布置。

在该炉型中,煤锁与灰锁的上、下锥形阀都有了较大改进,采用硬质合金密封面,使煤、灰锁的运行时间延长,故障率减少。南非萨索尔公司在煤灰锁上、下锥形阀的密封面采用了碳化硅粉末合金技术,使锥形阀的使用寿命延长到 18 个月以上。

(五) 第四代加压气化炉

第四代加压气化炉是在第三代炉的基础上加大了气化炉的直径(达 5 m),使单炉生产能力大为提高,其单炉产粗煤气量可达 75 000 m^3/h(干气)以上。目前该炉型仅在南非萨索尔公司投入运行。

三、加压炉及附属设备构造

(一) 炉体

1. 筒体

加压气化炉的炉体不论何种炉型均是一个双层筒体结构的反应器。其外筒体承受高压,一般设计压力为 3.6 MPa、温度为 260 ℃;内筒体承受低压,即气化剂与煤气通过炉内料层的阻力,一般设计压力为 1.25 MPa(外压),温度为 310 ℃。内、外筒体的间距一般为40~100 mm,其中充满锅炉水,以吸收气化反应传给内筒的热量产生蒸汽,经汽液分离后并入气化剂中。这种内、外筒结构的目的在于尽管炉内各层温度高低不一,但内筒体由于有锅炉水的冷却,基本保持锅炉水在该操作压力下的蒸发温度,不会因过热而损坏。由于内外筒体受热后的膨胀量不尽相同,一般在内筒设有补偿装置。夹套蒸汽的分离也分为内置汽包分离或外置汽包分离,如图 4-22所示。

第一、第二代气化炉一般外设汽包,第三代气化炉以后不再外设汽包,而利用夹套上部空间进行分离。

2. 搅拌与布煤器

根据气化煤种的不同,在气化不黏结煤时炉内不设搅拌器,在气化自由膨胀指数大于 1 的煤种时需要设搅拌器,以破除干馏层的焦块。一般在设置搅拌器的同时也设置转动的布煤器,它们连接为一体,由设在炉外的传动电动机带动。煤分布器与搅拌器的结构示意图见图 4-23。煤分布器的高度为 300~400 mm,直径为 2.6 m,由三块组成,以燕尾槽形式搭接,

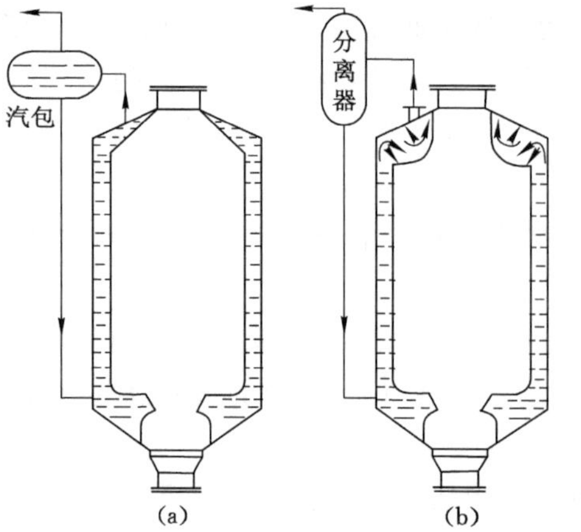

图 4-22　外置汽包与内置汽包

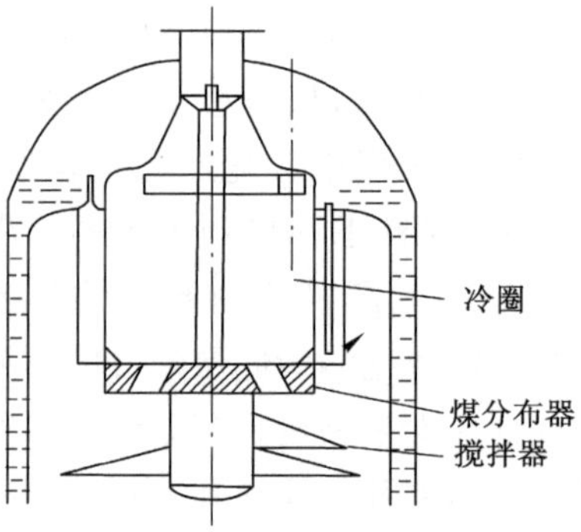

图 4-23　煤分布器、搅拌器和冷圈示意图

在圆盘上对称开有两个扇形孔，煤在刮刀作用下经两个扇形孔均匀地分布在炉内。搅拌器与布煤器通过空心轴连接，设在布煤器的下部，一般设上、下两个桨叶。桨叶的断面形状为中空的三角形，桨叶有三个倾角，其中 $\alpha=25^\circ$，$\beta=2^\circ\sim7^\circ$，$\gamma=60^\circ\sim80^\circ$。由于搅拌桨在高温条件下工作，为延长使用寿命，桨叶及空心轴除采用锅炉水冷却外，搅拌器选材为 15Mo3（相当中国 16Mo）。为提高其耐磨性还在搅拌桨叶的表面堆焊了一层 3 mm 厚的硬质合金 20-50-2 Ct，使其表面硬度达 R55 以上。

3. 炉算

炉箅设在气化炉的底部，它的主要作用是支撑炉内燃料层，均匀地将气化剂分布到气化炉横截面上，维持炉内各层的移动，将气化后的灰渣破碎并排出，所以炉箅是保证气化炉正常连续生产的重要装置。

早期的鲁奇加压气化炉炉箅为环形送风的平炉箅，由于平炉箅布气不均匀，灰渣中残碳含量高，并且仅能用于气化非黏结性煤，故而在后期的气化炉中已不再使用这种炉箅。现在运行的装置在设计上（或经改造）大多采用了宝塔形炉箅。宝塔形炉箅一般由四层依次重叠成梯锥状的炉箅块及顶部风帽组成，共五层炉箅，它们依次用螺栓固定在布气块上，如图 4-24所示。

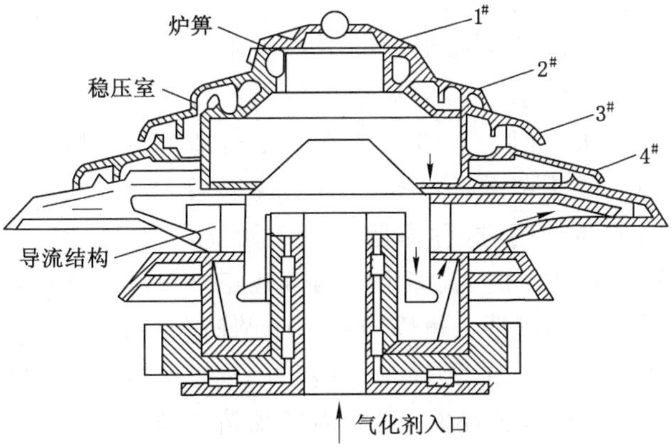

图 4-24　宝塔形炉箅图

炉箅整体由下部的支推盘支撑，支推盘由焊接在炉体内壳上的三个内通锅炉水的三角锥形筋板支撑，其内部的锅炉冷却水与夹套相通，形成水循环，以防止三角锥形支撑筋板过热变形。一般炉箅总高度为 1.2 m，为便于将炉箅从气化炉上孔吊入炉内安装，除第一、第二层为整体外，其余分为：第三层 2 块，第四、第五层 3 块。炉箅是通过两个对称布置的小齿轮传动带动同一个大齿轮而转动的，两个小齿轮通过大轴与炉外减速机连接，减速机由液压电动机（或变频电动机）带动。

炉箅的传动功率一般考虑以下几方面因素：

① 克服燃料层对灰渣错动产生的摩擦阻力；

② 克服灰刮刀将灰刮入下灰室的阻力；

③ 克服炉箅在满料操作下与止推轴承的摩擦阻力；

④ 炉内有结渣时破除大渣块的储备功率；

⑤ 备用系数。

根据经验,第三代直径 3.8 m 气化炉宝塔形炉箅驱动液压电动机(或电动机)功率一般为 45 kW,最大扭矩为 2×450 kN·m。

由于炉箅工作环境为高温灰渣,所以炉箅的材质一般选用耐磨、耐热、耐灰渣腐蚀的铬锰铸钢 16Mo5,在其表面堆焊有硬质合金 E20-50-20CT,并焊有一些硬质合金耐磨条。在最下层炉箅下设有用于排灰的刮刀,可将大块灰渣破碎,并从炉内刮至灰锁。刮刀安装在铸造时留好的三个位置,根据所气化煤的灰分决定实际安装的数量。

支撑炉箅的止推轴承形如圆盘,为滑动摩擦。为减小摩擦系数,一般用高压润滑油泵将耐高温的润滑油经油管导入止推轴面进行润滑,以保证炉箅的安全平稳运行。

(二) 煤锁

煤锁是用于向气化炉内间歇加煤的压力容器,它通过泄压、充压循环将存于常压煤仓中的原料煤加入高压的气化炉内,以保证气化炉的连续生产。煤锁包括两部分:一部分是连接煤仓与煤锁的煤溜槽,它由控制加煤的阀门——溜槽阀及煤锁上锥阀(将煤由煤仓加入煤锁)组成;另一部分是煤锁及煤锁下阀,它将煤锁中的煤加入气化炉中。煤锁的结构图如图 4-25 所示。

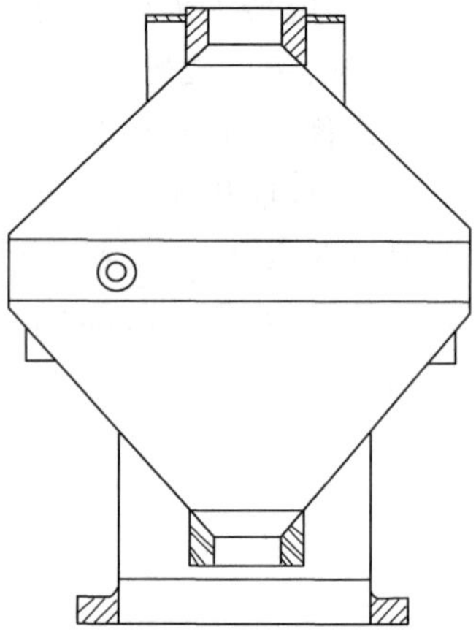

图 4-25　煤锁示意图

早期的气化炉煤锁溜槽多采用插板型阀来控制由煤仓加入煤锁的煤量,它的优点是结构简单,由射线料位计检测煤锁快满时即关闭插板。但一旦料位计不准则会造成煤锁过满而导致煤锁上阀不能关闭严密。第三代以后的气化炉都已改为圆筒型溜槽阀,这种溜槽阀为一圆筒,两侧开孔。当圆筒被液压缸放下时,圆筒上的两侧孔正好对准溜煤通道,煤就会通过上阀上部的圆筒流入煤锁。煤锁上阀阀杆上也固定有一个圆筒,它的直径比溜槽阀的圆筒小,两侧也开有溜煤孔。当上阀向下打开时,圆筒与上阀头一同落入煤锁,当煤加满时,圆筒以外的煤锁空间流不到煤,当上阀提起关闭时,圆筒内的煤流入煤锁。这样只要溜煤槽在一个加煤循环时开一次,煤锁就不会充得过满,从而避免了仪表失误造成的煤锁过满而停炉。其工作示意图如图 4-26 所示。

煤锁本体是一个承受交变载荷的压力容器,操作设计压力与气化炉相同,设计温度为 200 ℃,材质为锅炉钢或普通低合金钢,壁厚一般在 50 mm 以上。

煤锁上、下锥型阀的密封非常重要,一旦出现泄漏将会造成气化炉运行中断。煤锁上、下阀的锥型阀头一般为铸钢件,并在与阀座的密封处堆焊硬质合金,阀头上的硬质合金宽度为 30 mm,阀座的密封面也采用堆焊硬质合金,宽度与阀头相同。一般要求堆焊后的密封面硬度 HRC>48。

煤锁上锥阀由于操作温度较低,一般采用硬质合金和氟橡胶两道密封。即在阀座上开槽,将橡胶密封圈嵌入其中,构成了软碰硬和硬碰硬的双道密封,这样能延长上阀的使用寿命。煤锁上、下锥型阀在设计上还采用了自压锁紧形式,即在阀门关闭后,由于受气化炉或煤锁内压力的压迫,阀头受到向上力的作用,即便误操作阀门也不会自行打开,从而避免高温煤气外漏,保证了气化炉的安全运行。煤锁上、下阀的结构见图 4-27。

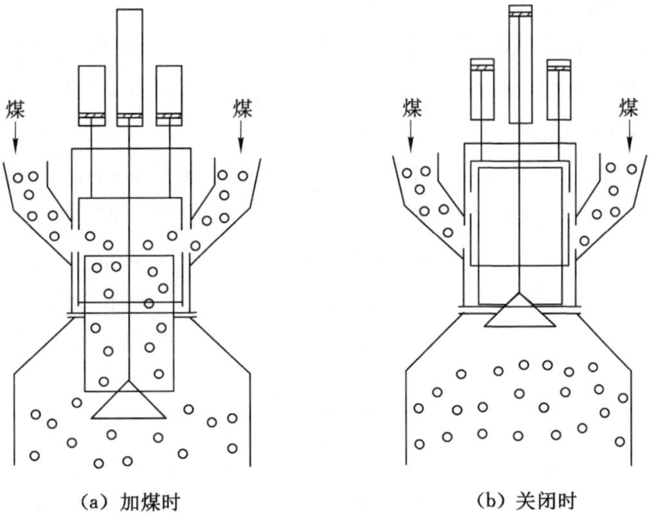

图 4-26　圆筒阀结构

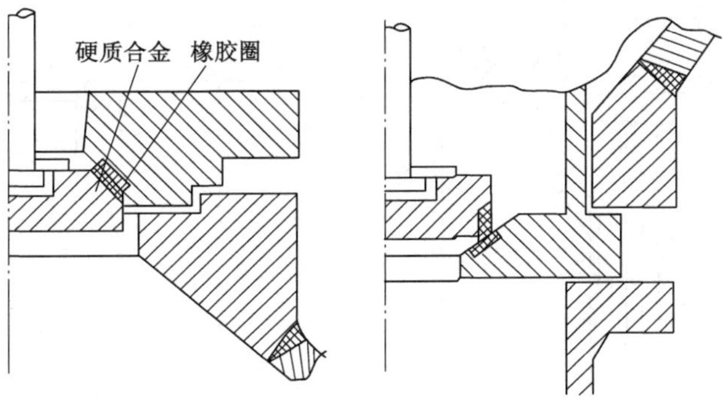

图 4-27　煤锁上、下阀结构

（三）灰锁

灰锁是将气化炉炉箅排出的灰渣通过升、降压间歇操作排出炉外，而保证气化炉连续运转的装置。灰锁同煤锁一样都是承受交变载荷的压力容器，但灰锁由于储存气化后的高温灰渣，工作环境较为恶劣，所以一般灰锁设计温度为 470 ℃，并且为了减少灰渣对灰锁内壁的磨损和腐蚀，一般在灰锁筒体内部都衬有一层钢板，以保护灰锁内壁，延长使用寿命。第三代炉灰锁结构如图 4-28 所示。

灰锁上阀的结构及材质与煤锁下阀相同，因其所处工作环境差，温度高，灰渣磨损严重，为延长阀门使用寿命，在阀座上设有水夹套进行冷却。第三代炉还在阀座上设置了两个蒸汽吹扫口，在阀门关闭前先用蒸汽吹扫密封面上的灰渣，从而保证了阀门的密封效果，延长了阀门的使用寿命。

灰锁上、下阀在设计上也采用了自锁紧型式，即阀门关闭后受到来自气化炉或灰锁的压力，作用于阀头上，压差越大关闭越严密，下阀只有在泄完压与大气压力相近时才能打开，上阀只有在灰锁充压与气化炉压力相同时才能打开，这样就保证了气化炉的运行安全。

（四）灰锁膨胀冷凝器

灰锁膨胀冷凝器是第三代鲁奇炉所专有的附属设备。它的作用是在灰锁泄压时将含有灰尘的灰锁蒸汽大部分冷凝、洗涤下来，一方面使泄压气量大幅度减少，另一方面保护了泄压阀门不被含有灰尘的灰锁蒸汽冲刷磨损，从而延长阀门的使用寿命，提高气化炉的运转率。膨胀冷凝器是灰锁的一部分，它上部与灰锁用法兰连接，利用中心管与灰锁气相连通；下部设有进水口与排灰水口，上部设泄压气体出口，正常操作时其中充满水。当灰锁泄压时，灰锁的灰蒸汽通过中心管进入膨胀冷凝器的水中，在此大部分灰尘被水洗涤、沉降，蒸汽被冷凝，剩余的不凝气体通过上部的泄压管线排至大气。膨胀冷凝器的设计压力、温度与灰锁相同，只是中心管的材质由于长期受灰蒸汽的冲刷需采用耐磨性能较好的合金钢。灰锁膨胀冷凝器的结构如图 4-29 所示。

第一、二代碎煤加压气化炉的灰锁没有设置膨胀冷凝器，它们的泄压是将灰锁的灰蒸汽直接通过泄压管线排出灰锁后，再进入一个常压的灰锁气洗涤器进行洗涤、除尘。这种结构的主要问题是灰锁气的泄压阀门与泄压管线由于长期受灰蒸汽的冲刷，使用寿命较短，需频繁更换泄压阀门，从而影响气化炉的正常运行。

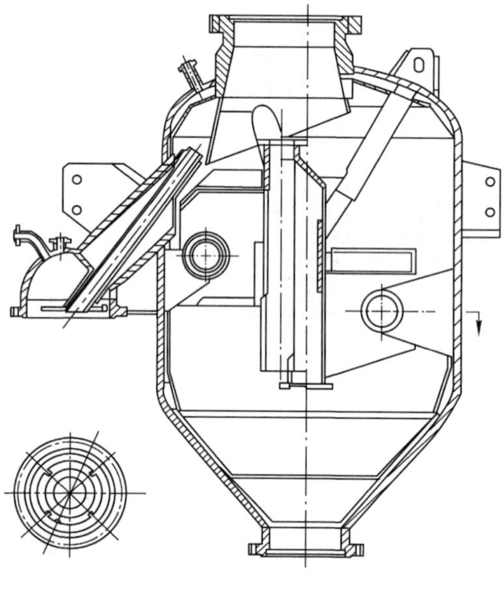

图 4-28　灰锁结构图

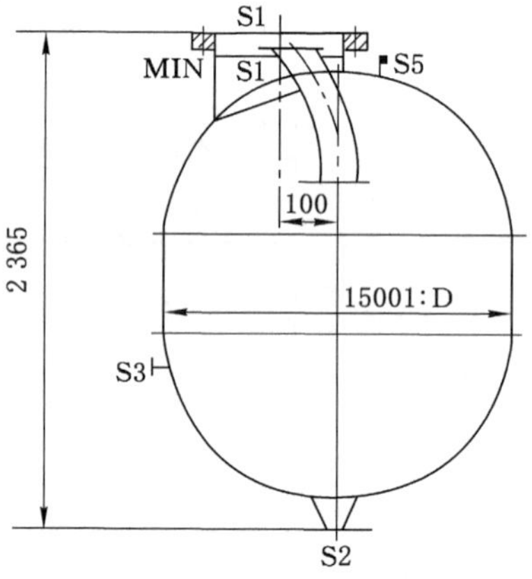

图 4-29　灰锁膨胀冷凝器示意图

四、移动床加压气化生产工艺

移动床加压气化生产工艺流程一般包括煤的气化、煤气的净化和改制及煤气水处理等环节。

在我国，碎煤加压气化炉主要应用于生产城市煤气、合成氨原料气及煤制天然气，主要原料煤是褐煤、长焰煤和贫瘦煤。下面介绍几套气化装置。

（一）云南省某化肥厂气化装置

云南省某化肥厂气化装置属于第一代鲁奇加压气化炉，未设废热回收装置。气化流程简图见图 4-30。

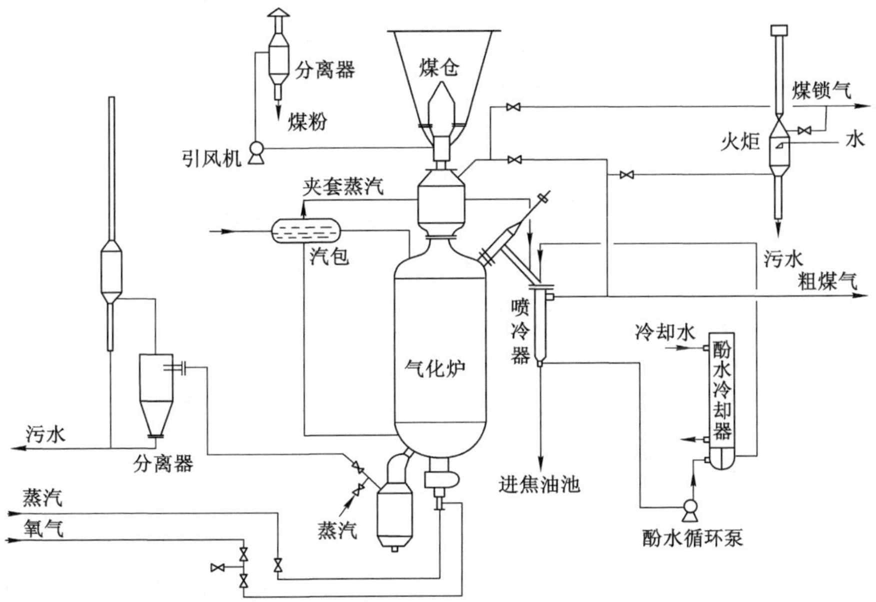

图 4-30　云南省某化肥厂气化工艺流程图

（二）山西省某化工（集团）公司

该公司气化装置属于第三代鲁奇加压气化炉，用于生产合成氨原料气，设有废热锅炉以回收煤气废热，且副产低压蒸汽。气化工艺流程见图 4-31。

气化工艺流程简介：① 经过筛分的 6～50 mm 的碎煤通过煤斗送入煤锁，常压下的煤锁加满煤后，先通过来自煤气冷却工段的冷粗煤气充压至 2.4 MPa，然后再由气化炉顶部粗煤气将煤锁充压至与气化炉平衡。② 打开煤锁下阀，当煤全部进入气化炉后，气化炉内的热气流会进入，使煤锁内的温度升高，通过监测温度可知煤锁空，然后关闭煤锁下阀，泄压至常压后继续加煤，这样就构成了间歇加煤循环。③ 气化炉内的布煤搅拌器将冷圈中的煤均匀分布，从上往下煤依次经过干燥、干馏、气化、氧化层，最后灰渣经炉箅排入灰锁。④ 灰锁积满灰后，关闭上阀，通过膨胀冷凝器将灰锁泄压至常压，打开灰锁下阀，灰渣经灰斗落入螺旋输灰机的水封槽内，使灰渣激冷，产生的灰蒸汽通过灰蒸汽风机经洗涤除尘后排入大气。冷却后的灰渣由螺旋输灰机排至输灰胶带外运。⑤ 气化炉内产生的粗煤气（约 650 ℃）由顶部引出，进入文丘里式洗涤冷却器被高压喷射煤气水洗涤、除尘、降温至 200 ℃，然后粗煤气与煤气水进入废热锅炉。⑥ 废热锅炉内的粗煤气被锅炉水冷却至约 181 ℃，回收废热并副产 0.55 MPa 的低压蒸汽，粗煤气经气液分离后并入总管，进入变换工号。大部分煤气冷凝液与洗涤煤气水用于循环洗涤粗煤气，通过液位调节阀，将多余的排至煤气水分离工号。

该气化装置有以下几个特点：① 气化炉内有搅拌器，可以气化有一定黏结性的贫瘦煤。② 夹套补充水与夹套循环泵打出的水经搅拌器冷却后进入夹套上部，然后蒸汽经夹套顶部及外设气液分离器分离后全部加入气化剂，这样减少了新鲜蒸汽的消耗量。

（三）甘肃省某气化厂气化装置

该气化厂气化装置用于生产城市煤气。该气化炉直径 2.7 m（内径），属于第二代鲁奇加压气化炉，有废热回收装置，其气化工艺流程如图 4-32 所示。

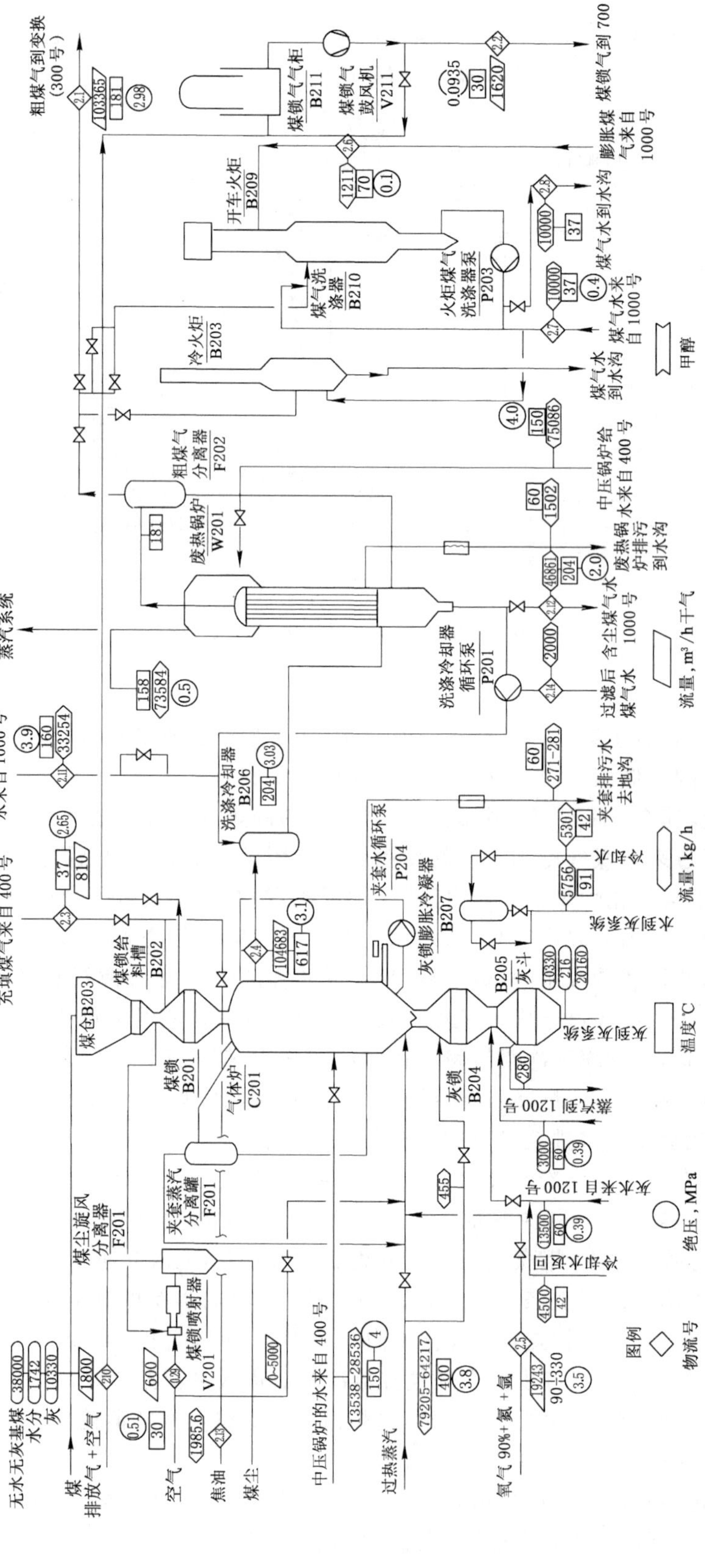

图 4-31　山西省某公司气化工艺流程图

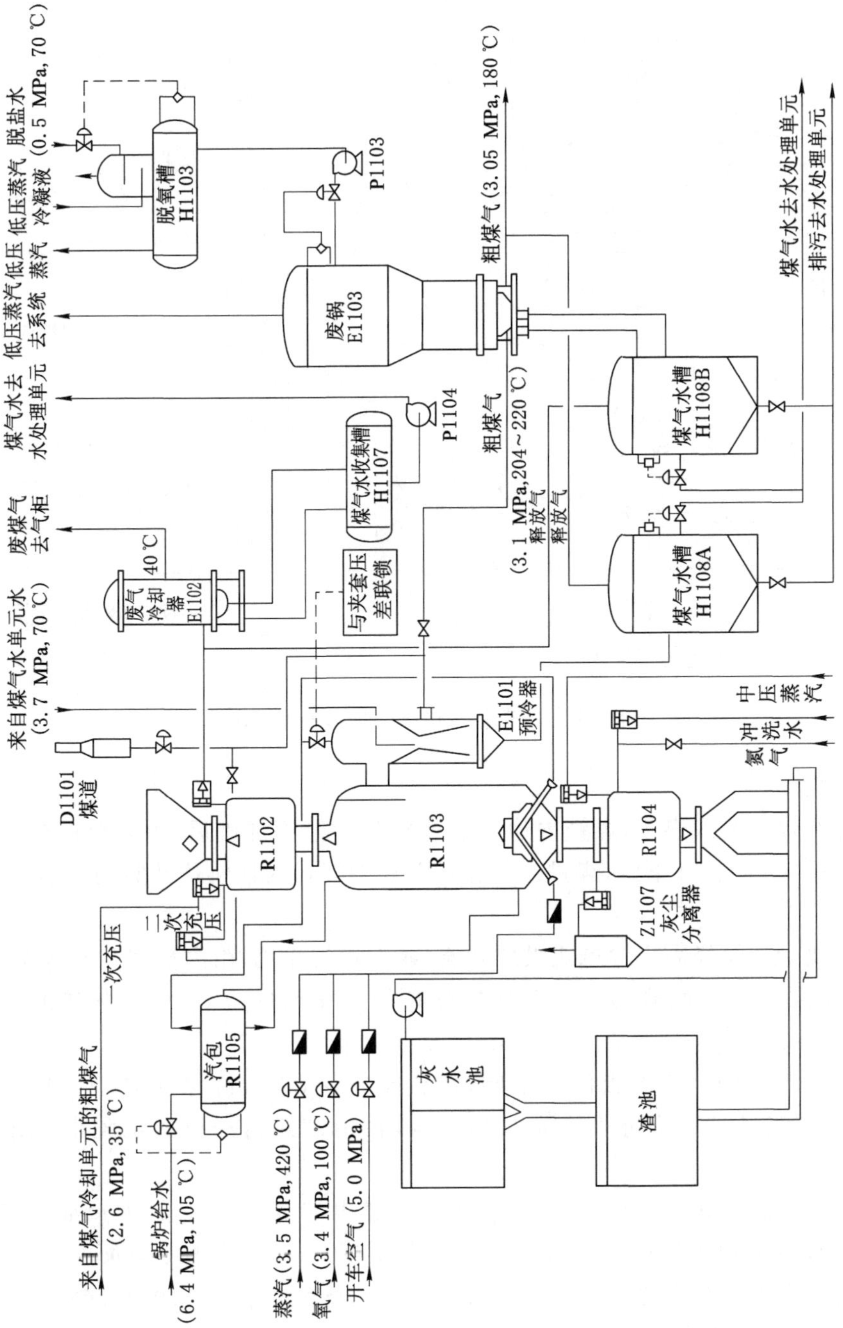

图 4-32　甘肃省某气化厂气化工艺流程图

(四) 黑龙江省某气化厂气化装置

黑龙江省某气化厂气化装置用于生产城市煤气并联产甲醇，气化炉直径 3.8 m。工艺流程简图见图 4-33。

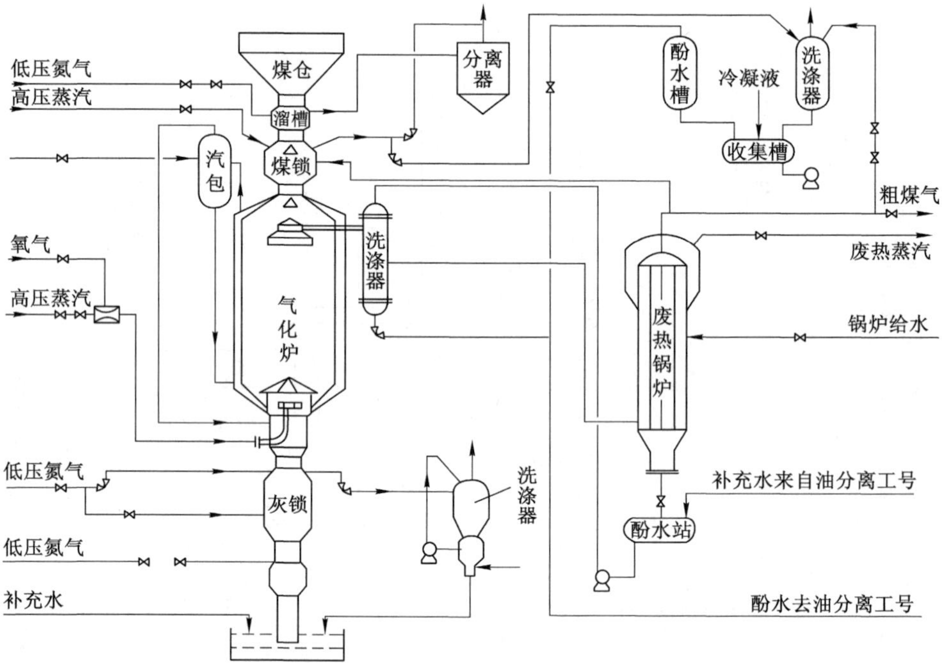

图 4-33　黑龙江省某气化厂气化工艺流程图

该装置简述如下：

① 原料煤经煤斗流入煤锁，煤锁内通过射线料位计监测加满后，由废热锅炉出口的粗煤气充压至 2.75 MPa，打开下阀，煤进入气化炉。煤锁通过射线料位计监测煤锁空，开始加煤循环。

② 进入气化炉的煤经固定钟罩式煤分布器(兼有集气作用)由内壁间隙流入炉内，然后依次经过各反应层与从炉底侧向进入并均匀分布的气化剂反应，产生的灰渣由炉箅排入灰锁。

③ 灰锁充满后关闭下灰翻板阀与上阀，泄压至常压，进行洗涤除尘。打开灰锁的下翻板阀及下阀，灰渣经灰溜槽进入充满水的渣沟，再由刮式捞渣机送至胶带运输机送出界区。

④ 反应后产生的粗煤气(约 55 ℃)进入固定钟罩内部空间，通过钟罩顶部管线进入文丘里洗涤冷却器，在此粗煤气被喷入的酚水骤冷至约 210 ℃，然后进入废热锅炉。

⑤ 洗涤后的含尘酚水由洗涤冷却器底部排至酚水分离工号，进入酚水储槽。粗煤气经废热锅炉回收热量后送入变换工号，废热锅炉产生的低压蒸汽送入低压蒸汽管网，粗煤气的冷凝液由底部积水槽排至酚水储槽，然后再用泵送至洗涤冷却器循环洗涤煤气。

该气化装置的特点如下：

① 一般来说鲁奇炉通过蒸汽升温，空气点火，然后将空气换为氧气。该气化炉是蒸汽

升温，然后氧气点火，这样简化了开车程序，缩短了开车时间。

② 煤锁空后，向煤锁内充入中压蒸汽可以将煤锁中的煤气压入气化炉内，再泄压。这样就不用再回收煤锁气。

③ 气化炉内壁有耐火衬里，可耐高温。

（五）河南省某气化厂气化装置

河南省某气化厂气化装置用于生产城市煤气并联产甲醇，气化炉直径 3.8 m。工艺流程简图见图 4-34。

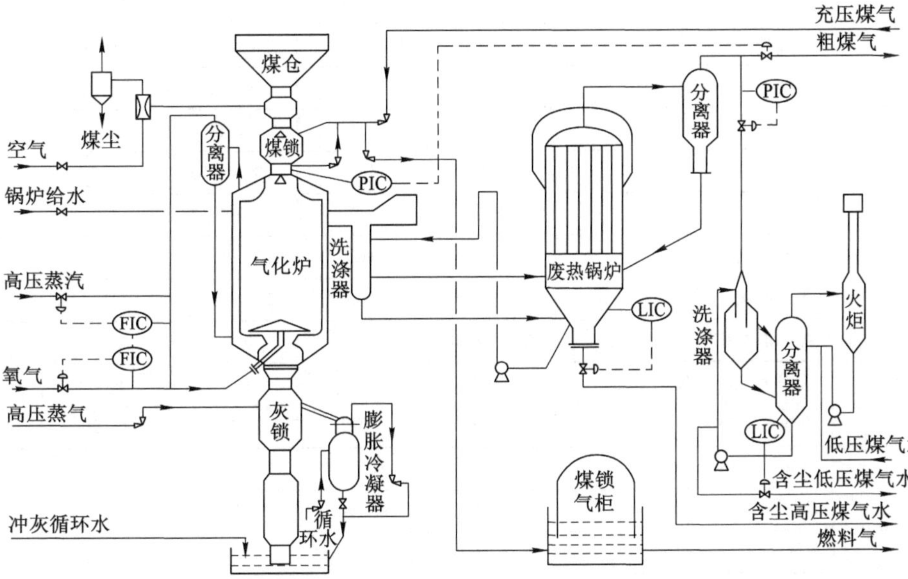

图 4-34　河南省某气化厂气化装置流程图

该气化厂装置工艺流程与山西某集团的工艺流程大致相同，只是局部进行了改进。

工艺流程简述如下：

① 经过筛分的 5～50 mm 的碎煤由煤斗、煤溜槽进入煤锁，然后由煤气充压后加入气化炉内。煤锁由温度与射线料位计双重监测煤空信号，然后循环加煤。煤锁泄压气经煤锁气洗涤器、煤锁气分离器洗涤冷却后，经气柜缓冲送出界区。煤通过固定的冷圈进入炉内，经各反应层后产生的灰渣由炉箅排入灰锁，再间歇排入灰渣沟，用循环的灰水将灰渣冲至灰渣池经抓斗捞出装车外运。

② 反应产生的粗煤气(3.0 MPa，386 ℃)由炉顶进入洗涤冷却器，被洗涤降温至 203 ℃后与煤气水一同进入废热锅炉，冷却至 187 ℃，然后经气液分离器分离后送至煤气冷却工号，洗涤后的煤气水与煤气冷却液汇于废热锅炉底部积水槽中，大部分用泵送至洗涤冷却器循环使用，多余部分排至煤气水分离工号。

该装置的特点如下：

① 采用水力排渣法对气化后的灰渣冲灰，操作环境优于其他排渣方法。

② 夹套水循环是由补充锅炉水引射进行的，可以避免由于夹套水循环不畅造成的夹套鼓包。

③ 炉箅由变频电机驱动，易于调节，减少了泄压设备频繁故障造成的停车。

表 4-12 给出了运行工业装置实际煤种加压气化指标。

表 4-12　运行工业装置实际煤种加压气化指标

指标		煤种				
		无烟煤	贫瘦煤	次烟煤	长焰煤	褐煤
工业分析	W_{ar}%	0～7	0.3(ad)	6.8	13	15～20
	A_{ar}/% ≪	6～14	20.8(ad)	23.76	22.62	12～28
	V_{ar}/%≪	2～4	14.4(ad)	25.60	26.40	28～35
	FC_{ar}/%	78～85	64.5(ad)	43.84	37.98	45～55
	粒度	5～20	4～50	6～30	5～50	6～40
操作条件	气化压力/MPa	2.8～3.0	3.0	3.1	3.0	1.8～2.7
	炉顶温度/℃	～550	650	480～550	386	250～300
	汽氧比/(kg/m^3)	3.5～5	4.7	7.1	7.5	6～8.5
	入炉水蒸气温度/℃	400	400	400～420	400	350～420
	排灰温度/℃	300	280	200～220	340	2200
消耗率	氧气消耗率/(m^3/kg 煤)	0.3～0.4	0.38	0.22	0.207	0.13～0.16
	蒸汽消耗率/(kg/m 煤)	1.4～1.6	1.58	1.57	1.41	0.9～1.2
	粗煤气产率/(m^3/t 煤)	2 100	2 064	1 409	1 329	1 000～1 300
煤气组成（干基）	CO_2/%(体积分数)	24.86	26.59	32.6	32.1	32.0
	CO/%(体积分数)	25.26	23.46	15.8	16.72	14.5
	CH_4/%(体积分数)	7.46	8.00	9.76	10.2	12.5
	N_2/%(体积分数)	1.26	1.33	0.75	0.45	1.5
	O_2/%(体积分数)	0.2	0.2	0.3	0.4	0.2
	C_mH_n/%(体积分数)	0.15	0.47	0.16	0.73	0.8
	H_2S/%(体积分数)	0.1	0.07	0.15	0.5	0.2
	H_2	40.71	39.45	40.1	39.30	38.3

五、鲁奇固态排渣加压气化的主要优缺点和发展方向

（一）主要优点

① 操作稳定可靠，原料煤和气化剂逆流接触，有利于热量交换和反应的充分进行。正常运行时，煤能充分气化，操作指标稳定。炉内设置的煤分布器，能储存一定的煤量以适应输煤系统的波动，也可在加料装置发生故障时，提供一定的检修时间，而不必停炉，从而保证了生产的连续稳定。

② 能耗低。加压气化减少了压缩煤气的动力消耗，充分利用了甲烷化反应放出的热量，减少了氧的消耗。

③ 煤气用途广，采用不同组分的气化剂可生产各种用途的煤气。

④ 生产能力大，设备结构紧凑，占地面积小。

（二）主要缺点

① 水蒸气分解率较低，约为 40％，因此蒸汽消耗量高。

② 粗煤气中含有一定数量的焦油和酚，对三废的处理和排放造成一定的困难。

③ 气化剂需用工业纯氧气，制氧成本高；加压气化炉机械制造工艺要求较高，造成建设投资较大，煤气成本增加。

（三）移动床加压气化的发展方向

(1) 发展液态排渣气化炉

液态排渣气化炉可以大大提高气化温度和气化强度，降低蒸汽消耗，扩大制气煤种。最终使设备投资、制气成本和占地面积都得到降低。

(2) 气化炉的进一步大型化

鲁奇公司与萨索尔公司合作制造的第四代气化炉，直径达 5 m，生产能力可达 7 000～10 000 m^3/h 粗煤气。

(3) 提高操作压力

由鲁奇公司与鲁尔公司联合开发的 Ruhr100 气化炉，操作压力增至 10 MPa。

(4) 简化煤气水处理流程

鲁奇公司开发成功的全焚烧法和半焚烧法，可彻底清除有害物质，大大简化煤气水处理系统。

第四节　液态排渣加压气化工艺

一、液态排渣加压气化的工作原理

气化时，送入气化炉中的水蒸气量最少，碳的燃烧反应将氧化层的温度提高到原料煤的灰熔点之上，灰渣呈熔融状态从炉内排出。这样，由于消除了结渣对炉温的限制，气化层温度有了较大幅度的提高，因此加速了气化反应，从而提高了炉子的气化强度和生产能力。

二、液态排渣加压气化炉

液态排渣鲁奇加压气化炉如图 4-35 所示。

一定块度的煤，由炉顶经密封料斗，通过布煤器均匀加入气化炉内，布煤器和搅拌器的工作性能与固态排渣加压气化炉相似。在炉子下部，由于炉渣呈熔融状态，经排渣口后进入熔渣急冷室。在熔渣上方，沿径向均匀安装了稍微向下倾斜的 8 个喷嘴。气化剂及部分煤粉、焦油从风嘴喷入料层底部，并恰好汇集在熔渣池中心管的排渣口上。控制较小的汽氧比，使该区域的温度高达 1 500℃左右，保证熔渣呈流动态。在密封渣斗的上方增设一熔渣急冷室，室内容积的 70％左右充满水。由排渣口落下的液渣被水淬冷而形成渣粒，并当渣粒堆积到一定高度后，将其卸入密封渣斗内，然后定期排出。气化剂喷入速度应大于 200 m/s，以防止回火，气化炉的负荷可通过控制喷嘴开闭的数量加以调节，因此，其调荷能力较大。

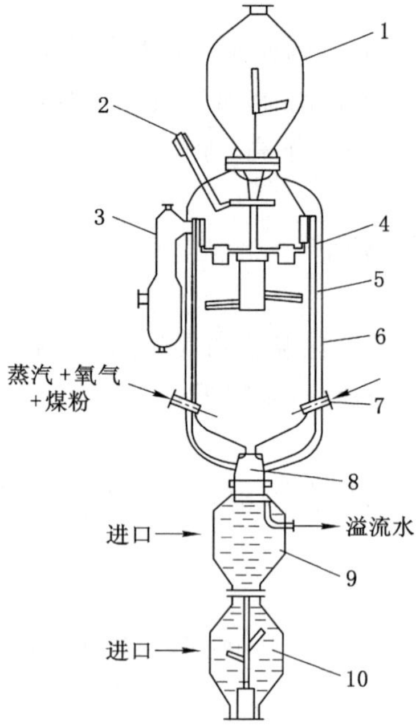

1—煤箱;2—上部传动装置;3—喷冷器;4—布煤器;5—搅拌器;6—炉体;
7—喷嘴;8—排渣口;9—熔渣急冷箱;10—灰箱。

图 4-35　液态排渣鲁奇加压气化炉

三、液态排渣加压气化的特点

液态排渣加压气化有如下优点：

1. 生产能力大

直径 3.7 m 的固态排渣加压气化炉的生产能力为 30 万～36 万 m^3/d,而直径为 3.5 m 的液态排渣加压气化炉的生产能力高达 200 万 m^3/d,是固态排渣炉的 5.6～6.7 倍。固态排渣加压气化炉生产能力主要受到炉顶带出数量的限制。而在液态排渣情况下,绝大部分小于 6 mm 的煤粉可以随气化剂一起由喷嘴喷入,直接进入 1 500 ℃的高温区,迅速气化,这样,炉顶的带出物大大减少,在实际生产中就可以较大幅度地提高鼓风速度,强化生产。同时,氧化层温度已不再受灰结渣的限制,可以相应提高,加速气化反应,从而强化了生产过程。当然,氧化层温度也不能太高,否则会引起设备材质和其他技术方面的问题。

2. 水蒸气消耗量明显降低,水蒸气分解率提高,操作费用降低

由图 4-36 可见,排渣方式不同,选择的汽氧比差别很大。固态排渣一般采用(6～8)∶1,而液态排渣仅为(1～1.5)∶1。固态排渣大量的水蒸气是用于控制炉温以防结渣的,而液态排渣的蒸汽几乎都用于煤的气化。水蒸气分解率约为 95%。

3. 煤气的有效成分增加,煤耗下降

液态排渣气化炉内的炉温较高,有利于水蒸气的分解和二氧化碳的还原,抑制了甲烷生成放热反应和一氧化碳的变换反应。因此,煤气组成中甲烷和二氧化碳的含量减少,一氧化碳和氢气的总量提高,CO/H_2的比例上升。煤气组成的变化带来的效果是:$(CO+H_2)$组成

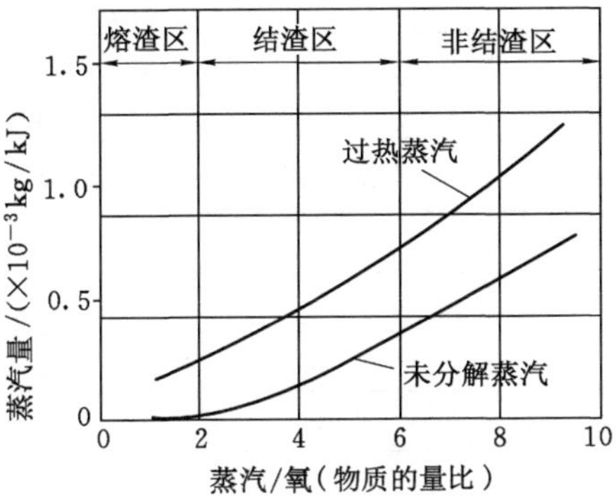

图 4-36 汽氧比对过热蒸汽和未分解蒸汽量的影响

增加了约 25%,煤气热值提高,CO_2含量较低,约 2%~5%,有利于煤气的净化处理,碳转化率提高,降低了煤耗。在所有气化方法中,液态排渣移动床加压气化炉的煤耗最低。固态排渣与液态排渣煤气组成及热值的比较见表 4-13。

表 4-13 固态排渣与液态排渣煤气组成及热值比较

		液态排渣		固态排渣
		苏格兰,弗朗西斯非黏性烟煤	美国,匹兹堡 8# 强黏结性烟煤	美国,匹兹堡 8# 强黏结性烟煤
1. 煤的粒度/mm		6~25	6~30	6~30
2. 煤的工业分析/%	M_{ad}	7.6	3.2	4.6
	A_{ad}	5.2	7.5	7.7
	V_{ad}	32.5	35.1	37.4
	FC_{ad}	54.7	54.1	50.3
3. 煤的自由膨胀序数		$1\frac{1}{2}$	$7\frac{1}{2}$	$1\frac{1}{2}$
4. 操作指标	压力/MPa	2.4	2.4	2.4
	汽氧比/(kmol/kmol)	1.3	1.3	9
	煤气出口温度/℃	482	515	675
5. 粗煤气成分/%	CO_2	2.3	3.9	31.1
	CO	57.5	55.5	18
	CH_4	6.7	7.2	8.58
	C_2H_6	0.4	0.1	0.7
	C_2H_4	0.2	0.2	0.3
	H_2	28.7	29.1	39
	N_2	4.2	4	2.4
6. 粗煤气高热值/(kJ/m^3)		13 314	13 314	10 718

表 4-13(续)

		液态排渣		固态排渣
		苏格兰，弗朗西斯非黏性烟煤	美国，匹兹堡 8# 强黏结性烟煤	美国，匹兹堡 8# 强黏结性烟煤
7. 其他指标	气化强度/[t/(m^2·h)]	4.16	4.25	0.71
	水蒸气耗量/(kg/kg,daf)	0.406	0.423	3.54
	氧气耗量/(m^3/kg,daf)	0.393	0.393	0.49
	粗煤气产率(m^3/kg,daf)	2.19	2.23	2.63
	焦油＋轻油/%(煤)	5.95	6.3	4.6
	粗煤气中湿含量/(kg/kg,daf)	0.1	0.096	2.81

4. 氧气消耗

氧耗的多少与煤的活性密切相关，不同的排渣方式氧耗亦不同。当采用活性较高的煤做气化原料时，由于固态排渣气化炉可允许较低的炉温，有利于甲烷的生成反应，放出较多的热量，补偿氧化反应放热，使氧耗降低。液态排渣气化炉由于其炉温较高，而较高的炉温又不利于甲烷生成反应，因此氧耗增加，液态排渣气化炉的氧耗比固态排渣气化炉高约10%～12%。当采用活性较低的煤做气化原料时，固态排渣气化炉就需要较高的气化温度，以保证气化反应的速度，汽耗和氧耗增加，但液态排渣气化炉本身有较高的气化温度，因此，炉温对煤的活性并不敏感，此时，液态排渣气化炉的氧耗略低于固态排渣气化炉。

所以，液态排渣气化炉适宜于灰熔点低、活性也低的原料煤，固态排渣气化炉则适宜于灰熔点高、活性也高的原料煤。

5. 气化效率和热效率提高

由于液态排渣气化炉中粒度小于 6 mm 的粉煤随气化剂由喷嘴吹入，进入高温区后能立即气化，降低了带出损失。气化产生的灰、焦油也可经风口再循环回到气化炉内，直至燃尽。气化温度较高，有利于碳的气化反应，灰渣中含碳量低于 2%，中试中碳的转化率接近100%。由于水蒸气分解率高，所含的水汽量很少，当煤气与上部原料接触交换热量时，主要利用的是煤气的显热，降低了煤气的出炉温度，甚至低于某些固态排渣气化炉的煤气出炉温度。因而使煤气带出的显热损失和水蒸气的热损失大大降低。综上所述，最终提高了气化效率和热效率。

6. 煤种适应性强

液渣炉对煤种的适应性强于固渣炉，尤其是对活性较低的煤，它们对各种煤的运行结果相当一致，可见表 4-14。

7. 环境污染小

由于蒸汽耗量少，且水蒸气分解率高，煤气中的水汽含量大大减少，液态排渣加压气化水处理量仅为固态排渣气化的 1/4～1/3。生成的灰焦油经风口返回炉内气化。液渣淬冷后成为洁净、黑色玻璃状的熔渣烧结物颗粒，可与水彻底分离，化学活性极低，对环境无污染。

表 4-14　BGC/LURGI 熔渣气化炉的运行结果

原料煤		Frances	Rocssington	Ohio 6#	Pittsburgh	Manton	Mar Kham
产地		苏格兰	英格兰	美国	美国	英格兰	英格兰
粒级/mm		6.13～24.5	6.13～24.5	6.13～24.5	3.06～24.5	6.13～30.6	6.13～49
元素分析/%	C	83	83.5	79.6	83.7	85.1	83.5
	H	5.5	4.9	6.1	5.7	5.1	4.6
	O	9.2	7.7	7.4	6.9	5.5	8
	N	1.4	1.7	1.2	1.6	1.6	1.8
	S	0.5	1.7	5.6	2	2.3	1.6
	Cl	0.4	0.5	0.1	1	0.4	0.5
自由膨胀序数		$1\frac{1}{2}$	$1\frac{1}{2}$	$4\frac{1}{2}$	7	$6\frac{1}{2}$	1
葛金焦型		B	E	G	G_6	G_6	D
操作条件	气化炉压力/MPa	2.35	2.35	2.35	2.25	2.35	2.35
	汽氧化/(m^3/m^3)	1.4	1.29	1.25	1.22	1.39	1.18
出口煤气温度/℃		480	480	410	516	513	546
粗煤气组成/%	H_2	28.6	27.2	28.7	28.1	28.1	27.5
	CO	57.5	58.1	53.2	56.7	56.8	55.6
	CH_4	6.7	6.8	6.9	7.1	6.8	5.7
	C_2H_6	0.4	0.5	0.3	0.3	0.7	0.4
	C_2H_4	0.2	0.2	0.2	0.1	0.2	0.1
	N_2	4.2	3.9	4	4.2	3.4	7.2
	CO_2	2.3	2.9	5.5	3	3.5	3.1
	H_2S	0.1	0.4	1.2	0.5	0.5	0.4
煤气高热值/(MJ/m^3)		13.97	13.97	13.49	13.04	13.23	12.63
气化强度/[$kg/(m^2 \cdot h)$]		0.405	0.398	0.390	0.390	0.460	0.400
蒸汽耗量/(kg/kg)		0.539	0.549	0.555	0.570	0.610	0.630
氧气耗量/(kg/kg)		0.2	0.21	0.16	0.17	0.15	0.22
液体产率/(kg/kg)		1200	1200	883	1132	1245	883
气化炉产热/[$10^5 kJ/(m^2 \cdot h)$]		83.4	82.1	82.3	85.1	82.7	84.6

注：气化炉热效率定义为：产品煤气的总热（包括煤气、油、石脑油）除以总热输入（包括原料煤、蒸汽和氧气的燃料当量）。

液态排渣加压气化也有一些缺点：

① 对炉体材料在高温、高压下的耐磨、耐腐蚀性能要求高。

② 熔渣池的结构和材质是液渣炉的技术关键，还有待于进一步的研究。

四、液态排渣加压气化的工艺流程

英国煤气公司与德国鲁奇公司合作，在西田先后成功地开发了煤处理能力为 350 t/d

和 550 t/d 的液态排渣气化炉。生产出来的煤气主要用于制造代用天然气，具体的工艺流程见图 4-37。

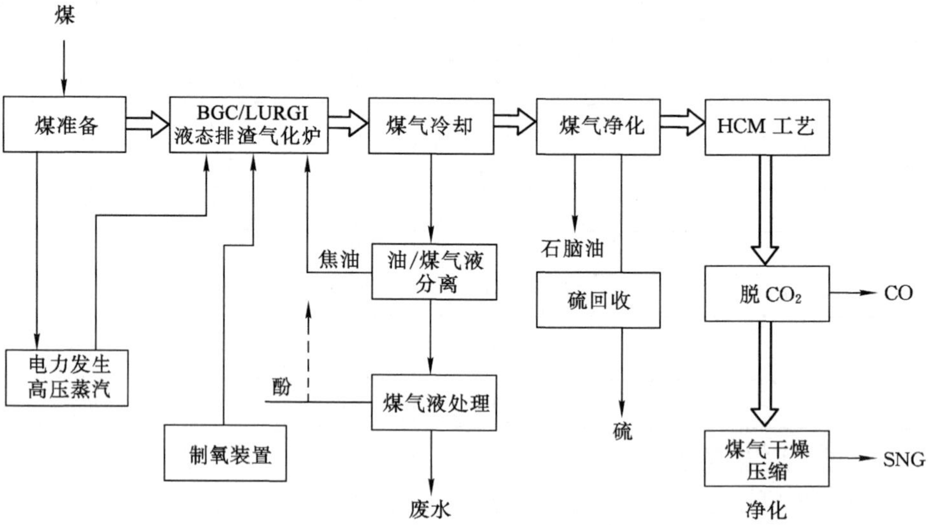

图 4-37　液态排渣加压气化生产代用天然气工艺流程

课程资源

思　考　题

1. 简述鲁奇加压气化炉加压气化过程。
2. 简述气化炉各层的主要作用。
3. 原料煤的热解水汽化后能否取代气化剂中的水蒸气？
4. 移动床加压气化与移动床常压气化有何区别？
5. 简述移动床加压气化的温度分布规律。
6. 简述压力对移动床加压气化煤气成分的影响。
7. 简述加压对移动床加压气化氧煤消耗的影响。
8. 简述加压对移动床加压气化蒸汽消耗的影响。
9. 加压对移动床加压气化生产能力有何影响？
10. 加压对移动床加压气化煤气产率有何影响？
11. 入炉煤含水量对加压气化过程有何不良影响？
12. 简述煤的反应活性对加压气化的影响。
13. 简述温度降低对加压气化过程的影响。
14. 简述汽氧比增加对粗煤气组分的影响。

15. 第二代鲁奇加压气化炉对第一代做了哪些改进？
16. 改进后的第二代鲁奇加压气化炉有何优缺点？
17. 第三代鲁奇加压气化炉由哪些部件组成？
18. 炉箅有哪些作用？
19. 简述煤锁的运行机制。
20. 简述灰锁的运行机制。
21. 灰锁膨胀冷凝器有什么作用？
22. 固态排渣和液态排渣对煤种分别有什么要求？
23. 液态排渣相对于固态排渣有何优势？
24. 煤气发生炉设水套的目的是什么？
25. 试分析炉内结渣的原因。
26. 煤炭气化过程中，气化炉常见的故障有哪些？
27. 气化炉卸灰不充分会造成什么后果？
28. 加压对煤气热值有什么影响？煤气热值与煤种有何关系？
29. 鲁奇固态排渣加压气化工艺有哪些主要的工艺条件指标？
30. 液态排渣炉有哪些技术难题？

第五章　流化床气化

第一节　概　述

1913 年化学工程中出现了流化床理论，德国人温克勒(Fritz Winkler)首次用流化床理论研究煤气化，并于 1922 年申请了专利。在流态化技术的发展史上，流化床首次大规模的工业应用即为温克勒粉煤气化，生产合成化学工业所需的原料气。从现代技术的观点来看，老式的温克勒气化工艺存在着较多问题，已逐渐被淘汰。但在当时，它开创了流化床技术的工业应用，也使煤炭气化技术进入了一个新的发展阶段。

流化床气化使用的煤料粒度通常是 6～8 mm 以下的碎煤，气化剂(空气、氧气、富氧和水蒸气)通过床层的空截面流速为 1 m/s 左右，使炉内煤料做上下翻腾运动同时进行气化反应，故流化床气化也称沸腾床气化。流化床气化炉的气流速度较移动床气化高近 10 倍，碎煤的粒度小，比表面较大，气化剂与固体煤粒间的相对速度也比较高，所以同直径的气化炉生产能力要比移动床气化炉大将近 6 倍。因此，开发流化床气化技术可以提高单炉的生产能力，从而减少大型工业用户气化炉台数；其次，随着机械化采煤技术的广泛应用，碎煤量越来越多，移动床气化炉只能使用块煤，而流化床气化炉可直接使用小颗粒碎煤为原料；此外，流化床气化可以使用如褐煤等高灰劣质煤。

从流化床的气化剂进入形式来分，流化床气化又可分为锥形喷射流化床和一般沸腾流化床两类，如图 5-1 所示。

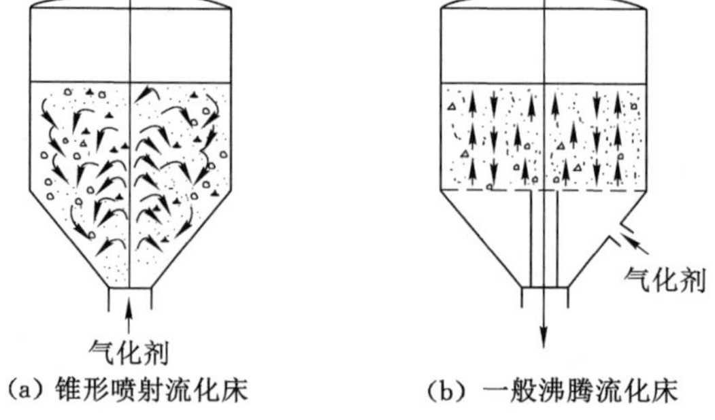

图 5-1　两种形式流化床的示意图

在锥形喷射流化床(以下称喷射床)中，气化剂由底部中心进入，在炉内的煤料中形成喷泉，而周边的煤料往下运动至喷口再喷向上方，形成内部的环流，喷射床中喷流后料层的阻力比一般的流化床要低；床层内横向的传质、传热较一般的流化床要好。在加拿大，喷射床流化技术曾被用作粮食干燥的技术，以后又用于煤的气化。

第一台流化床煤气化炉由德国人温克勒于 1926 年建成并用于工业生产，炉高 13 m，横截面 12 m^2（约相当于直径为 3.91 m），因此人们常把流化床煤气化炉称为温克勒炉。

最早的温克勒炉是倒梨形的结构，上部直径大，有利于飞尘的下沉，减少带出物。后来将上部稀相区的直径扩大，改成直壁的圆筒形结构以便加工制造。在早期的温克勒炉的底部中心设有一个旋转的单臂刮灰器，可将水平炉篦上的灰刮入底部的排灰孔，用排灰螺旋排出炉外。

中华人民共和国成立初期由苏联援建的吉林、兰州两个化工厂，配套引进的 8 台 ГИАП-4 型煤气化炉是苏联国立氮肥设计院根据改型的温克勒试验炉的试验结果设计出来的。ГИАП-4 型气化炉内径为 4.8 m，它把炉篦改成中心出灰的斜锥形结构，在中心的出灰管内加一个旋转的破渣头（需要时还可做上下运动），以利于灰渣的顺利排出。该炉的上部稀相段增加了二次、三次进氧喷嘴，意图将稀相区内的煤粉进一步气化掉；在气化炉的后部设有一个横管式的余热锅炉。这种气化炉还供给了朝鲜的某化肥厂和东欧某国的化肥厂使用。

流化床气化炉因其炉温较低、气流速度高，故要求使用反应活性高的煤，如褐煤、长焰煤等。当时，吉林化工厂使用的是营城长焰煤及舒兰褐煤，兰州厂使用的是窑街阿干镇的长焰煤。朝鲜用的也是当地产的褐煤。二次进氧的结果使稀相反应区的温度比密相床层的温度高，如吉林化工厂用营城长焰煤时的密相床层温度为 950±10 ℃，而稀相区（直到炉出口前）的温度则高达 1 010 ℃，稀相区的高温将“软性”的夹带煤粉变成了砂性的半焦粉，对后部的余热锅炉造成的磨损极为严重。朝鲜某化肥厂先在炉出口增加了一个热旋风除尘器；后来又将锅炉的横管改成竖管，并在面对气流的一面加涂了一层耐磨的耐火材料，较好地解决了锅炉的磨损问题。从与我国吉林化工厂的交流中，他们得到了中国仿制的喷嘴样品。随后他们又将气化炉底部的炉篦布气改为锥形炉底的“喷嘴组”布气。变成无炉篦结构后，省去了结构复杂的炉篦。经过数十年的生产运行，如今该技术返销到中国。这就是近些年在景德镇煤气厂、淮南化工厂、吉林长山化肥厂、黑龙江化肥厂登场的“恩德”气化炉。

高温温克勒（high temperature Winkler，HTW）气化炉是在温克勒的基础上发展起来的，它是一种无炉篦的加压、加二次风的气化炉，实际上应该称其为加压温克勒气化炉更为贴切，因为加二次风提高炉温技术在 ГИАП-4 型煤气发生炉中已经使用，并非其特色，而提高压力使生产能力成倍增加，还可以生产出高压煤气，这才是 HTW 的优势所在。开始 HTW 采用 0.98 MPa 压力操作，比原来的温克勒炉提高了 1 倍以上的气化强度，后来又在 2.5 MPa 压力的示范炉中进行长时间的试运行（理论上应为常压温克勒炉 5 倍气化强度），取得了较好的运行结果。20 世纪 90 年代，德国曾想用 HTW 技术建一个大型的 IGCC 电站（即 KOBRA 项目）。高温温克勒气化炉的结构示意图如图 5-2 所示。

20 世纪 50 年代末，法国 L. Jequier 等在研究锥形床气化时发现底部落下的几颗球状灰，含碳量很低，因而联想到采用这一原理来解决流化床气化中存在的出灰含碳量高的难题。他们在流化床气化炉的底部中心增加了一股较高速度的气流用来对灰进行选择性成球排灰，结果灰渣含碳量可控制在 6%～8%。美国的煤气工艺研究院（IGT）于 20 世纪 70 年

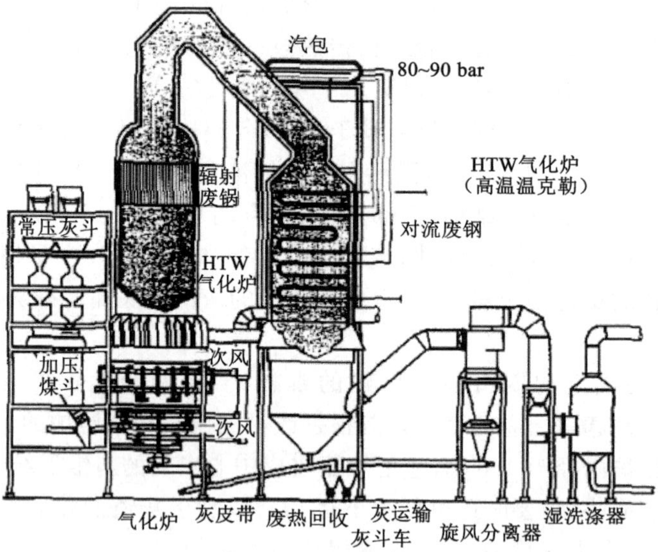

图 5-2　高温温克勒气化炉的结构示意图

代中期，应用了同一原理，开发了 U-Gas 气化炉（图 5-3）。该技术后来转让给了上海焦化厂，但该厂 8 台直径 2.6 m 的 U-Gas 气化炉，生产一直不正常。中国科学院山西煤化所于 20 世纪 80 年代中期也是用同一原理开发了称为“灰熔聚”的气化工艺，在内径 1 m 的中试炉的基础上设计了内径为 2.4 m 的气化炉，在陕西城固化肥厂示范获得较好的结果，目前正在往加压、大容量、提高炉温、扩大煤种使用范围的方面发展。与此相类似的还有 20 世纪 80 年代由美国西屋公司开发的 KRW 气化技术。

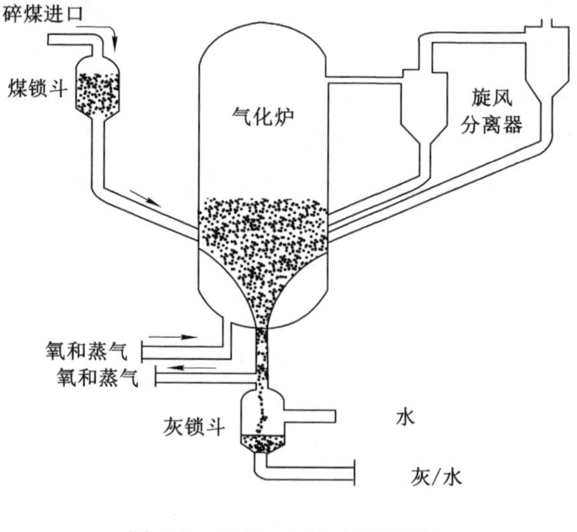

图 5-3　U-Gas 气化炉示意图

德国鲁奇公司的循环流化床气化炉，由于要求用氧气，没能在我国获得推广应用，但循环流化床气化工艺在床内脱硫和提高碳利用率方面有其特色。2002 年中国科学院工程热物理研究所也对循环流化床煤气化进行了研究，以空气-水蒸气为气化剂，分别进行了常压和加压气化试验。近年来，中国科学院、浙江大学等单位开发了燃烧与热解耦合的技术，即在热解反应器中利用循环流化床燃烧器产生的高温飞灰与煤混合发生热解反应的原理来生产高热值煤气，产生的半焦在循环流化床燃烧器中燃烧，该技术正处于研究阶段。

第二节　流化床气化的基本原理

一、流化床的流动状况

当气体以较低的速度自下而上通过粒径比较均匀的颗粒床层时，气体只是穿过静止颗粒之间的间隙，这样的床称为移动床。随着气流速度增加，燃料颗粒床层开始膨胀而变得不稳定，少量的颗粒开始在一定的区间内运动，当气流速度增加到使全部颗粒悬浮在向上流动的气体中时，颗粒与流体之间的摩擦力与其重量相平衡，也就是说气流通过床层的压降基本上等于在该截面上颗粒的重量，这时可认为床层开始流化。图 5-4 为气流速度和压降的典型关系图。从 A 点到 B 点的直线段，表示固体燃料开始流化之前的情况，此时压降随气流速度提高而增加，到 B 点燃料颗粒开始扰动，以供给流动所需的最大断面。这种不稳定的状态一直持续到 C 点，此时各相互接触的燃料颗粒都形成最疏松的排列。如气流速度再提高，这些燃料颗粒中的一部分就会浮动起来。C 点通称为流化点，其对应气流速度称为临界流化速度即 u_{mf}。过 C 点颗粒床层开始随着气流速度的提高而逐渐膨胀，到 D 点流态化已趋完全，全部燃料颗粒呈运动状态，此时床层阻力趋于定值。气流速度超过 u_t（E 点）时部分固体颗粒将被气体夹带而离开反应床，u_t 称为带出速度。以后介绍的流化床气化炉的实际操作气速通常控制在 u_{mf} 到 u_t 之间（此时的流动状态也称鼓泡床或者固定流化床，对于 0～8 mm 的颗粒，其操作气流速度通常小于 1 m/s）。

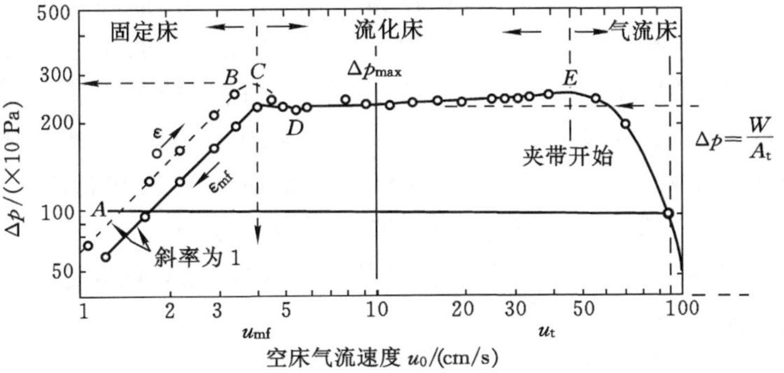

图 5-4　均匀砂粒床层的压降与气流速度的关系

实际上，流化床反应器除鼓泡床之外还有循环床（circulating fluid bed）和输送床反应器（transport reactor），其操作流速通常为鼓泡床的 2～3 倍以上。图 5-5 绘出了三种不同的流化床流型。可以看出，在循环床阶段气固间的速度差（又称滑移速度）最大，也就是说此时气固接触最强烈，从而反应速率最大。以此原理进行工作的循环流化床锅炉近期得到了很大的发展，同时鲁奇公司也开发了循环流化床气化炉。当气流速度很高时，气固间速度差为零，此时为气流床状态（entrained bed），气流床气化炉将在第六章介绍。

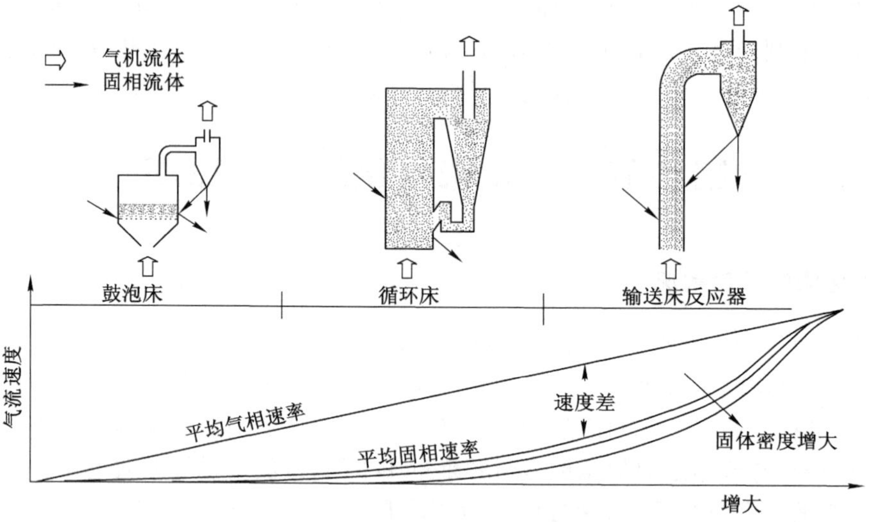

图 5-5　流化床流型图

二、临界流化速度的确定

关于临界流化速度的计算已有许多经验公式可以作为参考,需要时可参考相关资料。由于物料形状、颗粒大小比较难于量化,所以由经验公式计算出的结果难免不够准确。事实上,可以根据临界流化速度的定义,通过简单的实验就可以确定。

三、常压流化床煤气化过程分析

流化床气化采用 0～8 mm 的小颗粒煤作为气化原料,气化剂同时作为流化介质,通过流化床的气体分布板(炉栅)自下而上经过床层。根据所用原料的粒度分布和性质,控制气化剂的流速,使床内的原料煤全部处于流化状态,在剧烈的搅动和返混中,煤粒和气化剂充分接触,同时进行着化学反应和热量传递。利用碳燃烧放出的热量,进行煤粒的干燥、干馏和气化。生成的煤气在离开流化床床层时,夹带着大量细小颗粒(包括灰粒和部分未反应的碳粒)由炉顶离开气化炉,颗粒较大的渣粒由炉底排灰机构排出。

在流化床气化炉内,主要进行的反应有:碳的燃烧反应、二氧化碳还原反应、水蒸气分解反应及水煤气变换反应等。

(一) 流化床内反应层的分布

对流化床气化过程的研究表明,流化床中的气化与固定床很相似,仍分为氧化层和还原层。氧化层上面为还原层,还原层一直延伸到料层的上部界线。图 5-6 所示为无烟煤在流化床气化过程中的气体浓度及温度分布。可以看出:随着床层高度的增加,炉温逐渐下降,氧含量下降,且当氧含量下降时,CO_2 含量急剧上升。期间当 CO_2 含量下降时,CO 和 H_2 含量上升。

由于流化床中燃料颗粒的强烈运动,与固定床相比,流化床又有某些不同的特点。首先在流化床气化过程中,温度沿床层高度的变化比固定床平稳。图 5-7 所示为流化床和固定床中的温度分布。在固定床中,氧化层末端的气流温度最高;而在流化床中,颗粒与氧化剂强烈地混合，整个床层温度较均匀，且氧化层的最高温度比较低(避免在某局部点上温度超过煤的灰熔点，从而保证正常的流态化状态)，所以流化床经常在 850～950 ℃条件下进行气化。

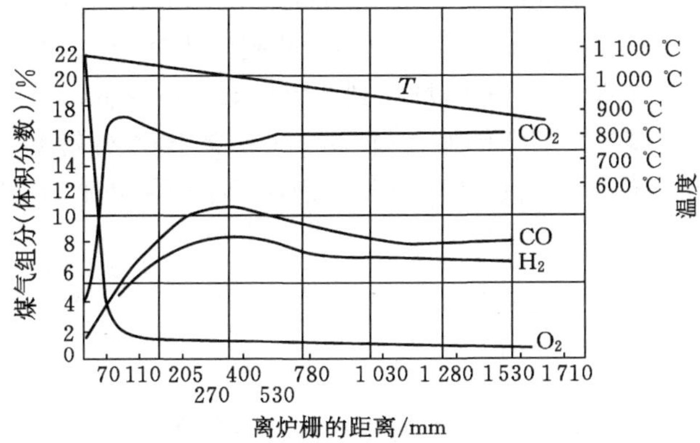

图 5-6　无烟煤流化床气化过程中的气体浓度和温度分布

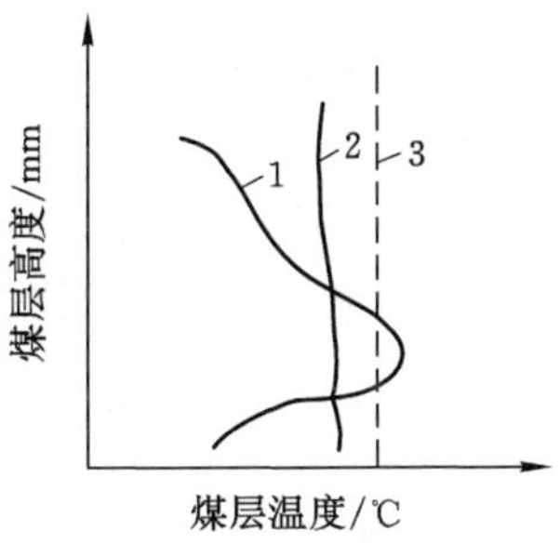

1—固定床；2—流化床；3—成渣的温度界线。

图 5-7　固定床和流化床中温度分布

相比而言，它既不如移动床气化炉那样有充分的气-固相反应时间，又不如气流床气化炉那样有很高的气化温度，所以流化床气化炉通常使用活性较高的原料，如褐煤或长焰煤。

(二) 床内颗粒充分混合的影响

流化床中的充分混合导致的第一个重要特点是：由于颗粒混合充分，反应完的煤灰与未反应完的颗粒混合在一起，为了使气化过程持续进行，必然要求炉内维持还原性气氛，即要求炉内物料应有相当高的含碳量，因而排出物中不可避免地含有较多的可燃组分。

流体床中的充分混合导致的第二个重要特点是：进入气化炉的燃料迅速地分布于炽热颗粒之间而受到突然的加热，燃料的干燥和干馏过程是在反应层中进行的，因而燃料受到充分而均匀的加热，使挥发分分解完全，其结果使煤气中甲烷和酚类很少，并且不含焦油。

流体床中的充分混合导致的第三个重要特点是：煤气出口温度与炉内温度差别很小，出炉煤气带走较多的热量，显热损失较大。因此，流化床气化热效率低于固定床。

(三) 带出物

由于入炉原料中有一部分细小颗粒，其自由沉降速度小于操作条件下的气流速度，同时在气化过程中颗粒也在不断缩小，因而以飞灰形式带出未气化燃料，损失相对较大。影响带出物多少的因素有气流速度、颗粒大小的分布、分离空间的高度、鼓风炉栅的有效截面等。

试验研究结果表明，颗粒带出物数量与气流速度的四次方成正比；与小颗粒含量的平方根成正比；与分离空间的高度成反比；与流化床静态高度成正比，因为随着静态高度的增加会出现气泡和活塞现象，这时即使其他条件相同，也会引起带出量的增加；与炉栅的有效截面成反比，有效截面越小，颗粒的带出量越大。

(四) 压力对气化过程的影响

近期开发的许多流化床气化方法中，大都采用加压流化床气化技术。这是因为加压流化床可减少固体燃料带出物的损失、提高气化强度、减小气化炉及设备的尺寸等，所以加压流化床气化是一个重要的发展方向。

随着反应器中压力的增加，由于气体密度的增加、线速度降低、反应区流体力学状态的变化，不仅使带出物数量大大减少，而且带出物的尺寸也减小了。

提高压力可以强化气化过程，生产能力约与高、低压比值的平方根成正比。例如，以蒸汽-空气为气化剂，气化含水分24.5%的1～1.6 mm的褐煤，在表压为0.05 MPa下进行气化时，气化强度从930 kg/(m^2·h)增加到2 650 kg/(m^2·h)；以蒸汽-氧气为气化剂，在表压为2 MPa下进行气化时，气化强度从1 050 kg/(m^2·h)增加到3 260 kg/(m^2·h)。

以蒸汽-空气为气化剂时，随压力增加，煤气中CO增加，CO_2和H_2减少，蒸汽分解率下降，产气率增加，带出物数量大幅度下降。当采用蒸汽-氧气为气化剂时，随压力增加，氧耗下降，煤气产率和干煤气热值提高。

四、流化床煤气化的特点

流化床气化有以下特点：

① 可直接利用碎粉煤，不用加工成型块(如移动床气化炉所要求)，也不用磨成细粉(如气流床气化炉所要求)，备煤加工费最低，正适合煤炭机械化开采水平提高后碎煤率增加的特点。

② 床内物料均匀，温度均匀，便于操作控制。

③ 气化强度较大。目前长期生产应用的直径5 m恩德炉，台炉产合成气已达4×10^4 m^3/h，相当于产氨9万t/a。

④ 可在炉料中添加固硫剂，从而实现固硫目的。

⑤ 煤气中酚及焦油含量少，简化了煤气净化及污水处理。

⑥ 炉内很少有机械运动及金属部件，维修工作量小。

⑦ 炉内反应温度一般不大于1 000 ℃，只需一般耐火材料就可以长期运行。

⑧ 对煤的灰含量的敏感性不大，在所有的气化方法中，最适合于高灰劣质煤的利用。

⑨ 由于操作温度低，氧耗量比气流床低，蒸汽消耗量比干式排灰的移动床低。

⑩ 在煤种上要求使用较高活性的煤和较高灰熔点的煤。

⑪ 排出灰渣及随煤气带出的飞灰含碳量高，损失较大。

⑫ 煤气的出口温度较高且带出物(飞灰)数量较大，由此带来了高温、高夹带物煤气的除尘问题，以及显热回收引起的余热锅炉的磨损问题。

五、流化床煤气化存在的问题及解决方法

常规流化床煤气化存在的主要问题是：只适合高活性煤；还原不充分，煤气热值低；排出的灰和飞灰含碳量高，"上吐下泻"，碳转化率低；高温、高夹带物煤气的除尘、热回收等。针对这些问题，近年来展开了大量技术研发工作，取得了一定的效果。

(1) 针对排灰含碳量高的问题，开发了灰团(熔)聚技术。

法国的L. Jequier等在20世纪50年代研究锥形喷射流化床气化时，发现了含碳较低的灰渣成团落下的现象，而联想到在气化炉的下部中心加设一个文氏管喷口(部分气化剂由此引入)，在此形成一个局部燃烧的高温区，燃烧后的炉渣在高温区内结团，依靠重力与炉料分离而后排出气化炉。他们进行了一些试验，也取得比较好的结果，但由于当时法国南部及北非天然气的开发，这项工作以一个美国专利和一篇论文而中止。在其论文的启发下，20世纪70年代初美国煤气工艺研究院开发了U-Gas炉，80年代中期中国科学院山西煤炭化学研究所开发了灰熔聚气化技术。

美国西屋公司开发的 KRW 气化是另一种形式的灰团聚气化工艺，该工艺采取载气带煤粉，配以气化剂形成燃烧火炬，喷燃气化中形成的灰渣团块，用底部回炉煤气形成的低速流化床将其分离排出。

在 HTW 炉和恩德炉开发中，采用了喷嘴组代替炉栅的锥形结构，只要把喷嘴的结构、布置及角度调整好，也可以在渣分离上起作用，炉渣含碳量控制在 15%以下。

当然灰团聚的工艺条件也不是很容易控制的，尤其是当使用灰渣特性变化大的煤时，难度要更大一些。对灰熔点高的煤应适当加入一些"助团聚"的物质。

(2) 对于煤气夹带细灰含碳高造成损失的问题，在新开发的流化床炉中多采用热旋风分离器，将飞灰回收后回送到炉内气化区燃烬。

有的气化炉，如 HTW、ГИАП-4 型炉和恩德炉，还在流化床层上部的自由空间通入二次风，以便将煤气夹带的煤粉和裂解产物进一步燃烬。但二次风的加入使气化炉上部的温度常高于炉内床层温度，飞灰中的软性煤粉都焦化变成砂性的半焦，易造成后部废热锅炉的严重磨损。恩德炉在废热锅炉前设置高效的热旋风除尘器并改进了废热锅炉的结构，在迎着气流方向增加了抗磨层，使这一问题得到较好的解决。

(3) 近年来许多粉煤流化床气化技术的开发工作是针对提高产品煤气热值进行的。

清华大学等开发的新型流化床气化炉，将加煤位置设在上部接近煤气出口处，尽力避免热值高的煤的挥发产物进一步裂解，采用热煤气预热鼓风空气，以提高煤气热值。北京科技大学开发了分区流化床，在一个区内通水蒸气产生水煤气，而在两边燃烧区进行燃烧提供气化的热物料。北京煤化学研究所与加拿大 SNC 集团公司、UBC 化工系合作开发的催化气化是用过热到 900 ℃的水蒸气作为气化剂，在加压的喷射床气化炉内生产高甲烷含量的民用煤气，该法与美国 Exxon 公司的催化气化有相似之处，添加催化剂后，明显地改进了气化状况，但催化剂的成本及回收是值得关注的问题。

第三节　流化床气化工艺

最早工业化的流化床气化炉是温克勒气化炉，该炉于 1926 年在德国投入运行，以后世界各地相继共建有约 70 台温克勒气化炉。由于常压的温克勒气化炉存在种种问题，至今只有少数气化炉在运行。针对这些问题，流化床气化炉向加压和提高气化温度方向发展，成功开发了多种新型的流化床煤气化工艺，如高温温克勒气化工艺、恩德气化工艺、灰熔聚气化工艺、U-Gas 气化工艺、KRW 气化工艺等，以下就前三种工艺做一简要介绍。

一、高温温克勒(HTW)气化工艺

20 世纪 70 年代，在常压温克勒气化技术的基础上，德国莱茵布朗褐煤公司开发了高温温克勒流化床气化技术(HTW)。

1986 年在德国贝伦拉特建立的示范装置，操作压力 1 MPa，其处理能力是 720 t/d，合成(甲醇用)气 37 000 m^3/h。1988 年另一套以泥炭为原料、生产合成氨用合成气的商业化装置投入运行，处理能力是干泥炭 650 t/d。

1989 年，用于联合循环发电(IGCC)的 HTW 气化炉投入运行，气化炉干褐煤处理量为 160 t/d，气化压力为 2.5 MPa，用空气或氧-蒸汽做气化剂，三年试运行累计 9 500 h，共气化

干褐煤 3 万 t,试验证明 HTW 气化炉性能可以满足联合循环发电的要求。

1992 年 4 月精心设计了 IGCC 示范装置,气化炉内径 3.7 m,处理能力 160 t/d,用空气做气化剂,操作压力为 2.7 MPa。经净化后煤气进燃气轮机发电 212 MW,余热回收,蒸汽供蒸汽轮机发电 155 MW,合计发电 367 MW,于 1996 年投入运行。目前均已停运。

HTW 煤气化示范装置工艺流程见图 5-8。粒度小于 6 mm 的原料煤,干燥到水分含量约 12%,合格的粉煤储存在煤斗,煤经串联的几个煤锁斗逐渐下移,经螺旋给煤机从气化炉下部进入炉内,被由气化炉底部吹入的气化剂(氧气/蒸汽)流化发生气化反应生成煤气,热煤气夹带细煤粉和灰尘上升,在炉体上部继续反应。从气化炉出来的粗煤气经一级旋风分离器除尘。一级旋风分离器捕集的细粉循环入炉,二级旋风分离器捕集的细粉经灰锁斗系统排出。除尘后的煤气进入废热锅炉,被冷却到 350 ℃,同时产生中压蒸汽,然后煤气顺序进入激冷器、文丘里洗涤器和水洗塔,使煤气降温并除尘。炉底灰渣经内冷却螺旋排渣机排入灰锁斗,经螺旋排渣排出。

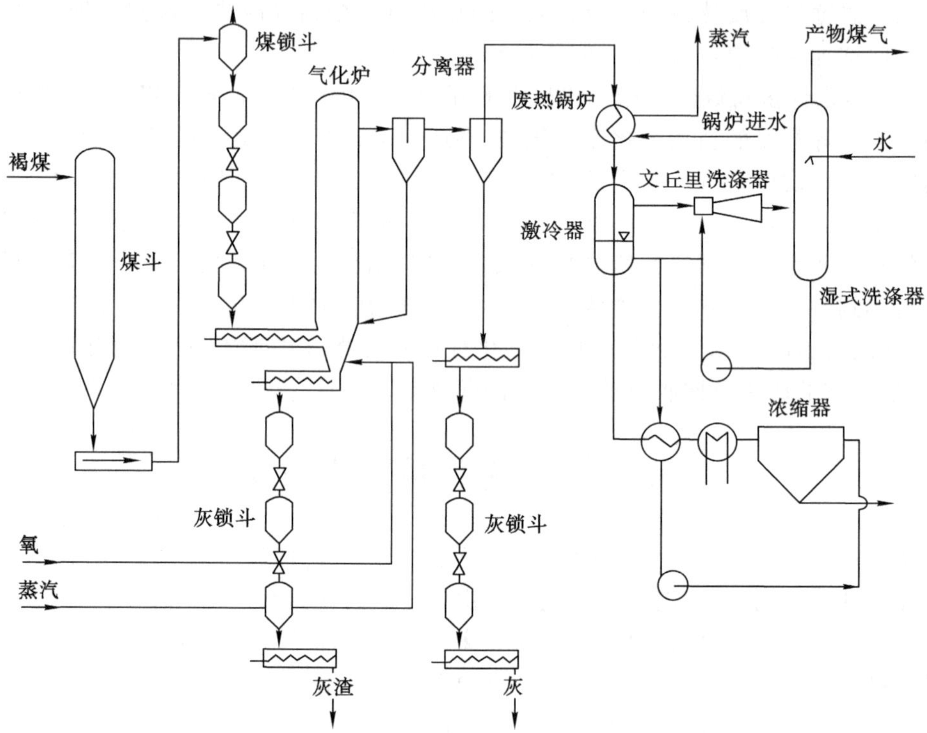

图 5-8　HTW 煤气化示范装置工艺流程图

HTW 气化技术除保留了传统温克勒气化炉结构简单的优点外,还具有以下特点:

① 操作温度由原来的 900～950 ℃提高到 950～1 100 ℃,因而提高了碳转化率,增加了煤气产出率,降低了煤气中甲烷含量,氧耗量减少;

② 操作压力由常压提高到 1.0 MPa,因而提高了反应速度和气化炉的生产能力;

③ 气化炉粗煤气带出的固体粉尘,经分离后返回气化炉循环利用,使排出灰渣中含碳量降低,碳转化率显著提高,可以气化含灰量高(＞20%)的次烟煤。

HTW 气化炉典型实验数据见表 5-1。

表 5-1　HTW 气化炉典型实验数据

原料比消耗	莱茵褐煤		Pittsburgh No. 8	
	氧气/蒸汽	空气/蒸汽	氧气/蒸汽	空气/蒸汽
氧气/(m^3/t)	388	—	585	—
空气/(m^3/t)	—	2 328	—	3 480
蒸汽/(t/t)	0.36	0.19	0.68	0.73
煤气高热值/(MJ/m^3)	10.1	4.8	11.3	4.2
碳转化率/%	95.2	94.9	91.0	92.5
冷煤气效率/%	81.8	72.5	76.0	63.0

HTW 炉要求活性高、灰软化温度高的原料煤，褐煤和长焰煤是最适宜的原料，可直接使用 0～10 mm 的原煤，而不必筛分，入炉煤水分一般要求小于 12%。

二、恩德气化工艺

恩德粉煤流化床气化技术是 20 世纪 50 年代朝鲜恩德"七・七"联合企业引进温克勒流化床煤炭气化技术后，结合本国实际，经多次革新改造后，逐步完善形成的流化床煤气化技术。1996 年，辽宁抚顺黎明机械厂经考察论证，与朝鲜平壤技术贸易中心合作成立了中外合作抚顺恩德煤气炉制造安装有限公司（现改为抚顺恩德机械有限公司），将该技术引进我国。2001 年 2 月在江西省景德镇市焦化煤气总厂建成投产了一台产气量 10 000 m^3 工业示范的恩德炉，以空气和蒸汽为气化剂，生产空气煤气供给炼焦炉加热用燃气，现在已有多套气化炉进入商业化运行，生产的煤气用于合成氨或做燃料气。图 5-9 为恩德气化装置示意图。

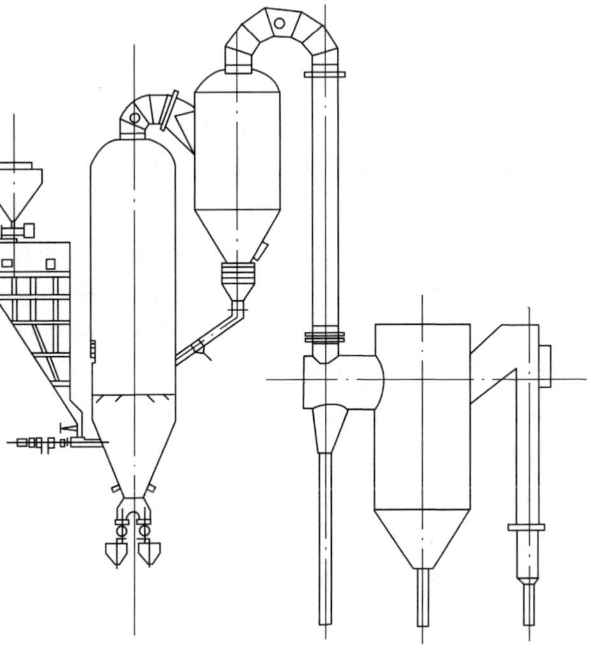

图 5-9　恩德气化装置示意图

合格的粉煤(水含量<8%,粒度<10 mm)由储煤槽经螺旋加煤机送入气化炉底部锥体段,富氧空气和蒸汽混合后分两路分别由一次喷嘴和二次喷嘴进入气化炉。粉煤和气化剂在气化炉内反应生成煤气,反应温度控制在 950～1 050 ℃,压力控制在 10～13 kPa。灰渣由炉底螺旋排灰机排出。生成的粗煤气先进入干式旋风分离器,煤气中 50%以上的粉尘在此分离,并通过底部回流管返回气化炉。由旋风分离器出来的煤气(880～930 ℃)再进入废热锅炉,经饱和段、过热段和省煤器回收热量后,温度降至 240 ℃左右,再经煤气冷却塔、洗涤塔、文丘里管、湿式旋风分离器,温度降至 50 ℃左右,含尘量降至 60 mg/m^3 以下,进入煤气柜。

恩德粉煤流化床气化炉与温克勒炉相比,具有如下特点:

① 气化强度大,目前单炉最高煤气产量 4×10^4 m^3/h;

② 出口增设干式旋风除尘器,将煤气夹带的细煤粒和热灰回收,返回气化炉内,使碳转化率提高到 90%以上;

③ 煤气中有效成分含量较高,可达 70%左右;

④ 三废处理简单,环境影响小;

⑤ 建设周期短,工艺设备已完全国产化,投资省。

恩德炉气化技术最适宜煤种为褐煤、长焰煤、不黏煤和弱黏结性烟煤。对煤质的要求如下:

① CO_2反应性要高,最好是 950 ℃时,$\alpha>85\%$;1 000 ℃时,$\alpha>95\%$。

② 灰软化温度 ST 一般要求>1 250 ℃。

③ 灰分<40%。

④ 焦渣特性 1～4 之间。

⑤ 入炉煤水分<8%,粒度<10 mm。

三、灰熔聚气化技术

中国科学院山西煤炭化学研究所从 20 世纪 80 年代初开展了灰熔聚流化床粉煤气化技术(简称 ICC 工艺)的研发,1985 年年底建成处理量为 1 t/d、直径 300 mm 的试验装置。日处理煤 24 t/d、直径 1 000 mm 的试验装置于 1990 年投入试验,累计运行试验时间近 1 000 h。2001 年 6 月在陕西省城化股份有限公司进行了 100 t/d 煤灰熔聚流化床粉煤气化制合成气的工业示范装置试验。气化炉下部直径 2.4 m,上部直径 3.6 m,高 15 m,气化压力 0.03 MPa,气化温度 1 000～1 100 ℃,气化炉内衬采用耐热耐磨材料。

图 5-10 是 ICC 工艺示范装置工艺流程图。

合格的原料煤经煤锁斗系统,由螺旋给料器输送进入气化炉下部。气化剂分三路由分布板、环形管和中心射流管进入气化炉。煤与气化剂在气化炉内反应生成煤气。高温煤气带出的飞灰,大部分经一级旋风分离器捕集,返回气化炉进一步气化,二级旋风分离器捕集到的少量飞灰排出。除尘后的热煤气依次进入废热锅炉、蒸汽过热器和脱氧水预热器回收热量,再经洗涤塔净化冷却,送至下一工序。

该工艺的主要特点如下:

① 气化剂分三路由分布板、环形管、中心射流管进入气化炉;

② 操作温度适中,气化炉结构简单,为单段流化床;

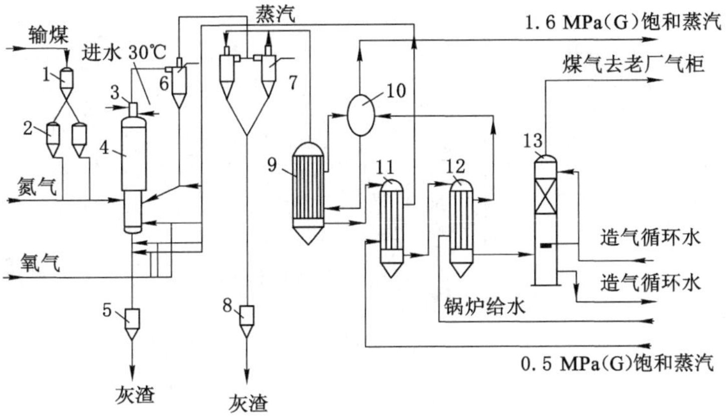

1—煤锁;2—中间料仓;3—气体冷却器;4—气化炉;5—灰锁;6—一级旋风分离器;7—二级旋风分离器;
8—二旋下灰斗;9—废热回收器;10—汽包;11—蒸汽过热器;12—脱氧水预热器;13—洗气塔。

图 5-10 ICC 工艺示范装置工艺流程图

③ 灰团聚成球,借助重量的差异与半焦有效分离,排灰含碳量低(<10%);

④ 炉内形成一局部高温区,气化强度高;

⑤ 飞灰经旋风除尘器收集后返回气化炉,循环转化,碳利用率高;

⑥ 产品气中不含焦油,洗涤废水含酚量低,净化简单。

2002 年 8 月至 2003 年 8 月,陕西秦晋煤气化工程设备有限公司、陕西城化股份有限公司、陕西联合煤气化工程技术有限公司与中国科学院山西煤炭化学研究所合作共同设计制造了新型结构的灰熔聚循环流化床粉煤多元气化工业生产装置。该技术的工业化示范装置(≤0.5 MPa)于 2002 年 3 月通过了由陕西省科技厅主持的工业科技成果鉴定和验收。

该工艺与一般流化床粉煤气化技术的不同之处,主要是设计了新型结构的气化剂分布器,在炉床内形成局部高温区,使灰渣在高温区内相互黏结成球;同时在床层底部设计了灰的黏聚分离装置,借助重量的差异达到灰球与煤粒的分离,降低灰渣的含碳量,提高了碳的利用率。

该技术煤种适应性较广。已试验过褐煤、冶金焦、无烟煤、贫煤、瘦煤、气煤、石油焦及多种高灰煤;入炉煤粒径 0~8 mm,小于 1 mm 细粉占比小于 20%,最好控制在 10%以下;入炉煤水分要求烟煤<5%,褐煤<12%,灰分要求 1%~37.88%,灰熔融性温度在 1 160~1 500 ℃以上,挥发分为 6.15%~32.15%,热值为 15.24~36.15 MJ/kg,焦渣特性(CRI)为 2~6。

从 1994 年起,中国科学院山西煤炭化学研究所也进行了加压灰熔聚流化床气化技术小型装置的研究开发,气化炉设计压力为 1.5 MPa(表压),直径为 200 mm(现改为 300 mm),处理能力为 3 t/d,完成了神木煤、无烟煤和石油焦加压气化试验。加压中试技术平台气化炉内径为 800 mm,操作压力为 1.0~3.0 MPa,日处理煤量为 50~100 t。图 5-11 为加压灰熔聚流化床粉煤气化中试装置工艺流程图。

表 5-2 为陕西城化工业示范装置运行情况。

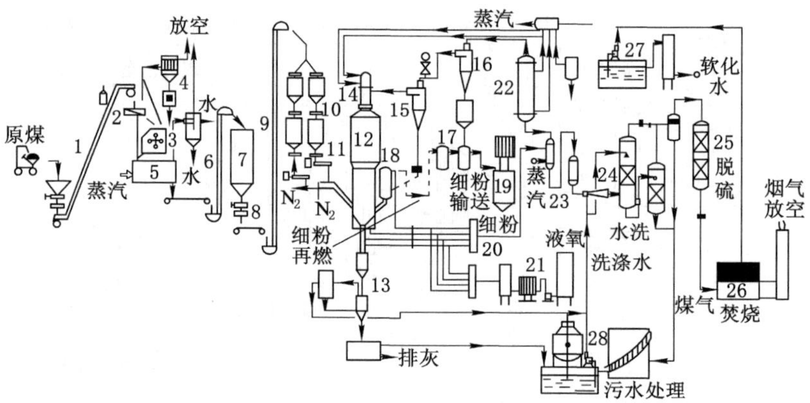

1—胶带输送机；2—振筛机；3—破碎机；4—除尘器；5—干燥器；6—斗式提升机；
7—煤仓；8—给料器；9—斗式提升机；10—锁系统；11—旋转给料机；12—气化炉；
13—灰锁系统；14—炉顶换热器；15—一级旋风器；16—二级旋风器；
17—细粉收集及输送系统；18—高温细粉再气化炉；19—细粉仓；20—蒸汽/氧气分气缸；
21—供氧系统；22—废热锅炉；23—蒸汽/软化水预热器；24—水洗塔；25—脱硫塔；
26—煤气焚烧炉；27—软化水系统；28—循化水净化系统。

图 5-11　加压灰熔聚流化床粉煤气化中试装置工艺流程示意图

表 5-2　陕西城化工业示范装置运行情况

项　　目	设计指标	考核期平均值	最高值
进煤量/(t/h)	4.20	4.30	4.50
进氧量/(m^3/h)	2 000	1 700	1 800
进蒸汽量/(t/h)	4.20	3.86	4.10
($CO+H_2$)含量/%	≥68	68.5	72.96
碳转化率/%	>85.0	90.6	93.1
灰渣含碳量/%	<10	7.81	4.73
煤气产量/(m^3/h)	9 000	8 851	9 570
废锅产汽/(t/h)	4.10	4.50	4.65

课程资源

思　考　题

1. 什么是流化床气化？
2. 锥形喷射流化床有何特点？
3. 流化床气化相比移动床气化有何优势？
4. 在流化床气化炉内，主要进行的反应有哪些？

5. 简述随着床层高度的增加，炉温、O_2 含量、CO_2 含量的变化。在 CO_2 含量下降时，CO 和 H_2 的含量如何变化？

6. 简述常压流化床煤气化的过程。

7. 请说明下图 1、2 两条曲线分别代表何种气化技术以及 3 是哪种界线，并说明理由。

8. 流化床煤气化过程中的床层颗粒混合极其充分，这对煤气化过程有什么影响？

9. 流化床气化中，带出物的多少受什么影响？

10. 简要叙述流化床煤气化的特点。

11. 简要叙述流化床煤气化存在的问题及解决的方法。

12. 流化床气化对气体流速有何要求？

13. 简要叙述压力对流化床气化过程的影响。

14. 加压流化床与常压流化床相比有何优势？

15. 简要叙述流化床气化对原料的要求。

16. 低温温克勒炉的气化工艺和技术特点是什么？

17. 请画出常温温克勒气化工艺流程示意图。

18. 简要叙述常温温克勒工艺的工艺条件。

19. 叙述流化床气化过程中的流体力学条件。

20. 影响临界流化速度的因素有哪些？

21. 常温温克勒炉的气化工艺由哪四个部分组成？

22. 高温温克勒炉的气化工艺和技术特点是什么？

23. 简要叙述灰熔聚技术的本质。

24. 简要叙述灰熔聚技术与一般的流化床技术的不同之处。

25. 在灰熔聚技术中，如何实现局部高温区？

26. U-GAS 气化工艺和特点是什么？

27. 简要叙述 KRW 工艺与 U-GAS 工艺的不同点。

28. 简要叙述 ICC 气化工艺的特点。

29. 循环流化床的本质是什么？

30. 简述循环流化床的气化工艺和特点。

第六章　气流床气化

第一节　概　　述

气流床气化技术是将煤制成煤粉或煤浆，通过气化剂夹带，由特殊的喷嘴喷入炉内进行瞬间气化的方法。对于气流床气化方法的研究，最为成熟的是柯柏斯-托切克(Koppers-Totzek)法，该法早已实现工业化。德士古(Texaco)法属于第二代气流床气化方法，也早已开发成功。气流床反应器结构简单，内件较少，但煤气出口温度高，必须考虑回收显热，否则热效率过低。

现代气流床气化的共同点是加压(3.0～6.5 MPa)、高温、细煤粒，但在煤处理、进料形态与方式、实现混合、炉壳内衬、排渣、余热回收等技术单元存在不同，从而形成了不同风格的技术流派。气流床对煤种(烟煤、无烟煤)、粒度、含硫量、含灰量都具有较大的兼容性，其清洁、高效的特点代表着当今煤气化技术的发展潮流。目前最具代表性的气流床气化技术有美国的 Texaco 水煤浆加压气化技术和荷兰的 Shell 干煤粉加压气化技术；另外，还有与上述气流床气化技术相似的 Destec 水煤浆加压两段式气化技术及 Prenflo 干煤粉气化技术。

气流床按不同的分类方法可以分为：① 按进料形式：干煤粉和水煤浆气流床；② 按气流方式：上行、下行气流床；③ 按工艺流程：废锅流程和直接水激冷气流床；④ 按喷嘴数量：单喷嘴和多喷嘴气流床；⑤ 按耐火材料：耐热砖和水冷壁气流床；⑥ 按进料方式：一段和两段气流床。

气流床气化的特点：

① 气流床的特点：操作温度高，液态排渣，使用细煤粉和纯氧，单炉生产能力大，高速的瞬间气化反应，合成气中无重烃、焦油。

② 气流床气化的主要优点：煤种适应范围较宽，水煤浆气化炉一般情况下不宜气化褐煤(成浆困难)，工艺灵活，合成气质量高，产品气适用于化工合成、制氢和联合循环发电等；气化压力高，生产能力高；不污染环境，“三废”处理较方便。

③ 气流床气化工艺的主要缺点是：高温气化为使灰渣易于排出，要求所用煤灰熔点低(小于 1 300 ℃)、含灰量低(低于 10%～15%)，否则需加入助熔剂(CaO 或 Fe_2O_3)，增加运行成本。这一点特别不利于我国煤种的使用。此外，高温气化炉耐火材料和喷嘴均在高温下工作，寿命短、价格昂贵、投资高，气化炉在高温运行，氧耗高，也提高了煤气生产成本。

第二节　气流床气化的基本原理

一、基本原理

气流床气化就是将气化剂（氧气和水蒸气）夹带着煤粉，通过特殊喷嘴喷入炉膛内。在高温辐射作用下，氧煤混合物瞬间着火、迅速燃烧，产生大量热量，火焰中心温度高达2 000 ℃。煤粉立即气化，所有的干馏产物均迅速分解，转化成含一氧化碳和氢的水煤气及熔渣。

在气流床中进行的自热式火焰型反应主要有：

$$C_mH_n+(m+\frac{n}{4})O_2 = mCO_2+\frac{n}{2}H_2O$$

$$C+O_2 = CO_2$$

$$C+CO_2 = 2CO$$

$$C+H_2O(g) = CO+H_2$$

$$CO+H_2O(g) = CO_2+H_2$$

煤粉被气化剂夹带通过特殊的喷嘴进入反应器，瞬时着火，形成火焰，温度高达2 000 ℃。煤粉和气化剂在火焰中做并流流动，煤粉急速燃烧和气化，反应时间只有几秒，可以认为放热与吸热反应几乎是同时进行的，在火焰端部，即煤气离开气化炉之前，碳已全部耗尽。煤粉气流床气化过程原理示意图见图 6-1。

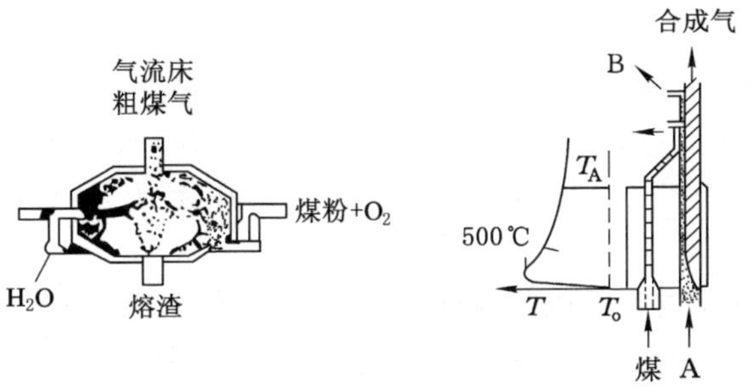

图 6-1　煤粉气流床气化过程原理示意图

在高温下，所有的干馏产物都被分解，只含有很少量的 CH_4（0.02%），而且煤颗粒各自被气流隔开，单独地裂解、膨胀、软化、烧尽直到形成熔渣，而与邻近的煤粒毫不相干，因此煤黏结性对煤气化过程没有什么影响。煤中灰分以熔渣形式排出炉外。所以，气流床气化除了对熔渣的黏温特性有一定要求外，原则上可适用于所有煤种。

在部分氧化条件卜，煤燃烧生成 CO_2 和 H_2O 之外还生成 CO 和 H_2（通过部分氧化反应 $C_mH_n+m/2O_2 = mCO+n/2H_2$），粉煤中剩余的碳与 CO_2、水蒸气进行气化反应，生成 CO 和 H_2，所以气化所得的煤气中含有 CO、H_2、CO_2、H_2O 四个组分，而且在高温下（1 500 ℃以上）由反应（$CO+H_2O \longrightarrow CO_2+H_2$）的平衡确定煤气组成。

粉煤和气化剂进行并流气化，反应物之间的相对速度小，接触时间短，为了提高反应速度，强化生产，除了采用很高的反应温度外，还用纯氧-蒸气作为气化剂，而且粉煤磨得很细，为增加反应表面积，一般要求70%以上的煤粉通过小于75 μm(200网目)筛孔。

二、气化特性

气流床气化具有并流运动和自热式气化的特点，气化过程向着反应物浓度降低的方向进行，碳的损失是不可避免的。煤粒气化的热量由自身的燃烧反应提供。当煤粉和气化剂一起喷入气化炉内后，因炉内高温辐射，温度迅速上升，在析出挥发分后变成焦粒。挥发分析出所形成的干馏煤气立即与气化剂中的氧气混合燃烧，生成二氧化碳和水蒸气，同时放出大量的热，此反应速度极快，约在百分之几秒内就可完成。焦粒和气化剂中剩余的氧气继续反应，生成二氧化碳和一氧化碳，并放出大量的热量。碳与氧的反应将进行到气化剂中的氧气完全耗尽为止，产生的热量提供二氧化碳的还原反应和水蒸气的分解反应。影响这两个吸热反应进行程度的主要因素是提供的热量、反应的速度常数、碳粒的总表面积、气体中二氧化碳和水蒸气的浓度。随着气化反应的不断进行，吸收热量使反应温度降低，反应的速度常数也减小，碳的总表面积、气体中二氧化碳和水蒸气浓度因不断消耗也在急剧下降。因此，在设计的反应时间内(1 s左右)要使碳粒依靠自热尽可能地完全气化，必须采取相应的措施，这就构成了煤粉气流床气化的一般特性。

1. 用纯氧和水蒸气做气化剂

采用纯氧而不采用空气，避免了大量的氮气进入气化炉内，可维持较高的反应温度，有利于碳粒的完全气化；相对提高了二氧化碳和水蒸气的浓度，加速了气化反应；生成的一氧化碳和氢气浓度提高，改善了煤气的质量；没有大量氮气带走热量，大大减少了煤气的显热，有利于吸热气化反应的进行。

2. 选择合适的煤种

就气流床气化本身而言，由于其炉内温度很高，内火焰中心温度可达2 000 ℃，气化炉中部温度亦达1 500～1 600 ℃，因此，从技术上讲可适用于任何煤种，但从经济上讲，并非完全如此。

在气流床气化中，总反应速度的控制步骤为动力学控制。因此，选用反应活性高的煤种如褐煤等，有利于气化反应的进行。此外，在选择煤种时，还应考虑煤灰熔点的影响，灰熔点低的煤比较理想，当选用煤灰熔点较高，或液渣黏温特性不够理想的煤时，可添加助熔剂或配入低灰熔点的煤加以改善。

3. 粉煤进料

由于反应物在离开火焰高温区后，气化反应的速度大大降低，因此，原料煤粒度越细越好。颗粒小，比表面积大，气化速度快，反应时间短，碳转化率高。一般要求70%以上的煤粉通过200网目筛。

4. 采用高压气化

在高压下，生产能力提高，气相分压增大，气化反应加快，停留时间延长，使碳转化率提高，生产能力提高。因此，近年来世界各国研究粉煤气化时普遍采用高压粉煤气化炉。

5. 液态排渣

在气流床气化过程中，气流中夹带的大量灰分，通过熔融灰分颗粒间的相互碰撞，逐渐结团、长大，从气流中得到分离或黏结在气化炉壁上，并沿炉壁向下流动，以熔融状态排出气化炉。经过高温的炉渣，大多为惰性物质，无毒、无害。由于是液态排渣，要保证气化炉的稳定操作，气化炉的操作温度一般在灰的流动温度（FT）以上，原料煤的灰熔点越高，要求气化操作温度也就越高，这样势必会造成气化中氧气的消耗量增加，影响气化运行的经济性，因此，使用低灰熔点煤是有利的。

6. 配置辅助设施

气流床气化中，通常采用辅助设施与气流床气化炉相配合。辅助设施包括制粉（制浆）系统、废热回收和除尘冷却系统。

三、工艺条件的确定

1. 温度

温度对化学反应速度和化学平衡的影响十分显著。在气流床气化炉中，炉内温度的提高，一方面使气化反应的速度常数增大，反应速度加快，有助于碳的瞬间完全气化；另一方面，温度有利于吸热反应的平衡转化率的提高，使水蒸气分解反应的平衡朝着有利于生成一氧化碳和氢气的方向移动，改善煤气质量。但是，炉温的提高也必须考虑气化炉的耐火材料、液渣的顺利排放和高温煤气的显热回收等问题。此外，气化炉的温度并不是一个独立的条件，通常采用改变氧煤比或蒸汽煤比的方法来调节气化炉温度。

2. 氧煤比

在粉煤气化中，氧煤比是最重要的反应条件，而氧耗又是主要的经济指标，所以，氧煤比是控制气化过程的主要手段之一。

由粉煤部分氧化的化学方程式可知：

$$C_mH_n+\frac{m}{2}O_2 = mCO+\frac{n}{2}H_2+热量$$

氧的理论用量应该是氧原子数与煤中的碳原子数相等。这样，煤中的碳通过部分氧化全部转化为煤气中的一氧化碳。如果氧的用量大于这个比值，则一部分碳将被完全氧化，转变为二氧化碳。因此，按原子数比计，氧与碳之比（O/C）最高不大于 1。然而，煤粉在火焰中反应时，大量的一氧化碳和氢气是由以下反应生成的：

$$C+CO_2 = 2CO$$

$$C+H_2O(g) = CO+H_2$$

这两个反应比完全氧化反应慢得多，所需的反应时间为完全氧化反应时间的数百倍。因此，按照理论用量供入氧气，会有一部分煤粉进行完全氧化而生成二氧化碳和水蒸气。但当气化剂中加入水蒸气或二氧化碳时，可以提高上述两个还原反应的速度，并且其结果也生成了一氧化碳和氢气。换言之，水蒸气或二氧化碳中的氧原子代替了一分子氧气的作用，使氧耗降低，这样，由水蒸气或二氧化碳带入的氧原子数应计算在 O/C 比值内，因此实际的 O/C 比值超过 1，但氧气的用量可以低于理论值。

氧煤比对气化过程同时存在两方面的影响：一方面，氧煤比的提高使燃烧反应放出的热量增加，提高了反应温度，有利于二氧化碳还原反应和水蒸气分解反应的进行，从而增加了煤气中的有效成分，提高了碳的转化率；另一方面，氧煤比的提高，使燃烧反应直接生成的二氧化碳和水蒸气的量也增加，从而增加了煤气中的无用成分。因此，考虑到以上两方面的因素，在其他条件一定时，有一个最佳的氧煤比，此时，可得到最好的气化结果。

氧煤比对粉煤气化性能的影响分别见图 6-2、图 6-3 和图 6-4。

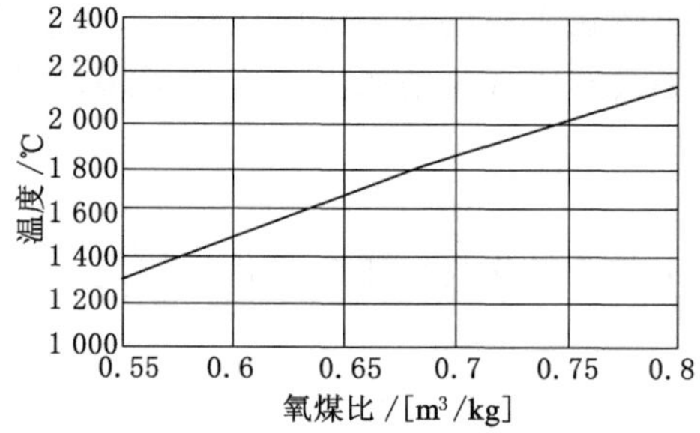

图 6-2　氧煤比与气化温度的关系

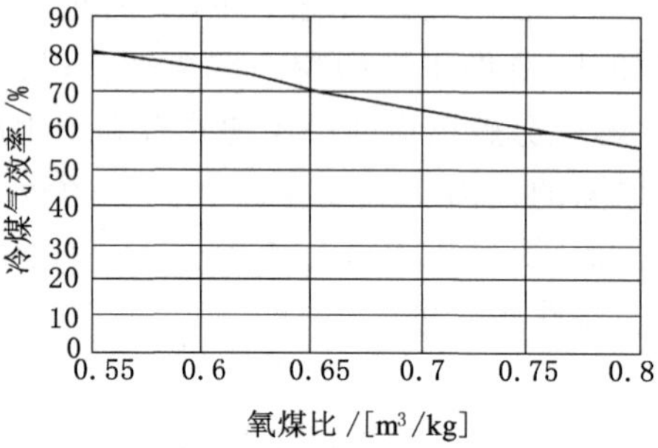

图 6-3　氧煤比对冷煤气效率的影响

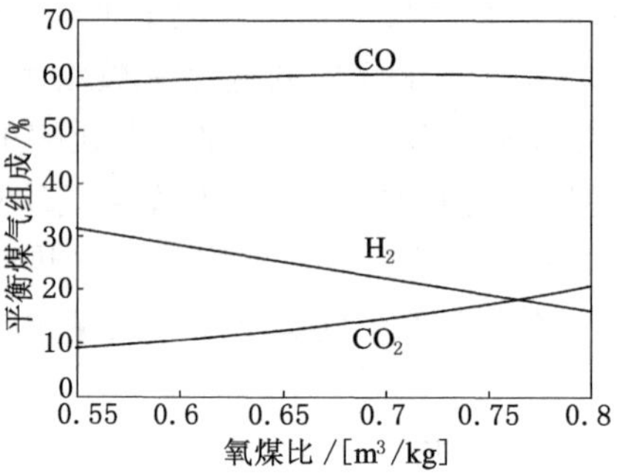

图 6-4　氧煤比对平衡煤气组成的影响

3. 蒸汽煤比

在气化剂中加入适量的水蒸气可增加煤气中的氢气含量，降低氧耗，并使炉温控制在一适宜的范围内。但是，蒸汽煤比也不宜太高，否则，炉温过低将不利于气化反应的进行。因此，水蒸气的加入量与粉煤的水分以及生成煤气组成的要求有关。蒸汽煤比对碳的转化率影响较小，但会影响煤气中氢气与一氧化碳的含量。

在氧煤比一定的条件下，蒸汽煤比对粉煤气化性能的影响见图 6-5、图 6-6 和图 6-7。图 6-5中氧煤比为 0.6 m^3/kg。在氧煤比不变的条件下，随着蒸汽煤比的增加，气化温度降低，平衡煤气组成向 CO_2 增加的方向进行，H_2 含量增高，CO 含量降低，煤气有效组成（$CO+H_2$）含量降低。

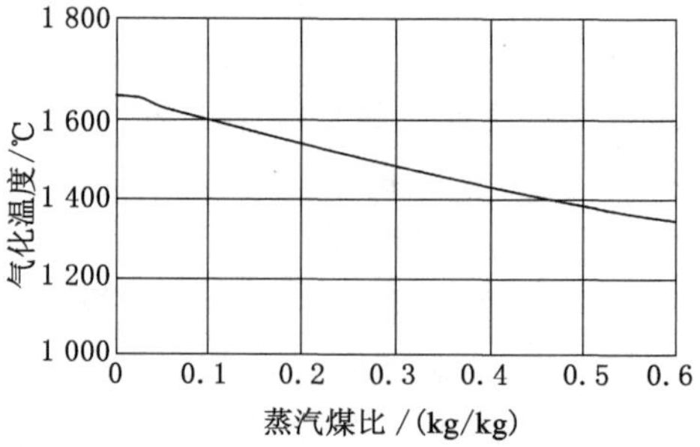

图 6-5　蒸汽煤比与气化温度的关系

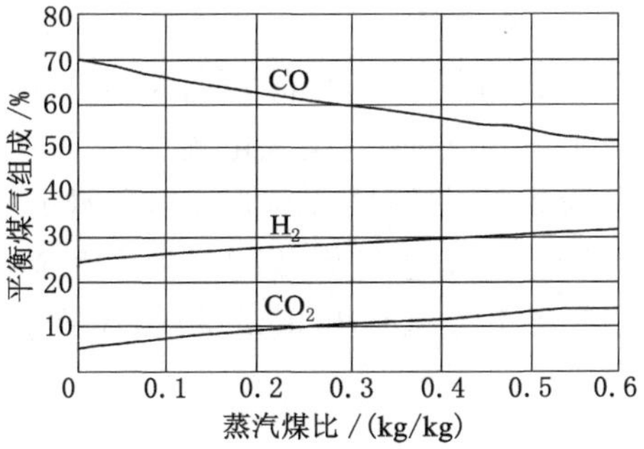

图 6-6 蒸汽煤比对平衡煤气组成的影响

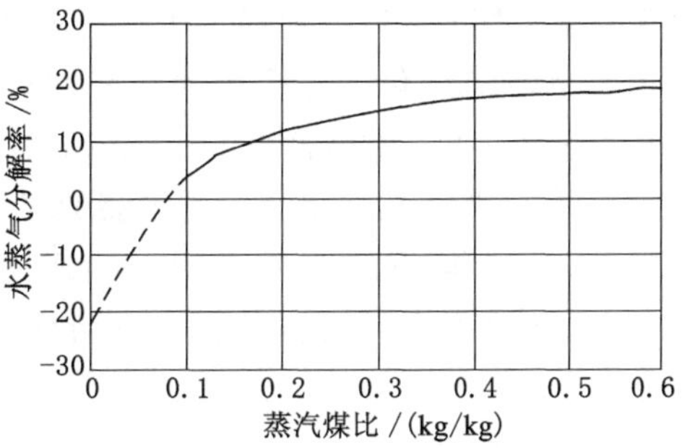

图 6-7 蒸汽煤比与水蒸气分解率的关系

由图 6-6 和图 6-7 可以看出，在较低的蒸汽煤比条件下，由于气化温度较高，抑制了水煤气的变换反应，进入气化系统的水分和蒸汽的分解率出现了负值，也就是说煤中的氢与 CO_2 反应生成了 CO 和 H_2O。由于粉煤气化一般是液态排渣，气化操作温度较高。因此，在粉煤气化过程中，蒸汽的加入量主要用于调节气化操作温度，蒸汽加入量过多反而造成蒸汽的浪费。

第三节 干煤粉进料加压气化技术

一、发展历史

第一代使用干法粉煤气化技术的是 K-T 炉，目前在南非和印度等国仍有部分装置在运行，该炉型为常压气化，已基本停止发展。我国 20 世纪 80 年代由西北化工研究院在临潼完成了 K-T 炉的中间试验，后在山东黄县某化肥厂建设了一套同类示范装置，因气化炉耐火材料等问题而中止开发。同时广西化工研究所在某小化肥厂建设一套涡流式粉煤气化中试装置，后因各种原因也未完成开发任务。

从 20 世纪 80 年代起国外开始进行第二代干法粉煤气化工艺的开发研究，即干法粉煤进料的加压气化技术。最先由荷兰的 Shell 公司和德国的 Krupp-koppers 合作开发 Shell-Koppers 气化工艺。第一套投煤量 6 t/d 的小试装置建在荷兰的阿姆斯特丹，主要是探索 Shell-Koppers 煤气化工艺的基本原理、测试原料处理方式及不同煤种的气化行为，共进行了 21 种原料煤的气化实验，累计运行 13 000 h。1978 年又在德国的 Harburg 建成一套投煤量为 150 t/d、操作压力为 3.0 MPa 的试验装置，共进行了 6 000 多小时的运行试验，其中包括 1 000 h 的连续运转，完成了工艺开发和过程优化任务。主要工艺特点是密封料斗进煤和粉煤浓相输送技术，气化炉采用水冷壁结构。在完成该装置的技术开发研究之后两合作者开始单独开发干法气化工艺。Shell 公司进行 SCGP 气化工艺研究，Krupp-Koppers 进行 Prenflo 的粉煤加压气化工艺研究。

1987 年 Shell 公司在美国的休斯敦附近 DeerPark 建成了一套投煤量为 250～400 t/d 示范装置，主要任务是验证 SCGP 工艺技术，包括工艺特性和设备可靠性，开发工业化生产的操作运行经验，试验各种煤种的适应性。该装置累计运行 15 000 多小时，其中连续运转时间为 1 500 多小时，共试烧了褐煤、次烟煤、烟煤、石油焦等不同水分、灰分、灰熔点的 16

个煤种，为工业化生产装置提供了可靠的依据。

经对各种煤气化工艺的技术经济性进行详细的分析、研究比较，荷兰国家电力局采用 SCGP 工艺于 1993 年年底在 Demkolec 南部的 Bug genum 建成一座发电能力为 300 MW 的煤气化联合循环发电装置，气化装置的设计能力为单炉投煤量 2 000 t/d，气化压力为 2.8 MPa。生产运行的结果表明：SCGP 工艺碳的转化率高达 99% 以上，生产负荷可在 40%～100%之间进行调整，气化装置的运转率在 95%以上。SCGP(shell)粗煤气的主要组成见表 6-1。

表 6-1　SCGP 粗煤气的主要组成

组　分	CO	H_2	CO_2	CH_4	N_2+Ar	H_2S+CO
体积分数/%	65	30	1.6	<0.1	2.5	0.9

1986 年 Krupp-Koppers 在萨布吕肯郊区建成一座投煤量为 48 t/d、气化压力为 3.0 MPa的 Prenflo 中试装置，该工艺的气化炉形式和常压 K-T 炉基本相似，是在常压 K-T 炉工艺技术的基础上开发的加压气化工艺，它的一项重大技术改进是从一个加压密封的加煤斗引出两根输煤管，分别把煤粉送至和气化炉相对称的两个炉头所安装的喷嘴将煤粉加入气化炉。

该装置共进行了 20 多次试验，累计运行了 2 000 多小时，试验了不同水分、灰分、硫分、反应活性的多个煤种，气化炉采用水冷壁结构。经过两年的试验研究，在完成了各项试验任务后又在西班牙的 Puertollano 建立了一套新装置。

Prenflo 工艺的主要试验结果见表 6-2。

表 6-2　Prenflo 工艺的主要试验结果

<table>
<tr><th colspan="2">项　目</th><th>试验结果</th><th>项　目</th><th>试验结果</th></tr>
<tr><td rowspan="12">煤气组成/%</td><td rowspan="2">CO</td><td rowspan="2">65.3</td><td rowspan="3">冷煤气效率/%</td><td rowspan="3">82.5</td></tr>
<tr></tr>
<tr><td rowspan="2">H_2</td><td rowspan="2">31.6</td></tr>
<tr><td rowspan="3">碳转化率/%</td><td rowspan="3">99</td></tr>
<tr><td rowspan="2">CO_2</td><td rowspan="2">2.0</td></tr>
<tr></tr>
<tr><td rowspan="2">CH_4</td><td rowspan="2"></td><td rowspan="3">比煤耗</td><td rowspan="3">300 m^3/1 000 m^3($CO+H_2$)</td></tr>
<tr></tr>
<tr><td rowspan="2">H_2S+COS</td><td rowspan="2">0.2</td></tr>
<tr><td rowspan="3">比煤耗</td><td rowspan="3">512 kg/1 000 m^3($CO+H_2$)</td></tr>
<tr><td rowspan="2">H_2+Ar</td><td rowspan="2">0.9</td></tr>
<tr></tr>
</table>

Shell 和 Prenflo 气化工艺十分相似，都是下置多喷嘴式干煤粉气化工艺。为了让高温煤气中的熔融态灰渣凝固以免使煤气冷却器（废热锅炉）堵塞，后续工艺中采用大量的冷煤气对高温煤气进行急冷，其可使高温煤气由 1 400 ℃冷却到 900 ℃。目前这两种炉型均为废锅流程，其主要差别在于废锅的设置，Shell 气化技术在经过导气管后于侧面设置了废锅，而 Prenflo 气化技术废锅设置在顶部。

德国黑水泵煤气化联合企业从 1976 年开始研究开发干法粉煤加压气化工艺技术，将该工艺命名为 GSP。1980 年在 Frlberg 燃料研究所建成两套试验装置，W100（气化压力 3.0 MPa）和 W500（气化压力 3.0 MPa）对粉煤浓相输送、粉煤加料、工艺特点进行试验研究，所用原料煤种大多为褐煤。1983 年又建成一套 W30(气化压力 3.0 MPa)的大型试验装置，装置累计进行了 20 000 多小时的运行试验，并且完成 1 500 ℃的高灰熔点褐煤的气化试验。

GSP 气化工艺的褐煤试验结果见表 6-3。

表 6-3　GSP 气化工艺的褐煤试验结果

项　目		试验结果	项　目	试验结果
煤气组成/%	H_2+Ar	4.1	碳转化率/%	98
	CO	56.2	比氧耗	360 m^3/1 000 m^3($CO+H_2$)
	H_2	32.5	比煤耗	675 kg/1 000 m^3($CO+H_2$)
	CO_2	6.7	比汽耗	170 kg/1 000 m^3($CO+H_2$)
	CH_4	0.1	冷煤气效率/%	73
	H_2S+COS	0.4		

GSP 气化工艺的加料系统采用惰性气流输送，两个加压的进料煤斗交替工作，这是该工艺的一个主要技术特点。气化炉为直立圆筒的水冷壁结构，类似于重油气化炉和水煤浆加压气化的炉型。粉煤、氧、蒸汽从位于气化炉顶部的喷嘴送入，高温煤气和熔渣并流由气化炉的下部排出进入净化系统。

有专家认为，GSP 气化技术存在的主要问题是，在单炉能力和长期生产运行考验方面还存在不足，目前已运行过的装置单炉能力只有日投褐煤 720 t 的规模，运行时间也不很长；GSP 炉燃烧室的高径比偏小，可能会出现煤粉燃烧不完全就排到激冷室的现象，此外还应考虑炉子在放大时单喷嘴容易受到限制的问题。

荷兰 Shell 和德国 Prenflo 气化炉均为以干煤粉形式进料的气化装置，但它们只有一级气化反应，为了让高温煤气中的熔融态灰渣凝固以免使煤气冷却器堵塞，不得不在后续工艺中采用大量的冷煤气对高温煤气进行急冷，其热量损失很大，气化炉的碳转化率、冷煤气效率和总热效率等指标均比较低，并且由于煤气流量较大，造成煤气冷却器、除尘和水洗涤装置的尺寸过大。为了解决这一问题，西安热工研究院有限公司开发出了一种新型的两段式干煤粉加压气流床气化炉(图 6-8)。

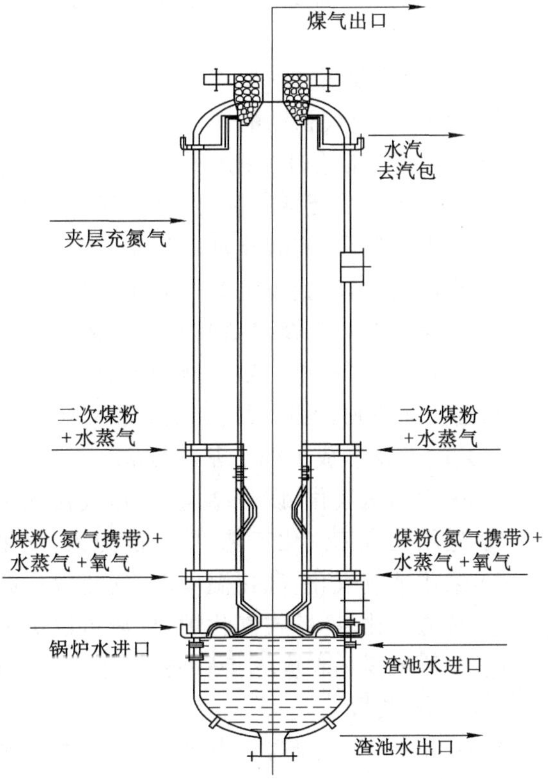

图 6-8　两段式干煤粉加压气流床气化炉

该气化炉的外壳为一直立圆筒，炉膛采用水冷壁结构，炉膛分为上炉膛和下炉膛两段，下炉膛是第一反应区，用于输入煤粉、水蒸气和氧气的喷嘴设在下炉膛的两侧壁上，渣口设在下炉膛底部高温段，采用液态排渣。上炉膛为第二反应区，其内径较下炉膛的内径小，且较高，在上炉膛的侧壁上开有2个对称的二次煤粉和水蒸气进口。运行时，由气化炉下段喷入干煤粉、氧气（纯氧或富氧）、蒸汽，所喷入的煤粉量占总煤量的80%～85%；在上炉膛进口处喷入过热蒸汽和煤粉，所喷煤粉量占总煤量的15%～20%。该装置中上段炉的作用：一是代替循环合成气使温度高达1 400 ℃的煤气急冷至约900 ℃，二是利用下段炉煤气显热进行热裂解和部分气化，提高总的冷煤气效率和热效率。

航天炉（HT-L）粉煤加压气化技术属于加压气流床工艺，是在德士古及GSP加压气化工艺设计理念的基础上，由北京航天万源煤化工工程技术有限公司自主开发的新型粉煤加压气化技术。此项技术没有经过小试、中试，直接按照工艺设计建设工业化示范项目。2008年先后在安徽临泉、河南濮阳建成2套单炉日投煤量720 t的示范装置。目前已建成单炉日投煤量2 500 t的气化炉，工业运行状况良好。

二、Shell法气化

（一）发展概况

1. 发展历史

Shell煤气化工艺（Shell coal gasfication process），简称SCGP，是由荷兰Shell国际石油公司开发的一种加压气流床粉煤气化技术。Shell煤气化工艺的发展主要经历了如下几个阶段。

（1）概念阶段

20世纪70年代初期的石油危机引发了Shell公司对煤气化的关注，1972年Shell公司决定开发煤气化工艺时，对所开发的工艺制定了如下标准：

① 对煤种有广泛的适应性，基本可气化世界上任何煤种；

② 环保问题少，有利于环境保护；

③ 高温气化，防止焦油和酚等有机副产品的生成，并促进碳的转化；

④ 气化装置工艺及设备具有高度的安全性和可靠性；

⑤ 气化效率高，单炉生产能力大。

根据上述原则，通过固定床、流化床和气流床三种不同连续气化工艺的对比，对今后煤气化工艺的开发形成了如下基本概念：

① 采用加压气化，设备结构紧凑，气化强度大；

② 选用气流床气化工艺，生产能力大，气化炉结构简单；

③ 采用纯氧气化，气化温度高，气化效率高，合成气中有效气 $CO+H_2$ 含量高；

④ 熔渣气化、冷壁式气化炉，熔渣可以保护炉壁，并确保产生的废渣无害；

⑤ 对原料煤的粒度无特殊要求，干煤粉进料，有利于碳的转化。

（2）小试装置

1976年Shell在荷兰阿姆斯特丹建成了规模为6 t/d煤的小试装置，该装置的主要任务是进行煤种试验，验证Shell煤气化理论，为工艺模型的开发提供基础数据，并进行材料试验和煤气净化方法试验，收集基本的环保数据。在其主要试验期间（1978～1983年），先后对21个煤种进行了气化试验。目前该装置仍可根据需要进行特定煤种评价及试验。

（3）中试装置

在小试试验的基础上，于 1978 年 Shell 在德国的汉堡-哈尔堡（Hamburg-Harburg）壳牌炼油厂内建设了一套日处理 150 t 煤中试装置。其主要任务是进行不同煤种的气化试验，与小试试验结果关联并验证煤气化数据和工艺模型，进行相关的设备试验，确定煤气化的关键设备（如：气化炉、煤气冷却器、烧嘴、加料、排渣设备及阀门等）的设计原则，为工业化装置的设计提供数据，同时为生产装置积累操作经验，开发安全操作程序。中试装置累计进行了 6 000 h（包括 1 000 h 的连续运转）的气化试验，于 1983 年结束运转。

（4）工业示范装置

在汉堡中试的基础上，对气化和煤气冷却系统的设计进行了大幅度的改进，并在美国休斯敦郊区壳牌的 Deer Park 总厂建设了一套命名为 SCGP-1 的粉煤气化工业示范装置，该装置于 1983 年开始设计，1986 年开始运转，气化规模为 250～400 t/d 煤，气化压力 2～4 MPa，约日产 32.5×10^4 m^3 中热值煤气和 16 t/h 蒸汽。SCGP-1 示范装置的主要任务是验证 Shell 煤气化工艺技术，包括工艺特性及设备可靠性，进一步开发商业化生产的操作技能和经验。SCGP-1 气化装置的示范试验装置累计运行 15 000 h，最长连续运行 1 500 h，气化了大约 18 种煤（其中包括褐煤和石油焦），获得了比期望值更好的工艺效果。该示范装置于 1991 年关闭。

（5）工业化应用

1993 年采用 Shell 煤气化工艺的第一套大型工业化生产装置在荷兰布根伦（Buggenum）市的 Demkolec 建成，用于整体煤气化燃气蒸汽联合循环发电，发电量为 250 MW。设计采用单台气化炉和单台废热锅炉，气化规模为 2 000 t/d 煤。煤电转化总（净）效率＞43%（低位发热量）。1994 年 4 月首次用煤气化发电，到 1998 年初联合循环发电已经累计运行时间超过 10 000 h，烧嘴寿命超过 7 500 h，成功地气化了 14 种煤（其中部分混烧），在 1997 年下半年装置总运转率超过 85%。运转初期曾发生过一些问题，主要发电燃气轮机的问题占 95%，于 1996 年 9 月最终得到解决。在 1998 年 1 月 1 日该装置已经转交给当地公用事业部门，进入商业化运行（比原计划晚一年）。

2. Shell 煤气化技术在国内的应用情况

Shell 煤气化技术是比较先进的制气技术，气化炉产出的合成气经废热锅炉回收热量，产生中压蒸汽带动蒸汽透平发电，制得的合成气用来作为燃气透平发电，要求气化炉出口的气体中不能有大量的水蒸气。Shell 的成熟工艺为废锅流程，在国外只用在燃气联合发电（IGCC），而用于制取 H_2、合成氨和甲醇则没有现成的经验。国内引进的 Shell 炉全部用于制取 H_2、合成氨和甲醇，采用的都是废锅流程，当产品气是 H_2、NH_3 时，Shell 炉产出的合成气中的 CO 要全部转化为 CO_2 和 H_2；当产品是甲醇时，要求产品气中 H_2/C 比在 2.1～2.25之间，同样要求合成气中的一部分 CO 变换为 CO_2 和 H_2，以制得符合工艺要求的产品气。由于出 Shell 炉的合成气中含水蒸气少（体积分数 18%），CO 含量高，因此，在 CO 变换时要加入大量的中压蒸汽来满足变换工艺的要求。现有 Shell 炉不足的一面主要是废锅流程中换热器的制造工艺复杂，运输困难，安装技术要求高，难度大，制作周期长，投资大，HTHP 的烧结金属陶瓷过滤内件易堵塞损坏。

据不完全统计，国内应用 Shell 煤气化技术的厂家见表 6-4。

表 6-4　国内应用 Shell 煤气化技术的厂家情况

企业名称	日投煤量/t	产品名称
湖北双环化工集团有限公司	900	合成氨
中石化岳阳壳牌煤气化有限公司	2 000	合成氨
广西柳州化工股份有限公司	1 300	合成氨
中石化湖北化肥分公司	2 000	合成氨
中石化安庆分公司	2 000	合成氨
云南天安化工有限公司	2 800	合成氨
云南沾化有限责任公司	2 900	合成氨
河南中原大化集团有限责任公司	1 100	甲醇
永城煤电(集团)有限责任公司	2 000	甲醇
河南中原大化集团有限责任公司	2 000	甲醇
河南开祥化工有限公司	1 100	甲醇
中国神华内蒙古煤制油化工有限公司	2×2 000	制氢
天津渤海化工有限责任公司天津碱厂	2×2 000	合成氨、甲醇、丁辛醇
宁夏煤业有限责任公司	4×2 000	制氢

SCGP 生产的合成气可供不同的用途，可以单独或以不同组合进行使用，包括用作生产化工产品的原料，也可以用于制取运输燃油、合成天然气及发电。

（二）工艺流程与主要设备

1. 工艺流程

Shell 煤气化工艺流程见图 6-9，从示范装置到大型工业化装置均采用废锅流程。

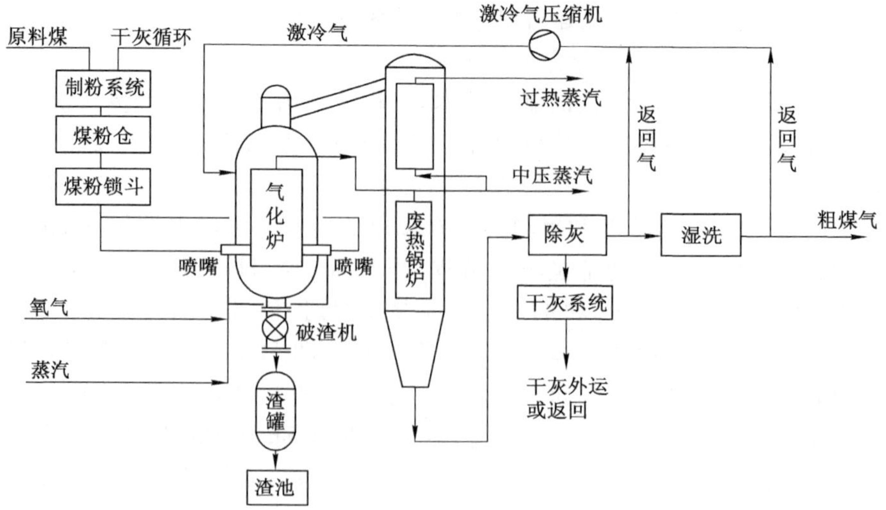

图 6-9　Shell 煤气化工艺(SCGP) 流程示意图

来自制粉系统的干燥粉煤由氮气或二氧化碳气经浓相输送至炉前煤粉储仓及煤锁斗，再经由加压氮气或二氧化碳气将细煤粒子由煤锁斗送入周向相对布置的气化烧嘴。气化需要的氧气和水蒸气也送入烧嘴。通过控制加煤量，调节氧量和蒸汽量，使气化炉在1 400～1 700 ℃范围内运行。气化炉操作压力为 2～4 MPa。在气化炉内煤灰以熔渣形式排出。大部分熔渣从炉底离开气化炉，用水激冷，再经破渣机进入渣锁系统，最终泄压排出系统。熔渣为一种惰性玻璃状物质。

出气化炉的粗煤气夹带着飞散的熔渣粒子被循环冷却煤气激冷，使熔渣固化而不致黏在合成气冷却器壁上，然后再从煤气中脱除。合成气冷却器采用水管式废热锅炉，用来产生中压饱和蒸汽或过热蒸汽。粗煤气经省煤器进一步回收热量后进入陶瓷过滤器除去细灰（$<20\ mg/m^3$）。部分煤气加压循环用于出炉煤气的激冷。粗煤气经脱除氯化物、氨、氰化物和硫化物（H_2S 、COS），HCN 转化为 N_2 或 NH_3，硫化物转化为单质硫。工艺过程大部分水循环使用。废水在排放前需经生化处理。如果要将废水排放量减少到零，可用低位热将水蒸发。剩下的残渣只是无害的固体废弃物。

2. 主要设备

(1) 气化炉

Shell 煤气化装置的核心设备是气化炉。气化炉结构简图见图 6-10。

Shell 煤气化炉采用膜式水冷壁形式。它主要由内筒和外筒两部分构成，包括膜式水冷壁、环形空间和高压容器外壳。膜式水冷壁向火侧敷有一层比较薄的耐火材料，一方面为了减少热损失；另一方面是为了挂渣，充分利用渣层的隔热功能，以渣抗渣，以渣护炉壁，可以使气化炉热损失减少到最低，以提高气化炉的可操作性和气化效率。环形空间位于压力容器外壳和膜式水冷壁之间。设计环形空间的目的是容纳水/蒸汽的输入/输出管和集汽管，另外，环形空间还有利于检修。气化炉外壳为压力容器，一般小直径的气化炉用钨合金钢制造，其他用低铬钢制造。对于日产 1 000 t 合成氨的生产装置，气化炉壁设计温度一般为 350 ℃，设计压力 3.5 MPa。

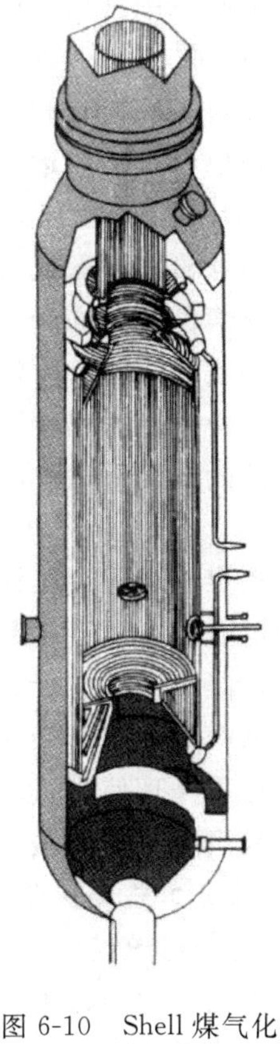

图 6-10　Shell 煤气化炉结构简图

气化炉内筒上部为燃烧室（或气化区），下部为熔渣激冷室。煤粉及氧气在燃烧室反应，温度为 1 700 ℃左右。Shell 气化炉由于采用了膜式水冷壁结构，内壁衬里设有水冷却管，副产部分蒸汽，正常操作时壁内形成渣保护层，用以渣抗渣的方式保护气化炉衬里不受侵蚀，避免了因高温、熔渣腐蚀及开停车产生应力对耐火材料的破坏，进而导致气化炉无法长周期运行。由于不需要耐火砖绝热层，运转周期长，可单炉运行，不需备用炉，可靠性高。

(2) 烧嘴

气化炉烧嘴是 Shell 煤气化工艺的关键设备及核心技术之一。气化炉加料采用侧壁烧嘴，喷嘴在气化高温区对称布置，并且可根据气化炉能力采用 4～8 个烧嘴中心对称分布方式。由于采用多烧嘴结构,气化炉操作负荷具有很强的可调幅能力。单炉生产能力大,在气化压力为 3.0 MPa 的条件下,单炉气化能力可达 2 000～3 000 t/d 煤。根据资料介绍目前气化炉烧嘴连续操作的寿命不低于 7 500 h。

(3) 废热锅炉

废热锅炉采用水管式结构,由水管焊上管板组成,管板上有在线清洗装置,以免积灰。这种结构的废热锅炉在美国休斯敦的示范装置上和荷兰 Demkolec 的工业化装置上已成功应用。

(4) 破渣机

Shell 煤气化工艺原设计没有破渣机,由于在生产操作过程中曾发生过大渣堵塞锁斗阀的现象,影响正常生产操作,现设计已经增加了破渣机，防止类似现象的发生。

(5) 渣罐、捞渣机

渣罐是一个空壳压力容器,气化排渣由锁渣系统通过渣罐做到间断自动排渣。捞渣机主要是将固体渣粒从渣水中捞出,再由输送带或汽车运至渣场。

(6) 煤粉的加压进料系统

该系统由锁斗和料斗组成。一旦锁斗装满后,充氮气加压,将煤排放至料斗。加压后的粉煤从料斗中排出并由氮气气流输送至气化炉烧嘴。

(7) 原料煤的储运系统

原料煤的接收和储运设施主要包括：卸料斗、振动加料器、运输机、煤仓等,与传统的燃煤锅炉原料煤的储运设施类似。

(8) 磨煤及干燥系统

磨煤机将煤磨成合适的有利于煤气化的煤粉(约 90%小于 0.15 mm)。在磨煤过程中,采用热惰性气流同步干燥。惰性气流夹带系统中的水蒸气通过一台内部分选器将粉煤吹至分离和收集容器。干燥研磨后的煤通过气流输送系统输送到气化炉进料系统。

干燥煤所需热能可以直接或间接提供。可用燃油、煤气或回收气燃烧直接供热。在间接供热的情况下,循环气中需添加氮气以补充由于排出煤中水汽所带出的那部分循环气。

(9) 煤气除尘、洗涤系统

粗煤气离开废热锅炉后,经陶瓷过滤器或旋风除尘器脱除部分灰,气化压力 4.0 MPa 时,陶瓷过滤器操作压力为 3.9 MPa,操作温度为 350 ℃左右,过滤后煤气含尘小于 20 mg/m^3。再经过湿法洗涤装置进一步净化,使飞灰残留量不大于 1 mg/m^3。通过洗涤系统也可以脱除煤气中其他微量杂质如可溶碱盐、卤化氢及氨等。洗涤系统的排放水送至酸气汽提塔,经澄清后再循环使用,以最大程度减少需(生化)处理或蒸发后的排放量。从酸气脱除系统以及酸气汽提塔来的酸气可送至克劳斯装置回收硫黄。

(三) 工艺及操作特性

1. 加压粉煤气化技术剖析

干法气化的技术关键在于干粉煤的加压进料,早在 20 世纪 50 年代初期就有人探索粉煤加压连续输送技术,但未取得实质性进展。直到 1978 年 Shell-Koppers 工艺问世,才开发出一种粉煤间断升压和加压下连续进料的半连续式加煤工艺。以后开发的 Prenflo、SCGP 和 GSP 等加压粉煤气化炉都属此类。原料煤在风扫磨内磨制符合气化要求的粉煤(粒度小于 0.1 mm,烟煤含水量 1%、褐煤含水量 10%),借惰性气体将粉煤送至气化界区,经分离后进入常压料仓而惰性气经过滤、除尘后放空。粉煤由常压料斗进入增压料斗(密封料斗)，由此被惰性气吹送至气化炉燃烧器。

干煤粉加压进料及气化技术的关键如下：

① 加料阀密封。加料系统的各类阀门开闭频繁，磨损严重，对阀门的结构及材料要求十分严格。一般采用球阀、座板阀等。密封面有软硬结合和硬硬结合两种结构。

② 料斗中粉煤料位的测量。常压煤斗、密封料斗和工作料斗的粉煤料位的测量有一定的难度，特别在粉煤太湿易架桥的情况下会出现假料位，增加料位测量及输送的难度。目前，大多用^{137}Cs或^{60}Co同位素仪器测量料位。

③ 粉煤密相输送。粉煤的密相输送是加压粉煤气化工艺的主要技术关键之一。为减少煤气中N_2含量，要求尽可能提高粉煤输送的固气比，减少入炉粉煤载气量。目前，每立方米氮气可输送50～500 kg粉煤，载气和粉煤呈非连续相，即一股载气推动一股柱状粉煤直到进入气化炉燃烧器。

④ 入炉物料的精确计量。气流床部分氧化反应要求入炉物料精确计量，对于氧气和蒸汽的计量技术比较成熟，而对于入炉粉煤的精确计量则难以做到。粉煤精确计量技术的关键是确保粉煤供应的连续性和稳定性。

⑤ 冷壁式气化炉。目前已经工业化的几种干法气化炉无一例外都采用冷壁式结构，其中GSP炉从气化炉顶部加煤，其结构形式与水煤浆气化炉类似。另外的炉型(如：Shell气化炉、Prenflo气化炉)与K-T炉类似都是卧式炉，采用对置式烧嘴，两头进煤，在机械结构上存在卧式炉头和立式筒体的接合部，设备结构比较复杂。

⑥ 安全及环保问题。从气化炉出来的煤气都夹带有粉煤灰，而粉煤灰的捕集和返烧都比较困难。此外，在安全操作方面，干法气化也存在着一定的缺陷，如：粉煤的稳定供料问题，燃烧器的回火问题，飞灰的安全收集和排放等。

2. 操作指标

表6-5列出了400 t/d示范装置的部分操作条件和生产指标，使用的是伊利诺斯5#煤。

表6-5　400 t/d示范装置的运行性能

项　　目		设　　计	变化范围	示范运行
用煤量/(t/d)		229	115～235	229
压力/MPa(绝对)		2.51	2.44～2.51	2.44
煤气组成/%	H_2	29.9	22.7～34.6	27.7～29.8
	CO	62.9	54.8～69.0	66.5～69.0
	CO_2	5.8	2.2～10.8	2.2～2.4
	CH_4	0.04	0.001～0.004	0.001～0.004
	H_2S+COS	1.0	1.1～1.8	1.1～1.2
碳转化率/%		98.5	96～99	97～98

(四) 对原料的要求

Shell煤气化炉对煤种有广泛的适应性，它几乎可以气化从无烟煤到褐煤各种煤。由于采用了粉煤进料和高温、加压气化，对煤的活性、黏结性、机械强度、水分、灰分、挥发分等一些关键理化特性的要求不是十分严格。表 6-6 分别示出了美国休斯敦工业示范装置 SCGP-1 和荷兰 Demkolec 的 IGCC 示范装置已经试验过的煤种的特性数据。

表 6-6　SCGP 和 IGCC 试验过的煤质特性数据

项目		美国休斯敦		荷兰 Demkolec IGCC 示范装置
		石油焦	SCGP-1 示范装置	
水分(M_{ar})/%		0.5	4.5～30.7	4.7～12.1
灰分(A_{ad})/%		5.7～24.5	4.5～16.2	
氧(O_{ad})/%		0.1	5.3～16.3	5.2～14.0
硫(S_{ad})/%		0.3～5.2	0.6～1.1	
氯(Cl_{ad})/%		0.01～0.41	0.01～0.15	
灰成分/%	Na_2O		0.1～3.1	0.3～1.4
	K_2O		0.1～3.3	0.6～2.3
	CaO	0.8	1.2～23.7 5.9～27.8	0.7～6.9 3.3～12.4
	Fe_2O_3	6.8	24.9～58.9	45.1～59.8
	$SiO_2+Al_2O_3$	1.9	9.5～32.6	19.0～32.8
	高位发热量($Q_{grv,ad}$)/(MJ/kg)	35.6	22.8～33.1	27.2～32.9

虽然 Shell 煤气化炉对煤种的适应性很广，但亦不是万能气化炉，从技术经济角度考虑对煤种还是有一定的要求。煤种特性与煤气化炉和相关设备的设计及操作密切相关。

1. 水分

Shell 煤气化炉是干粉进料，要求含水量小于 2%。水分含量(特别是外在水分)的高低直接关系到运输成本和制粉能耗的高低。对水分含量高的煤种，比较适合于就近建厂或坑口建厂，原煤应进行干燥处理。

2. 灰分

灰分是煤中的惰性物质，其含量的高低对气化反应影响不大，但对输煤、气化炉及灰处理系统影响较大。灰分越高，气化煤耗、氧耗越高，气化炉及灰渣处理系统负担也就越重，严重时会影响气化炉的正常运行。由于 Shell 煤气化炉采用水冷壁结构，以渣抗渣，如果灰分含量太低，气化炉的热损大，且不利于炉壁的抗渣保护，影响气化炉的使用寿命。

3. 煤粉粒度、挥发分及反应活性

挥发分是煤加热后挥发出的有机质(如焦油)及其分解产物。它是反映煤的变质程度的重要标志，能够大致地代表煤的变质程度。一般而言，挥发分越高，煤化程度越浅，煤质越年轻，反应活性越好，对气化反应越有利。由于 Shell 煤气化炉采用的是高温气化，颗粒在炉内的停留时间很短，这时气固之间的扩散是控制碳的转化的重要因素，因此对煤粉粒度要求比较细，而对挥发分及反应活性的要求不像固定床那样严格。由于煤粉粒度的粗细直接影响了制粉的电耗和成本，因此在保证碳的转化前提下，对挥发分含量高、反应活性好的煤可适当放宽煤粉粒度，对于低挥发分、反应活性差的煤粉(如：无烟煤)粒度应越细越好。

4. 总硫

煤中硫的存在，在气化环境中形成 H_2S 和 COS。硫含量过高，会给后续系统煤气的净化及脱硫带来负担，并直接影响煤气净化系统的投资及运行成本。对煤中硫含量的选择，应结合净化装置的设计及投资综合考虑。

5. 灰熔点及灰组成

Shell 煤气化属熔渣、气流床气化，为保证气化炉能顺利排渣，气化操作温度要高于灰熔点 FT（流动温度）约 100～150 ℃。如灰熔点过高，势必要求提高气化操作温度，从而影响气化炉运行的经济性。因此，FT 温度低对气化排渣有利。对高灰熔点煤，一般可以通过添加助熔剂来改变煤灰的熔融特性，以保证气化炉的正常运转。

煤灰主要是由 SiO_2、Al_2O_3、Fe_2O_3、CaO、MgO、TiO_2 及 Na_2O、K_2O 等组成的。一般而言，煤灰中酸性组分 SiO_2、Al_2O_3、TiO_2 和碱性组分 Fe_2O_3、CaO、MgO、Na_2O 等的比值越大，灰熔点越高。煤灰组成一般对气化反应无多大影响，但其中某些组分含量过高会影响煤灰的熔融特性，造成气化炉渣口排渣不畅或渣口堵塞。对助熔剂及加入量的选择，应结合煤灰组成，通过添加某些组分（一般选用碱性组分），调整煤灰的相对组成，以改善灰的熔融特性。添加助熔剂将或多或少地增加运行成本和建设投资。这些费用的增加可以通过降低气化操作温度、节约氧耗和煤耗来补偿。

一般情况下，选用中低灰熔点的煤对 Shell 煤气化炉是有利的。

Shell 煤气化炉对入炉煤的质量要求见表 6-7。

表 6-7　Shell 煤气化炉对入炉煤的质量要求

项目		质量要求	说明
水分（M_{ar}）/%	褐煤	6～10	水分含量应保证粉煤不结团。在制粉过程中可采用热风干燥，一般控制热风露点为 80 ℃左右为宜
	其他	1～6	
灰分（A_d）/%		<20	
总硫（S_{td}）/%		<2	
灰熔点（流动温度）（FT）/℃		<1 350	>1 350 ℃ 需加助熔剂
煤粉粒度（<0.15 mm 或 100 网目）/%		>90	

（五）工艺特点

Shell 煤气化属加压气流床气化，以干煤粉进料，纯氧做气化剂，液态排渣。干煤粉由少量的氮气（或二氧化碳）吹入气化炉，对煤粉的粒度要求也比较灵活，一般不需要过分细磨，但需要经热风干燥，以免粉煤结团，尤其对含水量高的煤种更需要干燥。气化火焰中心温度随煤种不同约在 1 600～2 200 ℃之间，出炉煤气温度约为 1 400～1 700 ℃。产生的高温煤气夹带的细灰尚有一定的黏结性，所以出炉需与一部分冷却后的循环煤气混合，将其激冷至 900 ℃左右后再导入废热锅炉，产生高压过热蒸汽。

干煤气中的有效成分（CO＋H_2）可高达 90%以上，甲烷含量很低。煤中约有 83%以上的热能转化为有效气，大约有 15%的热能以高压蒸汽的形式回收。

加压气流床粉煤气化（Shell 炉）是 20 世纪末实现工业化的新型煤气化技术，是 21 世纪煤炭气化的主要发展途径之一。其主要工艺技术特点如下：

① 干煤粉进料。煤种适应性比较广，从无烟煤、烟煤、褐煤到石油焦均可气化，对煤的灰熔融性温度范围的要求比其他气化工艺要宽一些。对于较高灰分、较高水分、较高含硫量的煤种也同样适应。但是，实际使用时，还是尽量选择比较好的煤为宜。粉煤用密封料斗法升压（即间断升压），常压粉煤经变压仓升压进入工作仓（压力仓），其压力略高于气化炉，粉煤用氮气或 CO_2 夹带入炉（经喷嘴）。

② 气化温度高。气化温度约 1 400～1 600 ℃，压力 3.0 MPa，碳转化率高达 99%以上，甲烷含量极低，煤气中有效成分（$CO+H_2$）高达 90%以上。高温气化不产生焦油、酚等凝聚物，不污染环境，产品气体相对洁净，不含重烃，煤气质量好。

③ 氧耗低。氧耗量与煤种有关，该工艺氧耗比较低，吨煤耗量约为 600 m^3（神府煤），因而与之配套的空分装置投资可降低。

④ 干煤粉下喷式喷嘴，设有冷却保护。Shell 气化炉使用多个喷嘴，采用成双对称布置，喷嘴的空气动力学设计是经过研究计算后确定的。气化炉喷嘴安放在气化炉下部，对列式布置，数量一般为 4～6 个。喷嘴冷却水系统是防止气化炉内高温对喷嘴造成过热损坏。软水经喷嘴冷却水泵分别打入喷嘴，出喷嘴的冷却水进入冷却器进行冷却后循环使用。Shell 公司专利气化喷嘴设计寿命为 8 000 h。

⑤ Shell 煤气化炉的单炉生产能力大。该工艺投入运转的单炉气化压力 3.0 MPa，日处理煤量已达 1 000～2 000 t。该煤气化炉采用水冷壁结构，无耐火砖衬里，维护量小，运转周期长，无需备炉。该炉主要由内筒和外筒两部分构成，外筒只承受静压而不承受高温，内筒形成气化空间、炉渣收集空间、气体输送空间。气化炉内筒上部为燃烧室，下部为激冷室，煤粉及氧气在燃烧室反应，温度为 1 600 ℃左右。

⑥ 高温煤气激冷和冷却。气化形成的混合粗煤气气流夹带部分液渣（40%），为避免液渣在凝固时黏壁，需用急冷法固化液渣，使炉温瞬间降至灰渣软化温度（ST）以下。在气化炉上部液渣经激冷冷却至 900 ℃左右，使其中夹带的熔融态灰渣颗粒固化。粗煤气离开气化炉进入废热锅炉，在废热锅炉内与脱氧水（4.0 MPa，40 ℃）进行热交换，冷却至 300 ℃左右。

⑦ 废热锅炉。采用废锅法（水管式）回收高温煤气显热，锅炉要承受高温高压和粉尘的冲刷，操作条件比较恶劣。由于温差大，如何减少热应力给设备带来的损害也是必须考虑的问题。废热锅炉的金属外筒为受压容器，温度不高（350 ℃）。内件由圆筒型水冷壁和若干层盘管型水冷壁组成，为消除水冷壁上的积灰，可设置若干数量的气动敲击除灰装置进行振动除灰。

⑧ 热效率高。煤中约 83%的热能转化为合成气，约 15%的热能被回收为高压或中压蒸汽，总热效率为 98%左右。

⑨ 气化操作采用先进的控制系统，其中包括 Shell 公司专有的工艺计算机控制技术，为保护设备和操作人员安全，设有必要的 DCS、ESD（紧急停车系统）系统，使气化操作在最佳状态下进行。

⑩ 出废热锅炉的粗煤气进入干式除尘器，用高效飞灰过滤器除尘法回收飞灰，飞灰经收集并变压后返回常压煤仓（再气化），总的碳转化率较高（99%），脱除的飞灰进入飞灰收集罐，出飞灰收集罐的飞灰返回气化炉循环使用。

⑪ 气化炉高温排出的熔渣经激冷后形成玻璃状颗粒，性质稳定，对环境影响比较小。

气化污水中含氰化物少，容易处理，有可能做到污染物近零排放。

虽然 Shell 煤气化技术是目前国际上最先进的煤气化技术之一，但也存在以下缺点：

① 这种炉型在国外虽然有成功经验，但主要应用于发电。引进该技术应用于氢、氨、醇生产的过程中将面临很多困难，认识上有很多不足。工艺流程和一些指标数据是根据发电流程得到的，并不完全适合于制氢、氨、醇生产。在与其他气化技术比较时，比较的数据不是在同等条件下得到的，产生失真。

② 煤气化的三大关键设备（即煤气化炉、输气导管、废热锅炉）的内件在国外制造，工期较长；喷嘴、煤粉阀、渣阀、灰阀等完全依赖进口；其他大型设备，即飞灰过滤器、高压氮气缓冲罐的运输和吊装比较困难。

③ Shell 公司在设计上比较保守，在选材上很苛刻，要求进口的设备太多。装置控制的自动化程度很高，采用串级、前馈、分程、比值及顺序控制和逻辑控制，通过 DCS、ESD、PLC 实现生产过程的集中控制和管理。有 20 多个停车联锁，一旦操作中出现问题就联锁停车，因此对配套工程、操作、设备检修、设备性能的要求很高。

④ 为保持水冷壁管的水量均匀分布，有的水冷壁管内径仅 7 mm，对锅炉给水的水质要求高，同时对水汽系统配管、设备安装及试车的要求也高。

⑤ 高压氮气和超高压氮气的用量过大，部分抵消了其节能的优势。

⑥ 煤质要求研究表明，并不是所有的煤种都适于 Shell 煤气化法。要选用灰熔融性温度低、活性好、灰分含量较低的适于 Shell 煤气化的煤质，才能够确保长周期安全稳定运行。实际运行表明，灰分质量分数在 8%～15%为最佳。同时，必须通过试烧，方能准确地进行工业装置的设计。

⑦ 除尘问题。有关 Shell 煤气化工艺中陶瓷除尘器的能力问题，目前是一个焦点问题。据称，陶瓷除尘器除尘后，气体中的微粒不大于 2 μm。对于发电来说，这个问题影响不是很严重，但是对于化工来说，这个问题很严重。

三、GSP 法气化

GSP 加压气流床气化技术是近年来开发并投入商业化运行的新一代大型先进气化技术之一。与其他同类气化技术相比，该气化技术因采用气化炉炉顶干粉加料与反应室周围水冷壁结构，因而在气化炉结构以及工艺流程上有其独到之处。目前，我国在大力发展大型煤化工和煤气化联合循环发电（IGCC）的过程中，需要配套使用大型先进煤气化技术。因此，GSP 加压气流床气化技术在我国具有广阔的应用前景。

（一）技术开发历程

GSP 加压气流床气化技术是由德国的德意志燃料研究所（German Fuel Institute）开发的，始于 20 世纪 70 年代末。最初的目的是用高灰分褐煤生产民用煤气，并在 Freiburg 建立了一套 3 MW 中试装置，完成了一系列基础研究和工艺验证工作。

1982 年，又在 Schwarze Pumpe 的 Laubag 电厂建立了一套 130 MW 商业化装置，原料处理能力为 30 t/h，该装置运行了 5 年而未更换气化炉的喷嘴和水冷壁。

从 1989 年起，技术开发的重点转向了以工业废物和生物质等为气化原料的试验工作，并先后气化过约 60 种物料，包括各种变质程度和灰分含量的煤、城市污泥、工业废渣、石油焦以及一些固体废物的干馏产物等。

（二）GSP 气化反应原理

GSP 连续气化炉是在高温加压条件下进行的，属气流床反应器，几根煤粉输送管均布进入最外环隙，并在通道内盘旋，使煤粉旋转喷出。给煤管线末端与喷嘴顶端相切，在喷嘴外形成一个相当均匀的煤粉层，与气化介质混合后在气化室中进行气化，反应完后最终形成以 CO、H_2 为主要成分的煤气进入激冷室。

（三）主要设备

1. 磨煤机

包括热水炉、输送设备、磨煤机及其辅助设备。依生产能力可选择不同规格和型式，要与干燥结合起来。

2. 给料锁斗

给料锁斗为承受温度和压力的交替变化，由圆筒和锥体组成的压力容器，其数量由气化炉能力而定。一般情况下，每台加料器需 3～4 台给料锁斗。给料锁斗操作压力高于气化炉操作压力，操作温度由于卸压时气体瞬时膨胀而降温，因此，其是在低温加疲劳状态下工作的压力容器。

3. 加料器

加料器是由圆筒和锥体组成的不断向组合喷嘴输送粉煤的定温、定压的压力容器，其结构特点：供组合喷嘴粉煤的 3 根密相输送管均匀插入底部。在加料器下、封头上，装有 1 台能使粉煤翻动的低速搅拌器，搅拌器无特殊之处，只是轴封系统要求能承受高于气化炉设计压力而不泄漏，介质为惰性气体和粉煤。密封系统为双端面机械密封。

4. 气化炉

图 6-11 为 GSP 加压气流床气化炉的结构简图。气化炉主体主要由喷嘴、反应室、水冷壁及激冷室等部分组成。

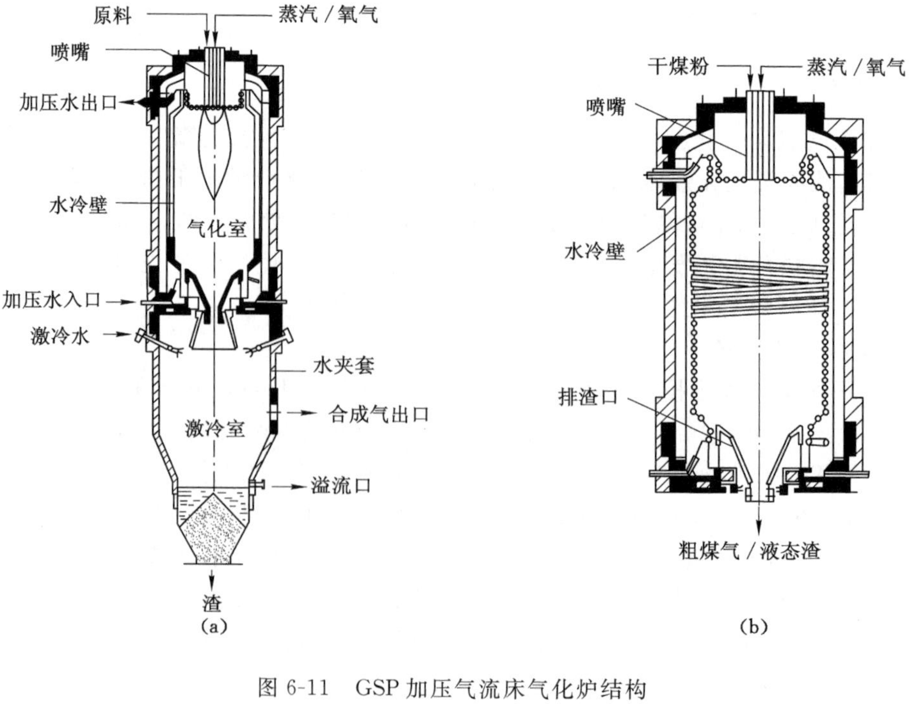

图 6-11　GSP 加压气流床气化炉结构

（1）喷嘴

图 6-12 为 GSP 加压气流床气化炉喷嘴的结构简图。它位于气化炉顶部，由 3 层同心环隙组成，自外向内分别向气化炉通入气化原料、气化剂和点火与加热用燃气。该喷嘴上装有高压电点火装置和火焰测量装置。此外，该喷嘴还配有闭路循环水冷却系统。为安全起见，该冷却系统的循环水压高于气化炉的操作压力。

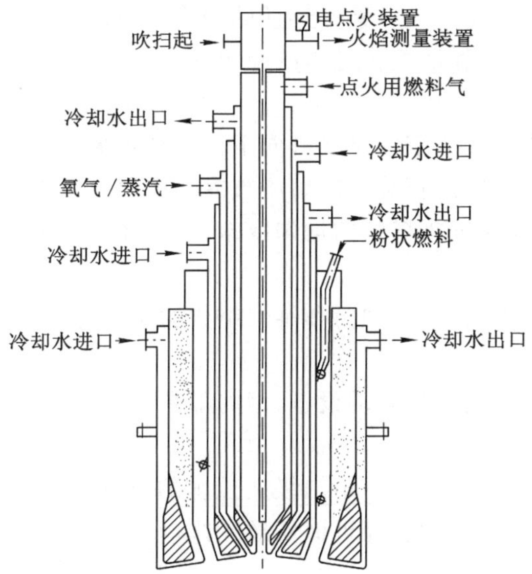

图 6-12　GSP 加压气流床气化炉喷嘴结构

（2）反应室

反应室为一由水冷壁围成的圆柱形空间，其上部为喷嘴，下部为排渣口。气化反应就在此进行。

（3）水冷壁

图 6-13 为 GSP 加压气流床气化炉水冷壁的结构简图。它置于外部压力容器内，为气密膜墙（gastight membrane wall structure）结构，且内衬有起保护作用的耐火材料。气化过

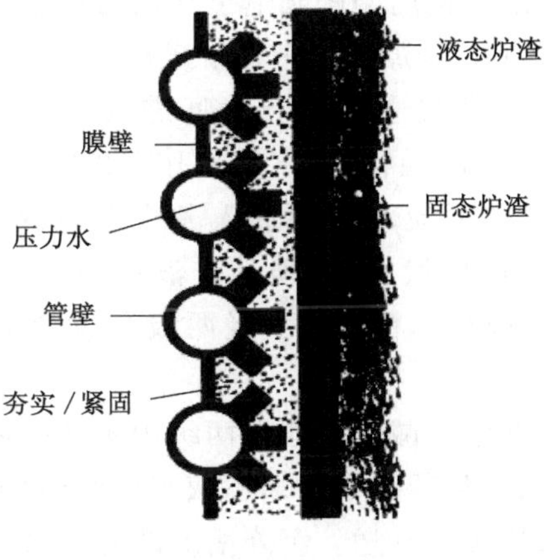

图 6-13　GSP 加压气流床气化炉水冷壁结构

程中，高温化学反应产生的熔渣被喷嘴以小渣滴的形式甩至水冷壁，然后在水冷壁上形成一个固化熔渣层。该固化熔渣层的厚度取决于反应室内的火焰温度和熔渣的温度-黏度特性。水冷壁可以通过固化熔渣层厚度的变化自动调节气化炉的运行工况，当固化熔渣层加厚时，则传给水冷壁的热流量减小，从而使得排出反应室的熔渣量增多；而万一因系统故障使反应室内热负荷突然增加，则传给水冷壁的热流量也会随之增大，而使水冷壁上的部分固化熔渣融化。随着通过水冷壁从气化反应室移走热量的增多，水冷壁上的固化熔渣层又会逐渐加厚。通过上述自动调节，便可保证气化过程的稳定进行。

(4) 激冷室

热粗煤气与液态熔渣从反应室经排渣口向下流入激冷室，且二者在此直接与喷入的激冷水接触，粗煤气被冷却至接近饱和温度，熔渣被冷却后固化成玻璃状的渣粒。向激冷室内喷入的激冷水是过量的，以保证粗煤气的均匀冷却，并能在激冷室底部形成水浴。

5. 渣锁斗

渣锁斗是承受交变压力荷载，由圆筒和锥体组成的压力容器，仅有简单内件。

6. 破渣机和捞渣机

破渣机和捞渣机都是非定型的转动设备，国内都有专门厂家生产。

7. 二级文丘里洗涤器

文丘里洗涤器内有洗涤用的喷嘴，第二级文丘里的喉部可调，设备结构并不复杂，但设计制造有一定难度，主要是中压大直径近似四通壳体，设计计算不能按常规进行。

8. 沉降槽

其结构为带耙式搅拌的澄清设备。搅拌器的转数应为变速，从而适应处理不同煤种介质的需要。

9. 激冷水泵

激冷水泵是离心泵，其主要特点是吸入侧压力高，压差不大，处理介质中含有固体颗粒。因此，泵本体接触介质零件材质要耐磨耐蚀，结构上要考虑轴向力平衡。

(四) 工艺流程

图 6-14 为 GSP 加压气流床气化工艺流程简图。气化过程主要由给料系统、气化炉、粗煤气洗涤、灰渣处理及污水处理等环节组成。

将预处理好的原料煤在磨煤机内磨碎到适于气化的粒度(对不同煤种有不同的要求)并进行干燥。用输送气(N_2或 CO_2)从加料斗中将干煤粉送到气化炉的组合喷嘴中。

加压干煤粉、氧气及少量蒸汽通过组合喷嘴进入气化炉中。气化炉的操作压力为 2.5～4.0 MPa。根据煤粉的灰熔融特性，气化操作温度控制在 1 350～1 750 ℃。高温气体与液态渣一起离开气化室向下流动直接进入激冷室，被喷射的高压激冷水冷却，液态渣在激冷室底部水浴中成为颗粒状，定期地从排渣锁斗中排入渣池，并通过捞渣机装车运出。从激冷室出来的达到饱和的粗合成气经两级文氏管洗涤后，使含尘量达到要求后送出界区。

激冷室和文氏管排出的黑水经减压后送入两级闪蒸罐去除黑水中的气体成分，闪蒸罐内的黑水则送入沉降槽，加入少量絮凝剂以加速灰水中细渣的絮凝沉降。沉降槽下部沉降物经过滤机滤出并压制成渣饼装车外送。沉降槽上部的灰水与滤液一起送回激冷室做激冷水使用，为控制回水中的总盐含量，需将少量污水送界区外的全厂污水处理系统。

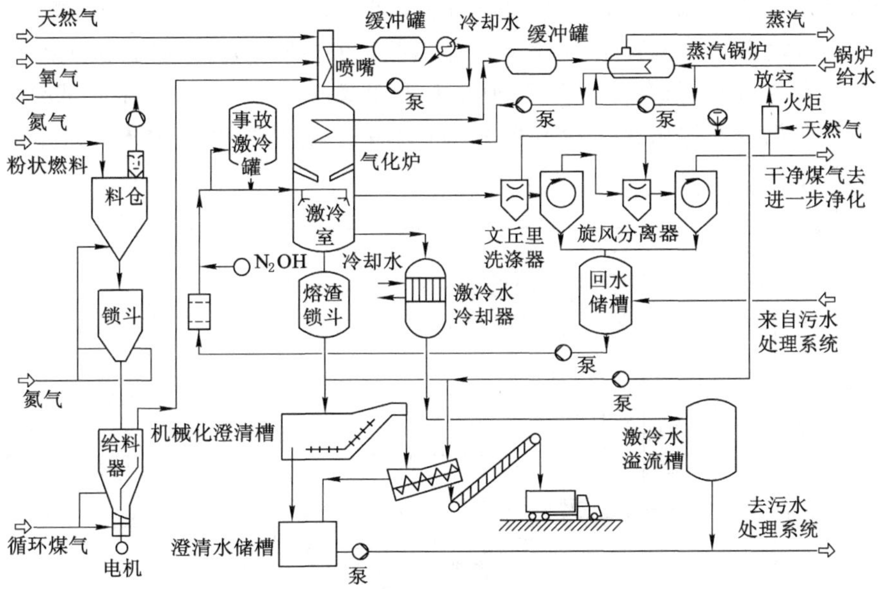

图 6-14　GSP 加压气流床气化工艺流程

（五）技术特点

GSP 加压气流床气化技术的主要特点如下：

① 原料煤适应范围宽。GSP 气化对煤质要求不苛刻，粒度为 250～500 μm，灰分为 1%～20%，灰熔点为 1 100～1 500 ℃。130 MW 的工业装置实现了灰熔点高达 1 450 ℃的褐煤气化工业应用。

② 水冷壁结构，即所谓的“以渣抗渣”结构，避免了因高温、溶渣腐蚀及开停车产生的应力对耐火材料的破坏，从而保证气化炉的长周期运行。由于不需要耐火砖绝热层，而且炉内没有转动设备，所以运转周期长，可单炉运行，不需要备用炉，可靠性高。

③ 烧嘴火焰温度约为 1 800～2 200 ℃，平均停留时间约 10 s，反应速率高，因而气化装置的生产能力大，有效气体（$CO+H_2$）含量高达 91%以上，碳转化率为 99%。

④ 气化炉的原料从炉顶部喷入，采用单烧嘴，用 100 m/s 的高速氧和蒸汽旋转式将 10 m/s 左右粉煤喷入炉内，使煤均匀混合、燃烧、气化，碳转化率达 99%。

⑤ GSP 供料系统采用 400 kg/m^3 惰性气体密相气流输送，合格粉煤经煤锁斗加压后，由给料容器进入气化炉，供料系统安全可靠。

⑥ 气化炉点火升温迅速，负荷弹性可在 50%～110%运行。气化炉设有专门的点火烧嘴，采用电点火。该烧嘴在正常操作时以低负荷保持点燃状态，所用燃料为气化炉自产的煤气。

⑦ 采用激冷流程，高温煤气在激冷室上部用若干水喷头将煤气激冷至 200 ℃左右，然后用文丘里洗涤器将煤气含尘量降低到 1 mg/m^3 以下，这种工艺技术简单，设备及运行费用较低，除烧嘴和水冷壁、部分阀门、特殊仪表外绝大部分设备可国产化。

四、Prenflo 法气化

Prenflo 工艺是在 Shell-Koppers 炉试验的基础上，由 Krupp-Uhde 公司独立开发的加压气流床煤气化工艺，是 K-T 炉加压气化形式。第一套中试装置在德国萨尔州的 Fuerstenhausen 建造。此装置于 1985 年开始安装，1986 年 8 月 12 日首次生产粗煤气。装置能力为日气化 48 t 煤，气化压力为 3 MPa，日产粗煤气约 10 万 m^3。中间试验的主要目的是确定长期试验设备部件在连续操作条件下的运转性能、可用性和耐久性。中试装置的工艺流程见图 6-15。

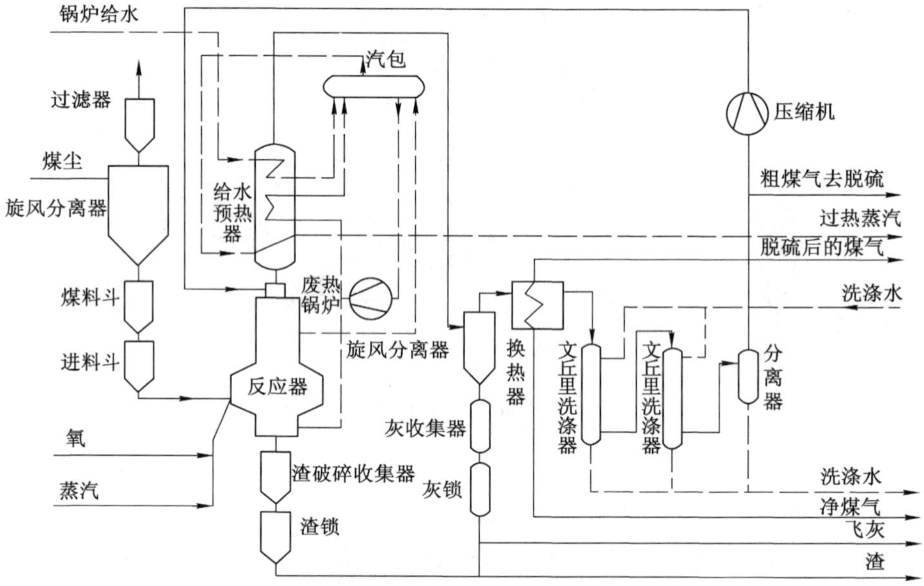

图 6-15　Prenflo 中试装置工艺流程示意图

（一）Prenflo 气化炉

1. Prenflo 气化炉结构

气化炉分为两部分，上部为废热锅炉（亦分两部分），副产高压蒸汽；下部为气化室。两者的交界处为激冷煤气入口。气化室中有 4 个工艺喷嘴，4 个工艺喷嘴在同一水平面上对称布置。气化室的内衬为水冷盘管。气化室下部为排渣口。

2. Prenflo 气化炉气化指标（与 K-T 炉相比）

① Prenflo 气化炉气化能耗列于表 6-8。

表 6-8　Prenflo 气化炉与 K-T 炉气化能耗对比

能耗/[CJ/t(NH_3)]	K-T 炉		Prenflo 气化炉	
	褐煤	硬煤	褐煤	硬煤
合成气生产	29.9	34.1	27.5	31.6
原煤干燥	22.7	17.9	14.6	11.7
总能耗	52.6	52.0	42.1	43.3

② Prenflo 气化炉 $CO+H_2$ 产率、气化效率列于表 6-9。

表 6-9　Prenflo 气化炉与 K-T 炉 $CO+H_2$ 产率、气化效率对比

	K-T 炉气化法	Prenflo 气化法
原煤/t	1.13	1
氧气(98%)/[m^3/kg(煤)]	1.24	1
粗煤气/[m^3/kg(煤)]	1.03	1
$CO+H_2$/[m^3/kg(煤)]	0.91	1
冷煤气效率/%	73.4	80.8

（二）工艺流程

中试装置从 1986 年 8 月 12 日至同年 12 月 17 日共进行了 11 次试验。累计运行时间 900 h 以上，其中最长连续运行时间 196 h。后因公用电网及部分机械故障而停止试验。新的系列试验从 1987 年 3 月 18 日开始，同年 5 月结束。此次进行了 10 次试验，运行时间累计 1 012 h。其中连续最长运行时间为 247 h。前后两阶段试验总计运行 1 920 h。在取得各项放大数据后，已停止运行，并拆除。

该工艺对所有固体燃料（如褐煤、烟煤、无烟煤、石油焦）都能完全气化并连续运行，而对燃料的物理化学性质，诸如粒度、水分、反应性、灰分、硫分等指标均没有任何限制。Krupp-Uhde 公司先后在实验室和 Prenflo 气化中试装置上做过 120 种不同变质程度的煤（包括石油焦）的气化及评价试验。

根据燃料的反应特性，原料煤必须粉碎至小于 0.1 mm，该粒度级占 75%～90%，干燥后最终水分含量为 10%以下。粉碎与干燥同时进行，靠风力将粉碎干燥好的煤送往气化装置料斗内，由此靠风力再输送到反应器的燃烧器。在粉煤进入燃烧器前加入气化剂氧气（纯度 85%～99%）和水蒸气，粉煤与气化介质的比例由专门的监控装置来控制。

反应器内压力为 3 MPa，温度为 1 350～1 600 ℃。在此条件下进行气化反应，碳的转化率超过 98%。反应器内温度大于灰熔点（FT）温度，灰渣呈熔融状。这种熔融状的灰渣流入反应器下面的水浴中淬冷成粒状。粒状炉渣经渣斗排出，炉渣中实际上已不含碳。

粗煤气的显热回收利用有两条途径：在废热锅炉中产生蒸汽，适用于配套联合发电装置；粗煤气中喷入水使粗煤气降到饱和或所需要的温度，适用于合成气的生产。在由旋风除尘器、文丘里洗涤器、喷射洗涤器组成的脱尘系统中，粗煤气的固体物含量降至 1 mg/m^3 以下。所得产品煤气的有效组分（$CO+H_2$）高达 93%～98%。

此工艺对环境影响很小，不产生焦油、酚、氨水。煤气中的硫化物（H_2S、COS）可用成熟的脱硫方法（如聚乙二醇二甲醚、乙醇胺、真空碳酸钾等方法）进行脱除，然后在克劳斯装置中生成单质硫。

Prenflo 中试装置对几种典型煤种的气化试验结果见表 6-10。以氮气做载气，飞灰循环。

表 6-10　Prenflo 中试装置典型煤种的气化试验结果

项目煤种		德国 Walsum	美国 Pittsburgh No8	哥伦比亚 cerrejon	德国 Gottelborn
煤质分析/%（干基）	C	48.8	77.1	75.6	74.4
	H	3.3	5.1	4.7	5.0
	S	1.2	2.4	0.9	1.0
	N	1.1	1.5	1.2	1.6
	O	6.9	5.5	9.7	9.2
	Cl	0.1	0.1	0.1	0.1
	A	38.6	8.3	7.8	8.7
高热值/(MJ/kg)		19.82	31.88	30.09	30.03
氧气纯度/%		98.4	85	99.5	90
粗煤气组成（干基）/%	CO_2	4.44	3.73	2.63	1.90
	CO	63.98	59.59	65.61	58.33
	H_2	24.43	26.00	25.42	26.18
	N_2	6.57	9.96	6.09	13.32
	H_2S +COS	0.58	0.72	0.25	0.27
煤耗/[kg/1 000 m^3(CO+H_2)]		526	480	495	474
碳转化率/%		99.3	99	99.1	99.3
冷煤气效率/%		75.6	77.5	78.9	81.8
热效率/%		91	95	94	95.5

Prenflo 气化中试的基础上，Krupp-Uhde 公司于1992 年提供 Prenflo 加压气流床气化技术，用于在西班牙 Puertollano 建设的整体煤气化联合循环(IGCC) 发电示范厂，其单台气化炉的气化能力为2 600 t 煤/d，气化压力为2.0 MPa。图 6-16 为 Prenflo 气化炉结构示意图。图 6-17为采用 Prenflo 气化的 IGCC 示范电厂工艺流程图。

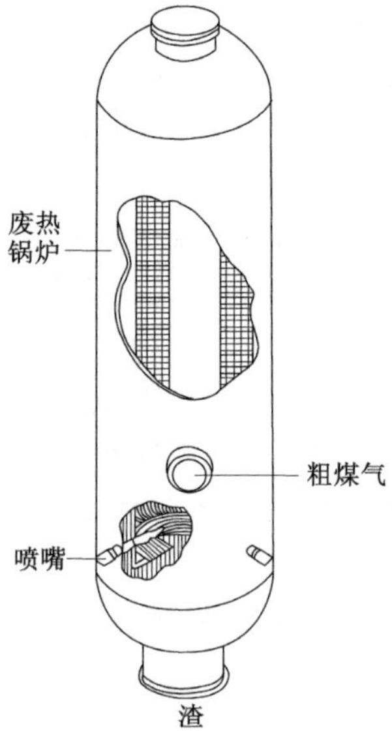

图 6-16　Prenflo 气化炉结构示意图

① Prenflo 气化 IGCC 示范电厂工艺说明。IGCC 示范电厂包括空气分离、煤炭气化、煤气净化处理及硫回收、废水处理、煤气及蒸汽联合发电等单元。

a. 空气分离单元是将来自燃气透平的压缩空气进行分离，得到氧气和氮气，氧气去气化炉做气化剂；氮气部分用于煤粉气流输送。

b. 粉煤制备和输送系统采用 Babcock Wilcox 公司提供的设备。Prenflo 气化炉采用干法进料系统，煤在喷入气化炉之前，首先需要在干燥和制粉系统中处理。对制粉系统的要求是:对烟煤要求含水量小于 2%,90%的煤粉粒度小于 100 μm ;对于褐煤要求含水量小于 6%,75%煤粉粒度小于 100 μm。合格的煤粉用纯氮气进行输送。首先,煤粉进入常压的煤粉旋风分离器与氮气分离。煤粉进入闸式煤粉料斗,而氮通过过滤器后放空。此后,向煤粉料斗充高压氮气,将煤粉压入煤粉进料斗中,然后按严格的计量关系,由氮气将煤粉送到燃烧器(喷嘴) 中。当闸式煤粉料斗中的煤粉用尽后,可使之泄压,再重新加煤粉。

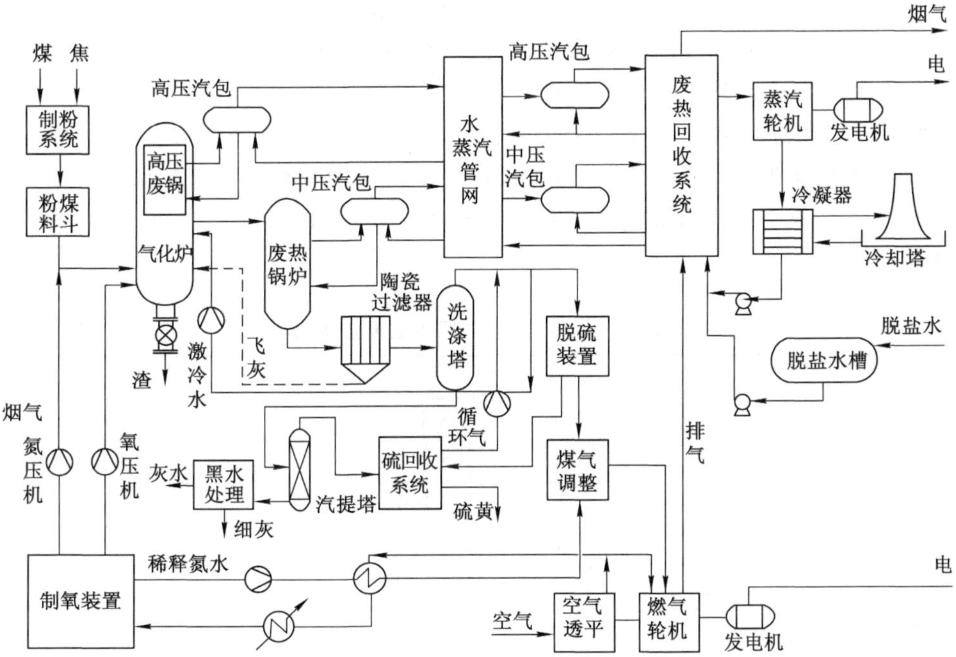

图 6-17　采用 Prenflo 气化的 IGCC 示范电厂工艺流程图

c. 气化炉和煤气冷却系统。Prenflo 气化炉有 4 个燃烧器,从给料系统来的煤粉与氧气和水蒸气一起被喷入气化炉进行反应。煤粉先进行脱挥发分燃烧,温度约在 1 500 ℃,火焰中心温度高达 2 000 ℃ 以上,然后进入半焦反应区。由于气化反应温度很高,因此产生的粗煤气不含高碳氢化合物、焦油及酚。气化炉炉衬采用水冷壁式,生产高压饱和蒸汽。

从气化反应区排出的液态渣,在集渣器的水浴中进行冷却,其中大渣被碎渣机破碎后,经闸门式锁斗排出,并与水分离,渣被送入渣场,水经处理后循环使用。在粗煤气进入气化炉上部的煤气冷却器之前,采用除尘后的冷煤气对热煤气进行激冷,目的是迫使热煤气中夹带的熔融态灰渣凝固,以免它们黏结在废热锅炉的管壁上。被激冷的煤气继续上升进入第 1 级煤气冷却器,煤气先从冷却器的中心圆筒上升至气化炉顶部,然后折转向下,经中心圆筒与炉壁间的坏形对流冷却区域从第 1 级煤气冷却器的底部(即气化炉腰部) 离开,进入第 2 级对流冷却器。第 1 级煤气冷却器的环形冷却区布置有 4 层螺旋管换热器,热煤气在管外流动,水在管内流动,并产生高压饱和蒸汽。第 2 级冷却器与第 1 级类似,也布置有多层螺旋管,产生中压蒸汽,其煤气出口温度约 250 ℃。

d. 除尘和飞灰再循环系统。冷却至 250 ℃左右的粗煤气进入陶瓷过滤器经进一步除尘后,再进入文丘里洗涤器冷却除尘,煤气降至常温及灰尘含量小于 1 mg/m³ 后,然后去脱硫系统。陶瓷过滤器收集的飞灰(含有少量未反应的碳)经锁斗，被氮气送回气化炉继续参加气化反应，以提高碳的转化率。

e. 煤气脱硫及硫回收系统。降温除尘后的煤气先进行有机硫 COS 水解，将其转化成 H_2S，然后用 MEDA 法进行吸收，解吸后的含 H_2S 气进入克劳斯工艺处理并得到硫黄。

f. 联合循环发电系统。净化后的煤气用水饱和及氮气稀释，以降低煤气热值。在燃烧时降低火焰温度，减少 NO_x 的生成量。然后去 Siemens 公司 V94.3 燃气透平，煤气燃烧产生约 1 120 ℃的高温烟气并驱动燃气轮机发电，排出的高温烟气去废热锅炉回收烟气中的显热产生蒸汽，降温后的烟气经烟囱排入大气。气化炉及煤气冷却器、废热锅炉产生的高、中、低压蒸汽去 Siemens 公司的蒸汽轮机发电。

g. 废水处理系统。来自煤气净化洗涤器的污水先经汽提，酸性气体去克劳斯工艺处理，水经过滤处理得到的固体物外运处理，水再经臭氧室及脱盐等处理后循环使用。

② Prenflo 气化 IGCC 示范电厂主要技术参数。表 6-11 列出了 IGCC 示范电厂的主要技术指标。

表 6-11 IGCC 示范电厂的主要技术指标

项目	指标	项目	指标
气化煤量/(t/d)	2 600	灰尘/(mg/m³)	3
产气量/(m³/h)	180 000	净供电效率/%	45
气化炉操作压力/MPa	2.0	供氧量/(m³/h)	70 000
煤气热值/(MJ/m³)	10.6	氧纯度/%	85
供制氧量/(m³/h)	70 000	氧气压力/MPa	3.3
供制氧压缩空气		环境特性参数	
压缩空气量/(m³/h)	300 000	SO_x/(mg/m³)	<25
压缩空气压力/MPa	0.6	NO/(mg/m³)	<150
气化炉直径/m	5	氮气流量/(m³/h)	7 000
气化炉整体高度/m	45	氮纯度/%	99.9
气化炉高度/m	15	氮气压力/MPa	0.4
废热锅炉高度/m	30	残余氮的纯度/%	<2
气化炉喷嘴/个	4	平均残余氮的温度/℃	195
副产高纯度的硫黄/(t/d)	77	液氮流量/(m³/h)	1 300
总功率/MW	335	液氮纯度/%	99.99
燃气轮机功率/MW	200	氮气流量(1)/(m³/h)	18 850
蒸汽轮机功率/MW	135	氮纯度/%	99.9
净输出功率/MW	300	氮气压力/MPa	5.1
燃料：① 设计	50%Puertollano 煤和 50% 石油焦		
② 其他	烟煤		

③ Prenflo 气化 IGCC 示范电厂运行概况(表 6-12)。西班牙 Puertollano IGCC 电站于

1996年4月用天然气对燃气透平点火，12月联合循环装置试车完成。1997年12月开始用煤制气，1998年3月燃气透平开始用煤气发电。1999年12月初，Prenflo气化炉已运行近2 000 h，在气化炉负荷约为93%时，发电量大于310 MW，联合循环效率为52%。初步试验表明，50%煤和50%石油焦混烧的实际运行数据与设计值非常接近。

表 6-12 IGCC示范电厂运行概况

	项 目	数 值
主要技术指标	气化煤量/(t/d)	2 600
	产气量/(m^3/h)	180 000
	气化炉操作压力/MPa	2.0
	煤气热值/(MJ/m^3)	10.6
	供气量/(m^3/h)	70 000
	供制氧压缩空气量/(m^3/h)	300 000
	供制氧压缩空气压力/MPa	1.6
	气化炉直径/m	5
	气化炉总高度/m	45
	其中：气化炉高度/m	15
	锅炉高度/m	30
	气化炉喷嘴/个	4
	高纯度硫黄产量/(t/d)	77
主要技术参数	总功率/MW	335
	燃气轮机功率/MW	190
	蒸汽轮机功率/MW	145
	净输出功率/MW	300
	燃料	① 设计50%Puertollano煤，50%石油焦； ② 其他烟煤
	净供电效率/%	45
环境参数	污染物	电厂排放
	SO_x(6%O_2)/(mg/m^3)	<25
	NO_x(6%O_2)/(mg/m^3)	<150
	悬浮灰尘/(mg/m^3)	3

在IGCC示范电站中曾出现过的主要问题及解决办法：

a. 使用煤气或由天然气切换煤气后，燃气透平的燃烧喷嘴有杂音，后已解决。

b. 气化系统压力供料斗下粉不畅。在二级锁斗间有一根回流N_2的管，由于管径设计太小，N_2排气不畅导致煤粉下落不连续。解决的办法是在回流管上增加了一个文丘里抽气器，以提高N_2回流的速度，从而使排气畅通，煤粉下落连续而均匀。

c. 黑水和灰水处理系统的细渣过滤问题。Puertollano IGCC电站的气化系统曾出现过因细渣太多，导致黑水含渣量大，造成黑水系统磨损堵塞等问题，解决的办法也是采取过滤的办法将黑水中的细渣除去，即可解决此类问题。

Prenflo 法是 K-T 法的进一步发展，它采用了加压操作。Prenflo 和 Shell 两种煤气化工艺都是采用干粉煤进料方式，工艺过程基于加压纯氧气流床反应机理。工艺流程中的磨煤与干燥、粉煤加压与进料、气化与煤气冷却、除渣、干法除尘、湿法洗涤等系统几乎是相同的；气化炉和煤气冷却器均采用水冷壁和螺旋盘管换热器的结构。两种工艺的主要区别初步分析如下：

① 气化炉的反应区两者几乎没有区别，但在煤气冷却器的结构上差别较大。Prenflo 气化炉的热煤气先在第一级冷却器中的中心圆筒内上升，有利于熔融态灰渣的凝固和降落，有利于熔渣在中心垂直圆壁上顺利流下。这种结构延长了煤气在高温区的停留时间，对提高产渣率和碳转化率有利，但气化炉内的换热面较多，气化炉的直径比 Shell 的大，且气化炉的阻力降增加。

② Shell 煤气化工艺产生的煤气向上流动，被激冷后经中心垂直的激冷段和与 45°输气管独立连接的合成气冷却器，热煤气中熔融态飞灰凝固后也同样顺利降落到气化炉底部渣池，水冷壁结构相对简单，气体流动不变向，阻力降相对较小。Prenflo 煤气化工艺产生的煤气先向上经中心圆筒，再折返向下经 4 层螺旋管换热器冷却后出气化炉（煤气出口在气化炉腰部），再经水平输气管连接独立的煤气冷却器。Prenflo 的第二级冷却器和 Shell 的合成气冷却器结构相似，但 Prenflo 的第一级冷却器结构较复杂。

③ Prenflo 煤气化工艺采用为纯度 85%的氧气作为气化剂，虽然其煤气热值、碳转化率、冷煤气效率、总效率略低于 95%纯度的氧气，但可减小空分系统的功耗。Shell 煤气化工艺的氧气纯度为 95%，可保持气化炉设备的紧凑性。

④ Prenflo 煤气化工艺对原料粉煤细度要求 R_{100}（质量分数）为 25%（对烟煤），而 Shell 煤气化工艺要求 $R_{90} \leqslant 10\%$。这说明两种工艺对磨煤以及粉煤输送系统有不同要求，主要体现在磨煤系统功率消耗和对输送介质高压 N_2 的流量、速度要求的差别。

第四节　水煤浆进料加压气化技术

一、水煤浆气化技术开发概况

德士古（Texaco）工艺是第二代气化方法中开发最快的气化方法，用水煤浆加压气化生产合成气，能适应各种类型的煤，特别是含硫和灰分多的劣质煤。该工艺是美国德士古（Texaco）公司开发的，德国鲁尔化学公司（Ruhrchemic）和鲁尔煤炭公司（Ruhr-Kohle）取得了德士古（Texaco）气化专利。

1978 年 12 月国家科学技术委员会主持召开了全国第一次煤的气化液化会议，决定在煤的气化液化方面开展科技攻关，其中一项就是水煤浆气化技术的开发。西北化工研究院开展了水煤浆气化模型试验，模试压力为 2.0 MPa 、投煤量 20 kg/h，水煤浆直接喷入炉内。模试期间对关键技术如煤浆制备、喷嘴、测温、耐火材料等进行探索研究，为开展中试做好技术准备。模试于 1984 年结束。

1985 年西北化工研究院继续承担国家六五科技攻关任务，建成一套水煤浆气化中试装置，进煤量为1～1.5 t/h，采用湿磨制浆、水煤浆直接入炉的技术方案，用辐射废锅和对流废锅回收高温粗煤气显热，生产4.0 MPa的饱和蒸汽。由于投资费用所限，中试装置下游未建酸气脱除装置，反应气体直接送入锅炉燃烧。截至1991年，中试装置共评价试烧了10个煤种：陕西的铜川煤、陈家山煤、仓村煤、田庄煤、芋园煤、黄陵煤、神府煤，山东的七五煤、兖州煤泥，黑龙江鹤岗煤，通过试烧，开展了许多课题的研究，积累了大量的运行经验。

1. 国内工业化装置介绍

(1) 鲁南工业示范装置

山东鲁南化肥厂引进德士古发展公司专利技术，在与国内开发相结合的基础上，于1993年建成并投运中国第一套德士古水煤浆气化制氨示范装置。合成氨工艺流程配置为德士古气化、耐硫中变串低变、NHD脱硫、COS水解、NHD脱碳、氧化铁和氧化锌脱硫、甲烷化、氨合成。参加工业示范装置技术开发及攻关的有中国天辰工程有限公司（原化工部第一设计院，负责工程设计）、西北化工研究院（负责水煤浆气化）和南京化学工业（集团）公司研究院（负责NHD净化技术）等单位。

选用激冷流程，气化炉一开一备，单炉投煤量为318 t/d（干煤），操作压力2.6 MPa，($CO+H_2$)产量21 900 m^3/h。

1997年又建成了一套气化压力为8.3 MPa的水煤浆气化试验装置，成为中国继临潼之后的第二个煤种试烧基地，为更高压力下煤种的试烧和评价、气化成套技术及工程放大奠定了基础。

(2) 上海焦化厂气化装置

上海焦化厂德士古煤气化装置采用美国德士古发展公司的专利技术，其工程设计由中国天辰工程有限公司（原化工部第一设计院）完成，选择了工艺气激冷流程及两级闪蒸灰水回收工艺，该装置于1993年10月开始土建，1995年5月22日1#气化炉投料成功。设计单炉投煤量为20.24 t/h（干），干气产量为43 300 m^3/h，气化炉正常运行压力为4.0 MPa，后系统压力为3.74 MPa。共有四台气化炉，正常运行时三开一备。设计选用陕西神府煤，经球磨机制成浓度为61%的煤浆。近年来，在制浆过程还使用了焦化工厂排放的较难处理的废水，使废水得到了综合利用。这套德士古气化装置所产粗煤气主要供给年产20万t的甲醇生产装置、城市煤气管网和吴泾化工厂的醋酸装置使用。

(3) 陕西渭河煤化工集团有限责任公司气化装置

陕西渭河煤化工集团有限责任公司自己购买德士古发展公司的专利许可证和工艺软件包，其工程设计由华陆工程科技有限责任公司（原化工部第六设计院）和日本宇部株式会社共同完成，采用工艺气激冷流程及四级闪蒸灰水处理工艺。设计的单台气化炉投煤量为27.46 t/h(干)，干气产量为52 500 m^3/h，气化炉正常运行压力为6.5 MPa，气化炉二开一备。设计选用陕西黄陵煤，煤浆制备选用棒磨机，煤浆浓度为65%。所产粗煤气全部用于生产合成氨，下游工艺配置耐硫变换、低温甲醇洗、液氮洗、托普索氨合成。

渭河煤化工集团有限责任公司水煤浆气化装置于1996年2月投入运行，经过摸索运行解决了气化带灰带水问题、高温黑水的磨蚀问题，并完成了原料煤种的适应性更换和耐火砖的国产化等工作。

(4) 淮南化工厂气化装置

安徽淮南化工厂德士古煤气化装置于2000年8月投入运行。其工程设计由中国东华工程公司（原化工部第三设计院）和日本宇部株式会社共同完成，选择了工艺气激冷流程及两级闪蒸灰水处理工艺。单炉投煤量约为 18.6 t/h(干)，干气产量约 34 000 m^3/h，气化炉正常运行压力为 4.0 MPa，三台气化炉二开一备。设计选用河南义马煤，煤浆制备采用棒磨机，煤浆浓度为 58%～62%。

2. 多喷嘴水煤浆气化技术

多喷嘴对置水煤浆气化炉的开发是国家"九五"重点科技攻关项目，由水煤浆气化及煤化工国家工程研究中心和华东理工大学负责攻关，以期形成具有中国特色的水煤浆气化技术。新型气化炉中试装置建在山东兖矿鲁南化肥厂内，2000 年 7 月 30 日第一次投料试验成功，累计运行 400 多小时。该技术通过了国家技术测试及鉴定。

(1) 工艺简介

煤浆分别经四台高压煤浆泵加压计量后与氧气一起送至四个两两水平对称布置的工艺喷嘴，在气化炉内进行部分氧化反应。生成的粗煤气、熔渣并流向下进入气化炉激冷室，熔渣在底部水浴中激冷固化，由锁渣罐收集定期排放。粗煤气经脱除游离氧的水喷淋降温后送洗涤塔除尘。从洗涤塔下部抽出的含固量较低的黑水经洗涤塔循环泵加压后送入激冷室作为粗煤气的激冷水使用。

(2) 新型气化炉的技术优势

① 该炉最大优势之一就是整个炉内温度分布均匀，炉膛内温差在 50～150 ℃之内，炉膛内犹如一个等温反应器，这为延长耐火砖的寿命创造了条件。停车后观察炉内耐火砖表面良好，下渣口光滑。由于运行时间较短，没有进行耐火材料及激冷环的评价试验。

② 有效气成分含量高，碳转化率高。开发新型炉所依据的原理是通过撞击流强化热质传递过程以提高气化效果，这是与德士古气化技术的根本区别点。与从德士古发展公司引进的德士古工业化气化装置相比，($CO+H_2$)含量约提高了 2%～3%，比氧耗有所下降，碳转化率高达 99%。

虽然多喷嘴对置水煤浆气化技术有一定优势，但其喷嘴数量较多，控制系统比较复杂。

3. 多元料浆气化技术

西北化工研究院在进行多年水煤浆气化技术研究的基础上，从 1995 年开始和有关部门合作，着手进行油水煤浆气化技术的研究开发，其技术关键是油水乳化和料浆的制备，通过几年的试验研究取得了很大的进展。气化技术方面国内已有类似的成熟技术可以利用，这为多元料浆气化技术的开发研究及实现工业化生产奠定了坚实的基础，对以油为原料的合成氨厂尤其具有吸引力，即这些工厂可根据现有的工艺决定多元料浆的掺油比例，生产调节比较灵活。水煤浆种类见表 6-13。

煤、油、水多元混合料浆气化的基本原理是在水煤浆中加入一定的油替代水煤浆中的一部分水分，使气化过程所需的水分更接近于气化反应工艺条件所需要的水蒸气量，增加入炉料浆的有效反应物浓度，提高反应煤气中($CO+H_2$) 的含量，减少氧气及原料煤的消耗，降低能耗并提高经济效益。将重油(或原油) 与水、乳化剂混合制备出油水乳化液，再与原料煤在磨机中磨制成含煤 60%～65%、油 10%～15%、水 20%～30%、黏度≤2.5 Pa·s 的稳定性和泵输送性能好的油水煤浆送入气化炉内气化。

表 6-13　水煤浆种类

混合流体	煤浆种类	说明
重油	油煤浆	重油中加入细煤粉、添加剂混合而成，煤粉浓度大约 50%
水	超细油煤浆	重油中加入超细煤粉、添加剂混合而成，煤粉浓度大约 40%
	乳状油煤浆	煤粉用水乳化后，加重油混合而成，煤粉 40%、水 10%、重油 50%
	粗粒油煤浆	粗粒煤粉与重油混合而成，浓度最大约 65%
	普通水煤浆	水和煤粉混合，浓度 20%～50%
	高浓度水煤浆	在水中加入粒径分布较广的煤粉和添加剂混合而成，浓度 60%～75%
	超细浓度水煤浆	用超细低灰煤粉加水和添加剂而成，浓度 60%～70%
甲醇	甲醇煤浆	甲醇和煤粉混合而成，粒径 100 目以上，浓度 50%～80%
液态二氧化碳	二氧化碳煤浆	液态二氧化碳和煤粉混合而成，浓度 75%

油水煤浆加压气化主要技术经济指标及原料消耗明显优于水煤浆加压气化的主要指标，分别参见表 6-14 和表 6-15。

表 6-14　两种原料气化主要指标比较

项目	水煤浆气化	油水煤浆气化
进料	66%黄陵煤+56%水	66%黄陵煤+10%油+25%水
$(CO+H_2)$摩尔比	79.2	84.4
冷煤气效率	71%	78%
比氧耗	11 $m^3/km^3(CO+H_2)$	350 $m^3/km^3(CO+H_2)$
比油耗	661 $kg(CO+H_2)$	80.6 $kg/km^3(CO+H_2)$
水、电、汽消耗	消耗基本相当	消耗基本相当

表 6-15　不同气化原料费用对比表

项目	重油气化	油水煤浆气化	水煤浆气化
吨氨原料消耗	0.80 t 油	1.2 t 煤，0.17 t 油	1.60 t 煤
原料单价	1 100 元/t 油	260 元/t 煤，1 100 元/t 油	260 元/t 煤
原料费用	880 元/t 氨	487 元/t 氨	400 元/t 氨

近年来由于油价和国际市场逐步接轨，价格迅速上涨，上述两种不同原料气化制合成氨的原料费用差别将更加明显。此外，由于油水煤浆带入气化炉水分的减少，煤气中有效气体成分$(CO+H_2)$含量和产量增加。因此，以日产 1 000 t 氨计算，油水煤浆气化和水煤浆气化技术相比空分生产能力降低约 5 000 m^3/h，在不增加投资的前提下对现有装置增产十分有利，对新建或改造项目因空分装置可适当变小，也可节省装置建设投资费。该技术已在浙江兰溪化肥厂用于生产合成氨的合成气（年产 3 万 t 合成氨）。

二、德士古(Texaco)法气化

德士古加压水煤浆气化技术是由美国德士古公司在重油气化的基础上开发成功的第二

代煤气化技术，是一种以水煤浆为进料、氧气为气化剂的加压气流床并流气化过程，属于气流床湿法加料、液态排渣的加压气化技术。气化过程包括煤浆制备、煤浆气化、灰水处理等工序。水煤浆制气的德士古工艺在中国的应用有 20 多年了，是较成熟的煤气化技术。

（一）工艺流程及主要设备

水煤浆气化工艺过程包括水煤浆制备、水煤浆加压气化和灰水处理三部分。水煤浆的制备一般采用湿法棒磨或球磨，气化流程可选择激冷式或废锅式流程，灰水处理一般采用高压闪蒸、真空闪蒸、灰水沉淀配细灰压滤的流程。水煤浆的制备和灰水处理工艺比较简单，下面着重讨论德士古水煤浆气化的两种典型流程。

1. 激冷流程

（1）流程说明（参见图 6-18）

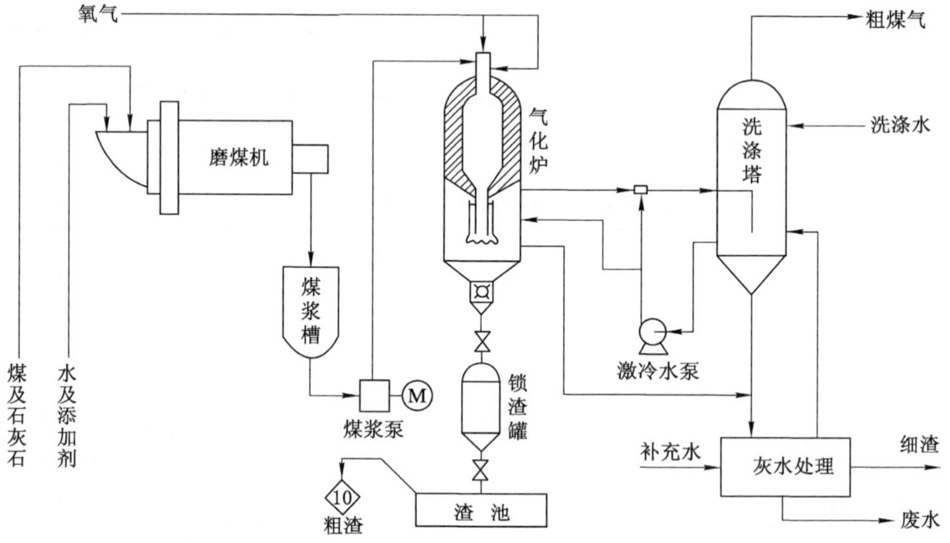

图 6-18　德士古气化激冷流程示意图

从煤输送系统送来的原料煤，经称重后加入磨机，在磨机中与定量的水和添加剂混合制成一定浓度的煤浆。煤浆经滚筒筛筛去大颗粒后流入磨机出口槽，然后通过低压煤浆泵送入煤浆槽，再经高压煤浆泵送入气化喷嘴。通过喷嘴煤浆与空分装置送来的氧气一起混合雾化喷入气化炉，在燃烧室中发生气化反应。

气化炉燃烧室排出的高温气体和熔渣经激冷环被水激冷后，沿下降管导入激冷室进行水浴，熔渣迅速固化，粗煤气被水饱和。出气化炉的粗煤气再经文丘里喷射器和炭黑洗涤塔用水进一步润湿洗涤，除去残余的飞灰。根据需要，将所产粗煤气经变换制氢或做它用。生成的灰渣留在水中，绝大部分迅速沉淀并通过锁渣罐系统定期排出界外。激冷室和炭黑洗涤塔排出的黑水中的细灰（包括未转换的炭黑）通过灰水处理系统经沉降槽沉降除去，澄清的灰水返回工艺系统循环使用。为了保证系统水中的离子平衡，抽出小部分水送入生化处理装置处理排放。

为保护气化喷嘴头部，设置有专用循环冷却水系统。

（2）主要特点及适应性

气化炉燃烧室和激冷室连为一体，设备结构紧凑，粗煤气和熔渣所携带的显热直接被激冷水汽化所回收，同时熔渣被固化分离。这种工艺配置简单，便于操作管理，含有饱和水蒸气的粗煤气刚好满足下游一氧化碳变换反应的需要。

激冷流程特别适合于生产合成氨或其他产品需要纯氢的情形；也适宜用于城市煤气，但需将洗涤后的粗煤气进行部分变换及甲烷化，以减少一氧化碳含量并提高煤气热值。

2. 废锅流程

(1) 流程说明(参见图 6-19)

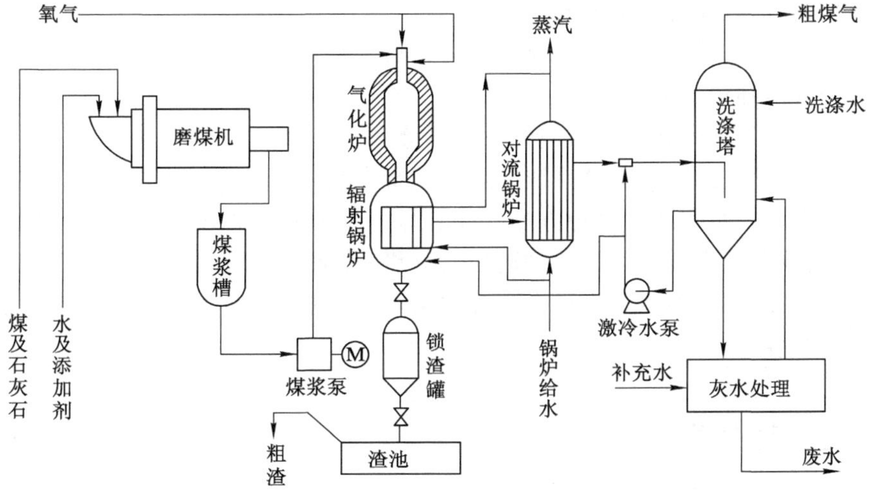

图 6-19　德士古气化废锅流程示意图

废锅流程气化炉燃烧室排出物经过紧连其下的辐射废锅间接换热副产高压蒸汽，高温粗煤气被冷却，熔渣开始凝固；含有少量飞灰的粗煤气再经过对流废锅进一步冷却回收热量，绝大部分灰渣(约占 95%) 留在辐射废锅的底部水浴中。出对流废锅的粗煤气用水进行洗涤，除去残余的飞灰，然后可送往下游工序进一步处理；粗渣、细灰及灰水的处理方式与激冷流程的方法相同。

另有一种半废锅流程，粗煤气和熔渣在辐射废锅内将一部分热量富产蒸汽后不再直接进入对流废锅，而是直接进入炭黑洗涤塔，洗掉残余灰分的同时获得一部分水蒸气，为将一氧化碳部分变换为氢气的工艺提供条件。具体采用何种工艺组合要视下游工艺条件而定。

(2) 主要特点及适应性

废锅流程将粗煤气(含熔渣) 所携带的高位热能得以充分回收，而且粗煤气中所含水蒸气极少，特别适合于后面不需要进行变换或只需部分变换的场合，由废热锅炉副产的高压蒸汽既可以用来驱动透平发电也可以并入蒸汽管网用于其他用途。该工艺主要用于制取一氧化碳、工业燃料气，联合循环发电工程，或其他需 H_2/CO 比率低于制取纯氢所要求的 H_2/CO比率的情形，如果需要调整 H_2/CO 的比率，通过一氧化碳变换炉将适量 CO 转换为 H_2 即可。

废锅流程比激冷流程具有更高的热效率，但由于增加了两个结构庞大而复杂的废热锅炉，流程长、一次性投资高。

3. 主要设备介绍

(1) 磨煤机

湿法制浆采用比较多的是球磨机和棒磨机，磨机筒体内衬有耐磨钢衬，研磨体一般采用不同尺寸的耐磨钢棒或钢球。为了补充磨损量需定期向磨机内加入新的研磨体，以保证煤粒细度和煤浆浓度。

这两种磨机都可制出适合于气化的合格煤浆，但棒磨机更适合于可磨指数高的年轻烟煤，而球磨机适合于所有煤种，特别是无烟煤、贫煤等；球磨机制出的煤浆粒度较棒磨机的粒度细；棒磨机功率消耗要比球磨机省 1/3 左右。

磨机出口设有滚筒筛，用于分离煤浆中的超尺寸粒子，但当煤浆中固含量过高时，黏稠的煤浆也会经滚筒筛溢出磨机。

湿法制浆又分为封闭式和非封闭式两种系统。

图 6-20(a)所示为封闭式湿磨系统。煤经过研磨后送到分级机中进行分选，过大的颗粒再返回到磨机中进一步研磨。这种方法的优点是得到的煤浆粒度范围较窄，对磨机无特殊要求；缺点是需要分级设备。为了达到适当的分级，煤浆的黏度就不能太大，这就意味着煤浆中的固含量不能太大，而水分含量会相应的高，而后系统需要增设稠化的专用设备，以达

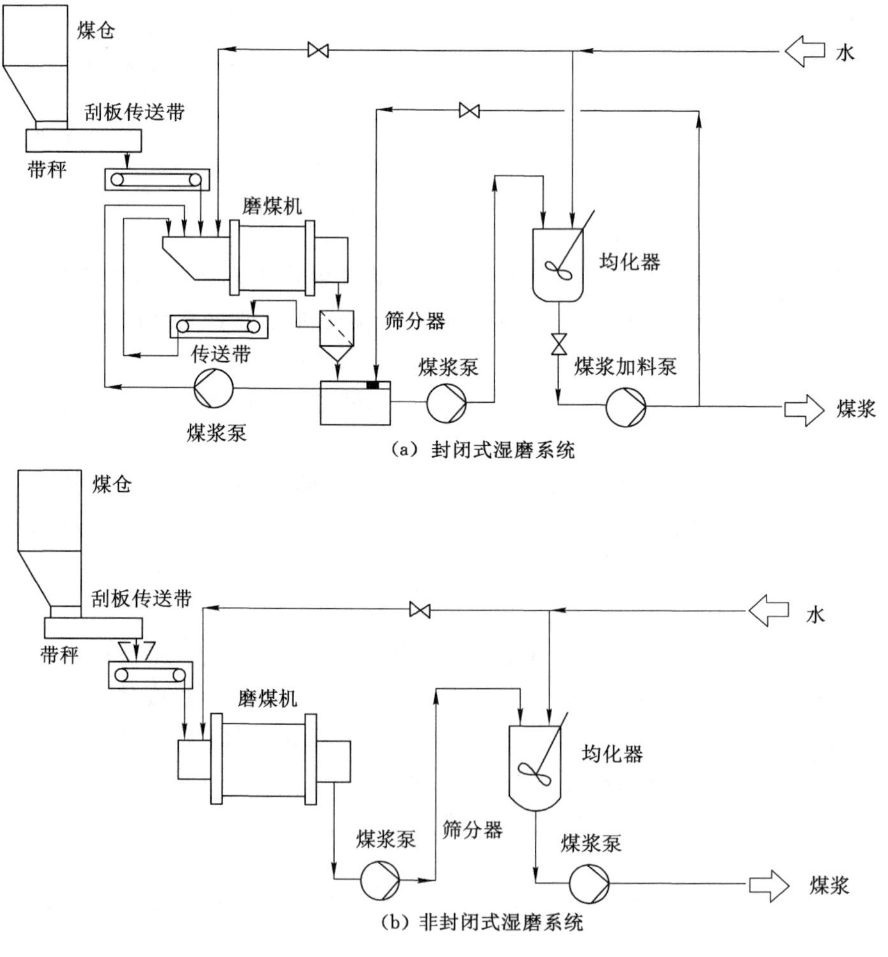

图 6-20 湿法制浆湿磨系统

到该法的煤浆浓度要求。

另一种方法是非封闭式湿磨系统，如图 6-20(b)所示。该法中，煤一次通过磨机，所制取的煤浆同时能够满足粒度和浓度的要求。煤在磨机中的停留时间相对长一些，这样可以保证较大的颗粒尽可能不太多。要达到合格的研磨，选择适当的磨机就变得很重要，最合适的是用充填球或棒的滚筒磨机，妥善选择磨机长度、球径及球数，使得煤通过磨机时一次即能达到高浓度的煤浆，并具有所需要的粒度。

需要指出的是，不管是哪一种制浆工艺，都是耗能大户。因此，为了减少磨矿功耗，磨矿前，除特殊情况(如用粉煤或煤泥制浆)外，都必须经过破碎，预先破碎到粒度小于 30 mm，然后经过皮带秤送入磨机。研磨好的煤浆首先要进入一均化罐，然后用泵送到气化炉。煤浆是否能够顺利进入气化炉，在泵功率确定的前提下，取决于煤浆的浓度和颗粒的粒度。这又集中体现在煤浆的黏度上，为降低黏度可采用加入添加剂的方法以降低黏度。

(2) 煤浆泵

在水煤浆气化开发初期，大多采用螺杆泵和普通柱塞泵来供应煤浆，因其使用效果不好，逐渐被正位移计量柱塞隔膜泵所替代，有效地解决了煤浆对传动机构润滑密封的污染问题。

(3) 喷嘴(参见图 6-21)

水煤浆气化一般采用三流式喷嘴，中心管和外环隙走氧气，中层环隙走煤浆。设置中心管氧气的目的是保证煤浆和氧气的充分混合，中心氧量一般占总量的 10%～25%，流速为 80 m/s，而外环氧比例为 80%～85%，流速为 120 m/s，水煤浆流速为 2～4 m/s，预混室出口速度为 12～20 m/s。

喷嘴必须具有如下特点：要有良好的雾化及混合效果，以获得较高的碳转化率；要有良好的喷射角度和火焰长度，以防损坏耐火砖；要具有一定的操作弹性，以满足气化炉负荷变化的需要；要具有较长的使用寿命，以保证气化运行的连续性。

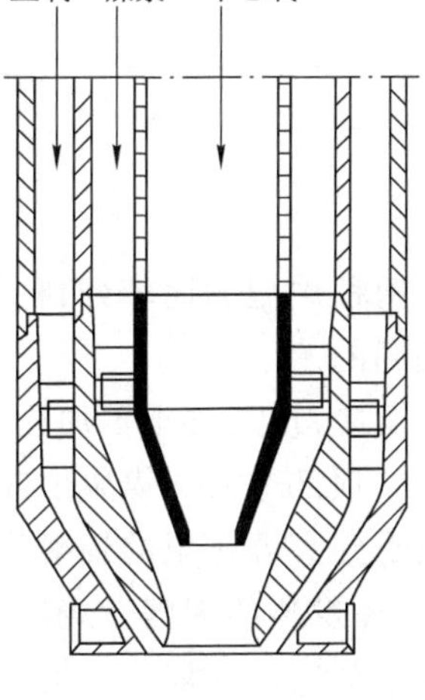

图 6-21　喷嘴示意图

气化炉操作条件比较恶劣，固体冲刷、含硫气体腐蚀，再加上高温环境和热辐射，水煤浆喷嘴头部容易出现磨损和龟裂，使用寿命平均只有 60～90 d 左右，需要定期倒炉以对喷嘴进行检查维护。

喷嘴要求采用耐磨性好的硬质材质，同时要求具有抗氧化/硫化和耐高温的特性。目前喷嘴的内管、中管、外管材料大多采用含镍高的 Inconel600 合金，头部材料则采用含钴高的 UMCO50 或 Haynes188 等镍基合金。

(4) 气化炉

气化炉是高温气化反应发生的场所，是气化的核心设备之一。其燃烧室为内衬耐火材料的立式压力容器，耐火材料用以保护气化炉壳体免受反应高温的影响。壳体外部还设有炉壁温度监测系统，以监测生产中可能出现的局部热点。

气化炉工艺上要求满足生产需要，结构上为保证燃烧反应的顺利进行必须与喷嘴匹配得当，为保证必要的反应停留时间和合理的流场分布必须具有合适的炉膛高径比。

该炉有两种不同的炉型，根据粗煤气采用的冷却方法不同，可分为淬冷型[图 6-22(a)]，和全热回收型[图 6-22(b)]。

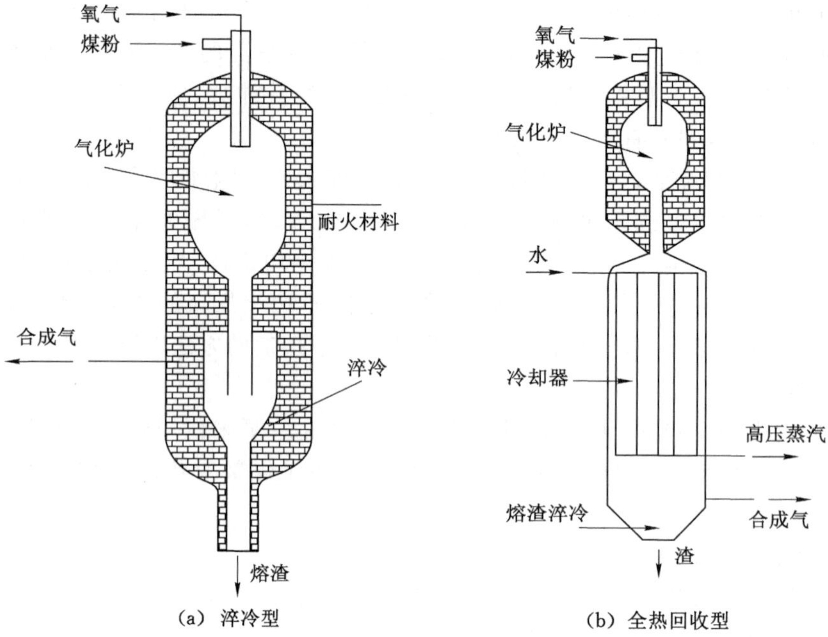

图 6-22　两种气化炉示意图

两种炉型的比较：两种炉型下部合成气的冷却方式不同，但炉子上部气化段的气化工艺是相同的。

反应过程：德士古加压水煤浆气化过程是并流反应过程。合格的水煤浆原料与氧气从气化炉顶部进入。煤浆由喷嘴导入，在高速氧气的作用下雾化。氧气和雾化后的水煤浆在炉内受到高温衬里的辐射作用，迅速进行着一系列的物理、化学变化：预热、水分蒸发、煤的干馏、挥发物的裂解燃烧以及碳的气化等。气化后的煤气中主要有一氧化碳、氢气、二氧化碳和水蒸气。气体夹带熔融液渣并流而下，粗合成气在冷却后，从炉子的下部排出。

分离回收在淬冷型气化炉中进行。粗合成气体经过淬冷管离开气化段底部，淬冷管底端浸没在一水池中。粗气体经过急冷到水的饱和温度，并将煤气中的灰渣分离下来，灰熔渣被淬冷后截留在水中，落入渣罐，经过排渣系统定时排放。之后冷却了的煤气经过侧壁上的出口离开气化炉的淬冷段。然后按照用途和所用原料，粗合成气在使用前进一步冷却或净化。在全热回收型炉中，粗合成气离开气化段后，在合成气冷却器中从 1 400 ℃被冷却到 700 ℃，回收的热量用来生产高压蒸汽。熔渣向下流到冷却器被淬冷，再经过排渣系统排出。合成气由淬冷段底部送往下一工序。

对于这两种工艺过程，目前大多数德士古气化炉采用淬冷型，优势在于它更廉价，可靠性更高，劣势是热效率较全热回收型的低。

气化炉为一直立圆筒形钢制耐压容器，内壁衬以高质量的耐火材料，可以防止热渣和粗煤气的侵蚀。

随着工艺要求的不同，气化炉燃烧室可直接与激冷室相连，也可与辐射废锅相连。在激冷流程中，燃烧室与激冷室一般连为一体，高温气体和熔渣经激冷环和下降管进入激冷室的水浴中。激冷环位于燃烧室渣口的正下方，激冷水通过激冷环使下降管表面均匀地布上一层向下的水膜，既激冷了高温气体和熔渣，也保护了金属部件。激冷环的作用非常重要，如果激冷水分布不好，有可能造成激冷环和下降管损坏或结渣，引起局部堵塞或激冷室超温。材料选择上燃烧室壳体一般采用 SA387，Gr. 11，Cl. 2，激冷室采用 SA387，Gr. 11，Cl. 2＋304L。

（5）破渣机

气化炉水浴室底部设置的破渣机将经过激冷的大块渣或剥落的耐火砖块进行破碎，使其顺利通过气化炉收集在锁渣罐之内。为了防止卡渣或渣架桥，破渣机一般设有正反转功能，驱动系统可采用电机驱动或液压驱动。

根据国内大型工业装置近几年的操作运行经验，设置破渣机的必要性值得进一步商榷。

（6）锁渣罐

设置的锁渣罐系统可连续接受气化炉水浴室排出的灰渣，并将灰渣从系统中排出去。

德士古气化炉锁渣罐系统运行分五个步骤：灰渣收集、系统隔离、系统卸压、排渣冲洗、充压投用，该过程可以通过自动或手动控制实现。上述每一步都要由系统设置的相关阀门的动作来完成，任何一步动作不正常都将影响系统的顺利进行。渣水混合物的存在、频繁的开关切换，使得阀门结构型式、密封形式以及材料的正确选择显得尤为重要。

锁渣罐的灰渣收集排放周期取决于原料煤中的含灰量，一般半小时排一次渣。生产中反复的减压加压操作，使锁渣罐承受着交变应力的作用，设计中要进行疲劳应力分析，对材料的选择要求较高，壳体推荐材质为 SA516，Gr. 70。

（7）辐射废热锅炉

辐射废热锅炉的技术关键是设法使液态熔渣从废热锅炉中心通过，避免与废热锅炉壁面接触，然后进入水封粒化成固态渣，约 95％的灰渣需从这里分离掉。为了保护废热锅炉水管、防止磨蚀，在水管外可涂专用保护涂层。在炉内还设有吹灰系统以防止结渣。考虑到粗煤气泄漏的可能性，选定的副产蒸汽压力一般高于粗煤气压力 1.0 MPa 左右。

（8）对流废热锅炉

气体进入对流废热锅炉的温度必须远远小于熔渣固化温度，以免随粗煤气带入炉中约 5％的灰渣在对流废热锅炉炉壁黏结，造成传热面结垢堵塞。

对流废热锅炉可以采用水管式锅炉或火管式锅炉，水管式锅炉压降小、操作弹性大，火管式锅炉特点是设备紧凑、价格便宜。

（9）炭黑洗涤塔

粗煤气中夹带的细灰在洗涤塔水浴中与水接触而被除去，粗煤气上升，在洗涤塔上部塔盘上与加入的净水接触，进一步除去残余的细灰，粗煤气中灰含量达到 1 mg/m^3 以下。粗煤气携带的水滴通过洗涤塔顶部出口设置的百叶窗式除沫器进行分离。国内采用的塔盘结构有撞击式泡罩和撞击式筛板两种形式。炭黑洗涤塔壳体推荐材质为 SA516，Gr. 70＋304L。

（10）主要阀门

气化炉炉头煤浆和氧气的联锁切断阀、锁渣罐锁渣阀以及灰水、黑水系统的调节阀由于其工作介质条件恶劣、切换动作及严密性要求高，这些阀门的阀芯及阀座材料大多采用硬质合金如钨铬钴等,加工精度要求很高,目前还需要进口。

(二)工艺条件

1. 水煤浆浓度

随着水煤浆浓度的增加,煤气中有效成分($CO+H_2$)含量提高,气化效率提高,氧气消耗量降低,如图 6-23 和图 6-24 所示。

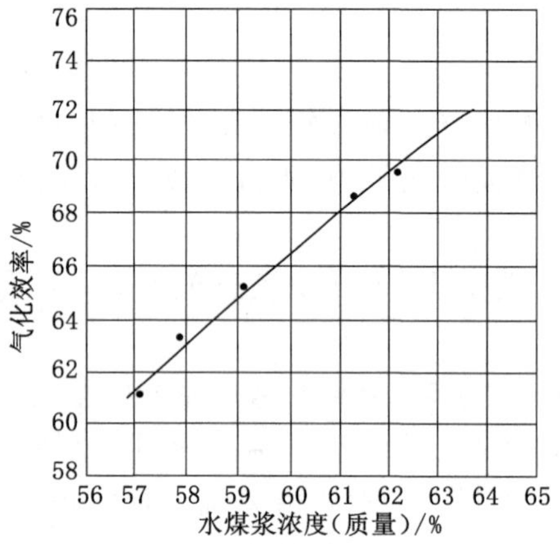

图 6-23 水煤浆浓度与气化效率的关系

气化压力 2.45 MPa(表压);气化温度 1 380 ℃;入炉煤量(干)1.00~1.05 t/h;氧煤比=1.0 kg/kg;铜川煤

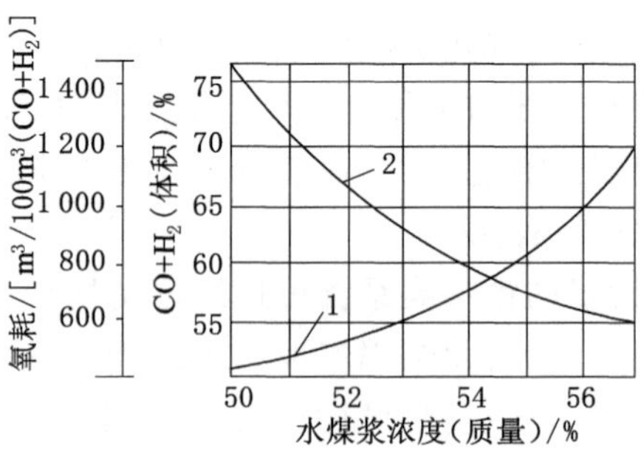

1—$CO+H_2$ 含量;2—氧气耗量。

图 6-24 水煤浆浓度与煤气中有效成分及氧耗的关系

水煤浆浓度的提高,使得带入气化炉内的水分相对降低,减少了蒸发水分所消耗的热量,从而使一氧化碳和氢气的含量增加,气化强度和气化效率都得到提高,能耗下降。

2. 氧煤比

氧煤比是气化中十分重要的操作参数,它决定了气化温度和碳转化率,如图 6-25 和图 6-26所示。提高氧煤比,气化温度和碳转化率都明显升高。但是,氧气用量过大时,部分碳将完全燃烧,生成二氧化碳,或不完全燃烧生成的一氧化碳又进一步氧化成二氧化碳,增

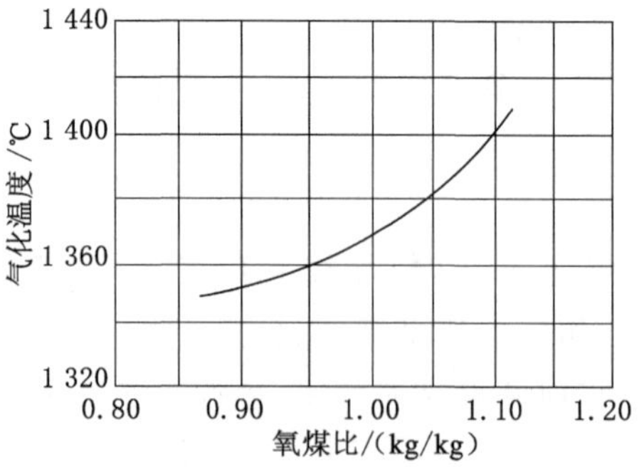

图 6-25 氧煤比与气化温度的关系

气化压力 2.45 MPa(表压);入炉煤量(干)1.00~1.05 t/h;煤浆浓度 60%(质量);铜川煤

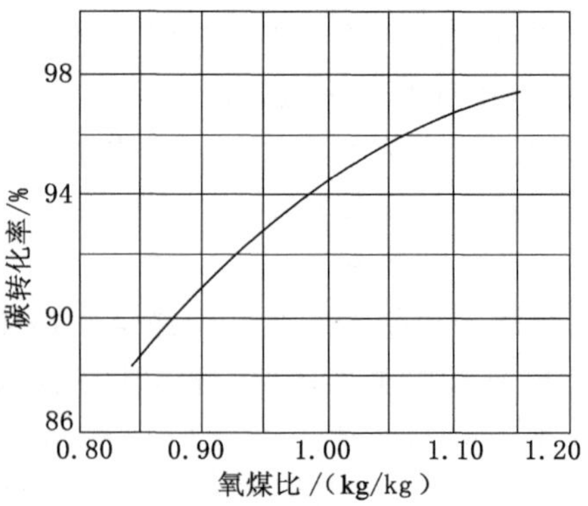

图 6-26 氧煤比与碳转化率的关系

气化压力 2.45 MPa(表压);气化温度 1 380 ℃;入炉煤量(干)1.00~1.05 t/h;煤浆浓度 60%(质量);铜川煤

加煤气中的无用组分，降低气化效率，而且，氧煤比的提高造成氧耗明显提高，而煤耗下降。适当提高氧气的消耗量，可以相应提高炉温，降低生产成本，但提高炉温还要考虑耐火砖和喷嘴等的寿命。所以，氧煤比应有一最佳值，一般为0.92左右。

3. 煤粉粒度分布

煤粉的粒度大小对碳转化率有明显的影响。由于煤粒在炉内的停留时间及气固反应的接触面积与颗粒大小有着非常密切的关系。一方面，大颗粒煤离开喷嘴后，具有较高的相对速度，停留时间较短，另一方面，比表面积却与颗粒大小成反比。这种双重影响的结果必然造成大颗粒煤的转化率低于小颗粒煤。根据试验结果，煤粉越细，气化效率越高。但是，煤粉中细粉含量过多，制得的水煤浆表观黏度越高，不利于制备高浓度的水煤浆。在工业规模的条件下，煤浆黏度是一限制因素。为使煤浆易于泵送和提高其浓度，工业上采用添加分散剂来降低其黏度。当然，煤粉的粒度大小，还取决于煤的反应性。

4. 气化压力

气流床操作压力的提高，有利于气化过程的进行。因为压力增大，不仅增加了反应物的浓度，加快了反应速度，而且延长了反应物在炉内的停留时间，使碳的转化率提高。同时，气化压力的提高，既可提高气化炉单位体积的生产能力，又可节省压缩煤气的动力。所以德士古气化工艺的最高气化压力可达8.0 MPa。但是，气化压力的选择应根据煤气的最终用途加以确定。

5. 煤种的影响

德士古气化法使用的煤种范围较宽，一般情况下该法不适宜气化褐煤。这是由于褐煤的内在水分含量高，内孔表面大，吸水能力强，在成浆时，煤粒上吸附的水量多，因此，相同的浓度下自由流动的水相对减少，煤浆的黏度大，成浆困难。

灰分含量是影响气化的一个重要因素。德士古气化法是在煤的灰熔点以上的温度操作，炉内灰分的熔融所需要的热量需燃烧部分煤来提供，因而煤灰分含量增大，氧消耗量增大，同理煤的消耗量亦增大。

在选择煤种时，应选择活性好、灰熔点低（小于1 300 ℃）的煤。对于灰分含量，一般应低于10%～15%，否则需加入助熔剂（CaO或Fe_2O_3），又会增加运行成本，这一点特别不利于我国煤种的使用。

（三）对德士古气化法的评价

1. 对煤种的适应性

衡量煤种适应性的主要指标是煤料的反应性、成浆性和灰熔点。无烟煤活性低、褐煤成浆性差，都不适宜于水煤浆气化。最适宜的原料应为不黏煤、弱黏煤、长焰煤、气煤等。

同时为维持正常的液态排渣，液渣黏度最好维持在15～25 Pa·s之间。

对采用德士古气化的原料，通常有如下的具体要求：

① 发热量：25 121 kJ/kg；

② 灰熔点：1 300 ℃；

③ 灰分：15%～20%。

表6-16和表6-17分别为我国四种不同煤种的煤质分析和水煤浆加压气化结果，发现大同煤较难制浆，但气化结果理想，昭通煤最难制浆，不适宜作为德士古气化的原料，铜川煤和蔚县煤的试验结果较好。

表 6-16　煤质分析结果

煤　种		铜川煤	蔚县煤	昭通煤	大同煤
工业分析/%	M	8.3	8.3	19.2	4.8
	C	49.4	58.1	21.3	62.2
	V	27.7	25.5	46.9	29.9
	A	14.6	8.1	12.6	3.1
	S	1.90	1.73	0.20	1.23
热值 Q_{gr}/(kJ/kg)		24 870	26 251	18 045	31 359
元素分析/%	C	67.5	70.3	55.6	80.9
	H	4.0	3.8	4.8	4.8
	S可燃	1.73	1.22	—	1.27
	S不燃	0.34	0.29	0.25	0.02
	O	10.2	11.1	22.8	
	N	0.65	0.79	1.31	0.75
Cl/(mg/kg)		229	290	552	20
F/(mg/kg)		104	81	105	11
Na/(mg/kg)		2180	895	357	80
K/(mg/kg)		292	296	1 760	38

表 6-17　气化试验结果

煤　种		铜川煤	蔚县煤	昭通煤	大同煤
1. 煤浆浓度(质量)/%		64	57	36	51
2. 氧纯度/%		99.6	99.6	99.6	99.9
3. 给料量	煤(干)/(t/d)	1 504.5	1 464.8	4 687.2	1 190.6
	氧气(100%)/(m^3/h)	38 404.5	42 801.2	168 801.0	35 387.5
4. 气化条件	压力/MPa	6.37	6.37	6.37	6.37
	温度/℃	1 427.0	1 427.0	1 427.0	1 427.0
5. 煤气组成(预测)/%	CO	45.74(35.85)	42.68(31.61)	14.11(4.87)	47.52(58.42)
	H_2	33.43(26.21)	32.48(24.05)	22.07(7.67)	34.66(29.02)
	CO_2	19.44(15.24)	23.74(17.58)	62.61(21.60)	16.76(13.55)
	CH_4	0.19(0.15)	0.11(0.08)	—	0.26(0.21)
	N_2+Ar	0.42(0.33)	0.46(0.08)	1.08(0.37)	0.40(0.32)
	H_2S	0.72(0.56)	0.49(0.36)	0.12(0.04)	0.37(0.30)
	COS	0.06(0.05)	0.04(0.03)	0.01(—)	0.03(0.02)
	H_2O	(21.61)	(25.95)	(65.50)	(19.16)
6. 煤气产量(干)/(m^3/h)		115 457.9	121 628.0	252 655.7	111 236.5
7. 碳转化率/%		96	96	96	96
8. 冷煤气效率/%		69.6	67.1	27.4	72.4

表 6-17(续)

煤　种		铜川煤	蔚县煤	昭通煤	大同煤
9. 物料消耗 /[1 000 m^3($CO+H_2$)]	煤(干)/kg	685.0	667.7	2 136.5	542.7
	氧气(100%)/m^3	420.1	468.2	1 846.6	387.1

2. 煤气的适应范围

煤气中 $CO+H_2$ 成分含量很高,甲烷含量仅为 0.1%左右,该煤气是比较理想的化工合成原料气,可用于联合循环发电或三联供(煤气、化工、电力)。

3. 生产效率和建厂规模

① 生产能力大,对负荷变化适应性强,在 50%的负荷下,仍然能正常操作;

② 碳转化率高,达 99%,灰渣含碳低,并可循环入炉;

③ 操作压力高,可节省煤气压缩动力,对下游系统有利;

④ 氧耗量较高;

⑤ 单炉生产能力不宜太低,通常处理能力应大于 500 t/d。

(四) Texaco 与 Shell 煤气化工艺的比较

1. 两种煤气化工艺对煤种的要求(表 6-18)

由表 6-18 可知,Shell 煤气化工艺对煤种几乎没有限制,只是对煤中水分的质量分数有一定的要求。Shell 煤气化技术在我国有广阔的应用前景。对于水分含量较高的煤种,可进行一定的烘干处理,从而满足 Shell 煤气化工艺对煤种水分的要求。而 Texaco 煤气化工艺对煤种的适应性较差,对灰分含量和灰熔点都有一定的限制。

表 6-18　两种煤气化工艺对煤种的要求

项　　目	Texaco	Shell
煤种	活性好,灰熔点在 1 300 ℃以下	烟煤,半贫煤,长焰煤和褐煤
粒径	<0.1 mm	<0.1 mm
灰分	<20%(质量分数)	无限制
灰熔点	<1 300 ℃	<1 500 ℃
水分	无限制	<2%(质量分数)
黏结性	高挥发性高黏结性烟煤	可使用弱黏结性的煤

2. 两种煤气化工艺操作特性(表 6-19)

表 6-19　两种煤气化工艺操作特性的比较

项　　目	Texaco	Shell
床型	第二代气流床煤气化技术	第二代气流床煤气化技术
进煤系统	水煤浆进料	氮气送料
助熔剂量	根据煤的灰熔点而定	液态
排灰状态	融渣	液态
蒸汽量	不需要	少量蒸汽

两种煤气化技术都属于第二代气流床煤气化技术；Shell 煤气化工艺采用氮气输送煤粉，液态排灰，需要少量的蒸汽；而 Texaco 煤气化工艺采用水煤浆进料，不需要蒸汽，并将灰以熔渣的方式排出气化炉。

3. 两种煤气化工艺粗煤气组成(表 6-20)

表 6-20 两种煤气化工艺粗煤气组成比较 单位：%

粗煤气成分	Texaco	Shell
CO	40.2	60.2
H_2	37.2	23.6
CO_2	21.8	1.3
CH_4	0.05	0.1
N_2+Ar	0.8	7.5
有效气	77.4	>83.6
净热效率	68～70	94～99

Texaco 煤气化工艺的粗煤气中所含不可燃气体较少，但在有效气和净热效率方面都没有 Shell 煤气化工艺高。因此，推广 Shell 煤气化工艺可以提高煤气化效率。

4. 两种煤气化工艺技术指标(表 6-21)

表 6-21 两种煤气化工艺技术指标比较

项　　目	Texaco	Shell
气化压力/MPa	2.6～8.5	2.0～4.0
气化温度(1 360～1 450)/℃	1 400～1 600	
单炉处理煤能力/(t/h)	500～420	310～320
1 m^3 煤气用氧量/m^3	400～420	310～320
灰中碳含量/%	<5	0.5
碳转化率/%	98	99

两种煤气化工艺的气化温度水平相当，但是 Shell 煤气化工艺单炉处理煤的能力优于 Texaco。Shell 煤气化工艺、气化压力和单位煤气的用氧量也较低，灰中的含碳量少，碳的转化效率高。

通过对两种煤气化工艺的比较分析，可以看出在煤种适应性、氧气消耗、碳转化率、热效率等方面，Shell 煤气化技术占有一定的优势。

三、多喷嘴气化

多喷嘴对置式水煤浆气化炉是兖矿集团有限公司、华东理工大学联合开发的一种新型的水煤浆气化炉。多喷嘴对置式气化炉的控制与单喷嘴气化炉相比，系统规模更大，性能要求更高，控制更为复杂。就进料系统本身而言，仪表和阀门数量增加了 3～4 倍，具有两套相对较为独立的安全联锁进料控制系统，出现了成对烧嘴中煤浆平衡及氧气分配等问题；对DCS、ESD控制系统的规模、功能及稳定性等的要求也更加严格。

多喷嘴对置式水煤浆气化技术涉及以纯氧和水煤浆为原料制合成气的过程，装置包括磨煤单元、气化及初步净化单元、含渣水处理单元。其技术特点体现在以下方面：多喷嘴对置的水煤浆气流床气化炉及复合床煤气洗涤冷却设备，混合器、旋风分离器、水洗塔三单元组合煤气初步净化工艺，蒸发分离直接换热式含渣水处理及热回收工艺。

（一）多喷嘴对置式水煤浆气化工艺流程

多喷嘴对置式水煤浆气化工艺流程见图6-27。该流程包括4个工序，即磨煤制浆工序、多喷嘴对置式水煤浆气化工序、合成气初步净化工序、含渣水处理工序。

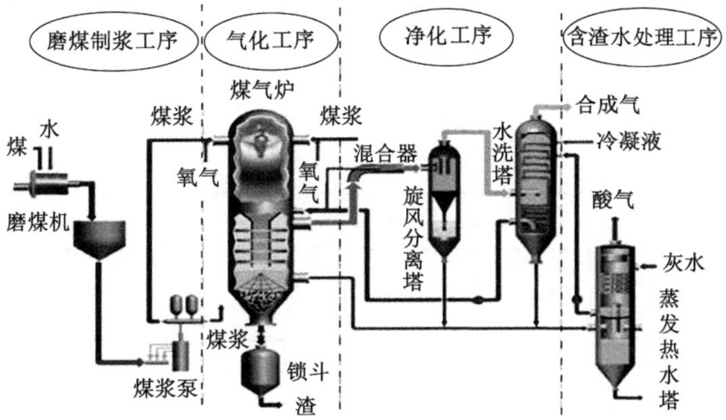

图6-27　多喷嘴对置式水煤浆气化工艺流程图

煤与水煤浆添加剂进入磨煤机，制得质量分数为60%～65%的煤浆，经煤浆给料泵加压后送至气化炉4只工艺烧嘴，来自空分装置的纯氧分4路经氧气流量调节后进入工艺烧嘴。在烧嘴头部水煤浆和氧气混合喷入气化炉，在气化炉内进行部分氧化反应，生成粗合成气、熔渣及未完全反应的碳。在气化炉中煤浆与氧主要发生如下反应：

$$C_mH_nS_r + O_2 \longrightarrow CO + H_2 + H_2S$$

$$C_mH_nS_r \longrightarrow CH_4 + C + H_2S$$

$$C + O_2 \longrightarrow CO_2 \qquad C + CO_2 \longrightarrow 2CO$$

$$C + H_2O \longrightarrow CO + H_2 \qquad CO + H_2 \longrightarrow H_2 + CO_2$$

未完全反应的碳通过燃烧室下部渣口与激冷水并流向下，进入气化炉激冷室水浴中。大部分熔渣在水浴中激冷固化，沉降到激冷室底部，通过静态破渣器破碎后进入锁斗定期排放。

粗合成气在气化炉激冷室液位以下以鼓泡形式上升进入激冷室上部分离空间，经多层破泡条除去部分气体中夹带的液体和固体颗粒后出气化炉，经混合器润湿及旋风分离器分离，再送水洗塔洗涤除尘，含尘量小于1 mg/m^{3}的合成气送后生产工序。

从气化炉、旋风分离器、水洗塔出来的三股黑水经液位、流量调节控制并减压后送入蒸发热水塔蒸发室。水蒸气及部分溶解在黑水中的酸性气CO_2、H_2S被迅速闪蒸出来上升至热水室，与低压灰水泵来的灰水、除氧水提升泵来的除氧水直接接触，被加热的灰水流到高温热水储槽，输送到水洗塔，作为合成气洗涤水。

未冷凝的闪蒸气经冷凝分离送至火炬燃烧。蒸发热水塔底部初步浓缩后的黑水通过液位调节阀送入真空闪蒸罐进行闪蒸分离。

（二）工艺指标

工业运行表明，多喷嘴对置水煤浆气化装置与德士古单喷嘴水煤浆气化装置相比，有效气成分含量提高 2%～8%，碳转化率提高 2%～3%，而比氧耗、比煤耗均有大幅降低，详见表 6-22。

表 6-22　多喷嘴对置水煤浆气化装置与德士古水煤浆气化装置工艺指标比较

装置		装置能力单炉吨煤/天	有效气成分（$CO+H_2$）含量/%	比氧耗/[$m^3 O_2$/1 000（$CO+H_2$）]	比煤耗/[kg 煤/1 000（$CO+H_2$）]	碳转化率/%	煤种
多喷嘴对置水煤浆气化装置	华鲁恒升	750	32.41	36.2	355	99.97	北宿煤
	兖矿国泰	1 000	84.9	309	535	98.8	
GE 水煤浆气化装置	兖矿鲁南化肥厂	400	82～83	336	547	96～97	北宿煤
	上海焦化有限公司	500	81	412	638	95	神府煤
	渭河化肥厂	750	78	415	627	95	华亭煤

（三）技术特点

高效的预膜式喷嘴更利于煤浆的雾化；多喷嘴进料在炉内形成撞击流场，强化混合和热质传递；喷淋和鼓泡复合床型的合成气初步洗涤冷却系统，避免了合成气带水带灰；采用分级净化思路的合成气初步净化系统净化效果好，系统能耗低，设备不易结垢堵灰；热回收与除渣单元采用蒸汽与返回灰水直接接触工艺，换热效果好，灰水温度高，蒸汽利用充分。这些创新点都已经申请专利并获得了授权，整套工艺具有完整的自主知识产权。

（四）多喷嘴对置式水煤浆气化技术的优势

多喷嘴对置式水煤浆气化技术在国际上与 GE、Shell、Siemens 的煤气化技术并驾齐驱，引起了国际煤气化领域的关注。与国外水煤浆气化技术相比，其技术特点和优势有以下几方面：

① 多喷嘴对置式气化炉和新型预膜式喷嘴的气化效率高，技术指标先进。与采用国外水煤浆气化技术运行结果相比，有效气成分含量提高 2～3 个百分点，CO_2 含量降低 2～3 个百分点，碳转化率提高 2～3 个百分点，比氧耗降低 7.9%，比煤耗降低 2.2%。

② 多喷嘴对置式气化炉喷嘴之间的协同作用好，气化炉负荷可调节范围大，负荷调节速度快，适应能力强，有利于装置大型化。

③ 复合床洗涤冷却技术的热质传递效果好，液位平稳，避免了引进技术的带水带灰问题。

④ 分级式合成气初步净化工艺节能，高效，表现为系统压降低，分离效果好，合成气中

细灰质量浓度低(<1 mg/m^3)。

⑤ 渣水处理系统采用直接换热技术,热回收效率高,克服了设备易结垢和堵塞的缺陷。

(五) 干粉煤进料气化技术与水煤浆加压气化技术的比较

1. 煤质要求及处理比较

Shell 粉煤气化用煤为干煤粉,用高压氮气输送入气化炉,煤种的要求范围宽,对煤的粒度、黏结性、含水量、含硫量、含氧量及灰分含量不敏感。但对灰熔点较高的煤,需加入助熔剂石灰石,以降低灰熔点。目前,只要有煤质的分析数据,不需要进行试烧和认定,即可根据用户提供的煤种进行装置设计。

新型水煤浆加压气化对煤种没有限制,可以是褐煤、烟煤、无烟煤等。由于气化的原料是水煤浆,煤浆需要有良好的稳定性、流动性、较低的灰熔点和泵易输送等特点,因此对原料煤的灰分、灰熔点、水分、可磨性、成浆性及化学活性均有一定要求。实践证明,原料煤的选用应遵循如下原则:① 原料煤供应稳定可靠;② 灰熔点低,要求尽量小于 1 250 ℃;③ 灰分含量低,否则易堵塞灰水管线,另外灰分增加易导致氧耗和煤耗的增加;④ 化学活性好。

2. 主要设备比较

Shell 气化炉包括膜式水冷壁、环形空间和压力外壳等,下部装有破渣机和锁渣罐。膜式水冷壁悬挂于压力壳体内。关键部件(气化炉及废热锅炉内件)需进口。水煤浆加压气化炉外壁为圆筒形,内壁衬有多层耐火砖,炉顶和炉内均无机械装置,气化炉下部为激冷室。设备已经实现国产化。Shell 粉煤气化炉与新型水煤浆气化炉的比较见表 6-23。

表 6-23　Shell 粉煤气化炉与新型水煤浆气化炉的比较

项目	Shell 粉煤气化炉	新型水煤浆气化炉
处理量/t	1 000	1 000
直径/mm	3 600	3 400
气化剂	氧气	氧气
气化压力/MPa	2.5	4.0
能量回收形式	水冷壁+废热锅炉	激冷
气化温度/℃	1 400~1 700	1 350~1 400
加煤装置	烧嘴 4 只/炉	烧嘴 4 只/炉
炉体保护	水冷壁	耐火材料
易损件	无	耐火材料
破渣装置	有	无
流型	气流床	气流床

3. 投资比较

以广西柳州化肥厂 Shell 煤加压气化技术改造方案与兖矿集团新型水煤浆气化示范工程方案比较,结果见表 6-24。

表 6-24　投资对比表

单位:万元

项　　目	Shell 粉煤气化	新型水煤浆气化
固定资产	29 851.64	27 380
气　化	16 403.32	15 000
空　分*	11 802	11 800
变　换	731.32	580
无形资产(专利、软件费)	2 076.02	自主知识产权

气化炉　　德士古气化炉双喷嘴　　德士古气化炉单喷嘴　　课程资源

思　考　题

1. 简述气流床气化技术的原理。
2. 简述现代气流床气化发展的趋势。
3. 简述气流床气化的特点。
4. 气流床气化为什么采用纯氧而不采用空气做气化剂?
5. 气流床气化为什么采用煤粉进料?
6. 气流床气化采用高压气化有何优势?
7. 气流床气化存在哪些问题?
8. 温度升高对气流床气化过程有何影响?
9. 氧煤比对气流床气化有何影响?
10. 为什么煤的黏结性对气流床气化过程没有太大影响?
11. Shell 煤气化炉的膜式水冷壁是由哪几部分组成的,各自的作用分别是什么?
12. 简述相较于氮气,二氧化碳作为密相输送气的优势。
13. 简述 KT 炉的优缺点。
14. KT 炉对煤种的要求如何?
15. 简述 GSP 加压气流床气化炉的结构特点。
16. 什么是水煤浆?
17. 水煤浆进料加压气化技术有何优点?
18. 简要介绍德士古加压水煤浆气化的工艺流程。
19. 简要说明废锅流程的主要特点及其适用性。
20. 废锅流程与激冷流程相比有何优缺点?
21. 试分析水煤浆浓度对气化工艺的影响。

22. 在德士古气化工艺中,为什么煤种的灰分含量高要加入助熔剂?
23. 衡量德士古气化法煤种适应性的主要指标是哪些?
24. K-T 炉的喷嘴为什么对称设置?
25. 为什么要向水煤浆中添加分散剂?
26. 德士古气化炉有哪两种类型,主要区别是什么?
27. 影响德士古气化的主要工艺指标有哪些?
28. 煤粉粒度对水煤浆气化有何影响?
29. 压力对气流床气化有何影响?
30. 德士古气化对煤种的选择有何要求?
31. 多喷嘴对置式水煤浆气化技术具有什么优势?

第七章 其他气化方法

第一节 概 述

煤炭气化技术的发展已经有150多年的历史，煤炭气化技术逐渐成熟，并且呈现多样化。除了应用最为成熟广泛的固定床、流化床和气流床气化技术外，相关专家和学者还开发了一系列具有针对性的气化技术。这主要包括煤炭地下气化技术、熔浴床气化技术、催化气化技术。

煤炭地下气化是针对难开采的地下煤层进行就地气化生产煤气的一种方法。由于地下煤层的构成及其走向变化多端，虽经几十年的研究试验，至今尚未形成一种工艺成熟、技术可靠、经济合理的地下气化方法。目前，地下气化在技术经济上一般还不能与地上气化相竞争，但在某些特殊的场合，若煤层埋藏很深，甲烷含量很高，或煤层很薄，灰分含量高，顶板状况险恶，进行开采既不经济又不安全时，这时可采用地下气化方法。

熔浴床气化是一种气-液-固三相反应的气化技术，燃料和气化剂并流进入气化炉内，煤在熔融的渣、金属或盐浴中直接接触气化剂气化。由于熔融炉内温度很高，燃料一进入床内便被迅速气化，因而没有焦油物质生成。熔浴床对煤的粒度没有过分限制，大部分熔浴床气化炉内可使用较粗的煤颗粒，也可使用强黏结性煤、高灰煤和高硫煤。熔浴床的缺点是热损失大，熔融物对环境污染严重，高温熔盐会对炉体造成严重腐蚀，对炉体的材料要求非常严格，目前该项技术仍处于试验和中试阶段。

催化气化是在气化的过程中添加催化剂，改变气化反应的途径，降低反应的活化能，加速反应的进行。催化气化突出的特点是可以使气化反应在较低的温度下，有较高的反应速率和较高的过程能量利用率。由于催化作用，气化反应速率很快，生成以一氧化碳、氢气、二氧化碳和甲烷为主的粗煤气。目前该技术的主要问题是催化剂的回收，需设置催化剂回收和深冷循环系统，增加了投资费用。若采用廉价的催化剂，争取在使用后不再回收，可简化流程。现正在研究钙盐催化剂，其来源广泛，可不必回收。催化气化已经接近工业化使用阶段。

在本书的后面章节中主要介绍了煤炭地下气化技术和熔浴床气化技术。

第二节　煤炭地下气化

一、煤炭地下气化基本原理

煤炭地下气化是集煤的开采和转化于一体，在地下煤层中直接构筑“气化炉”，通入气化剂，有控制地使煤炭在地下进行气化反应，使煤炭在原地自然状态下转化为可燃气体并输送到地面的过程。

许多煤田由于煤层太薄、太深，高灰等原因在技术和经济上不值得进行开采，或者由于煤层过于陡斜，顶板状况危险，从安全角度不适宜开采。而采用地下气化则能利用这些煤，显著地提高煤炭的可采储量。而且地下气化使能量以清洁的方式输出地面，大大减少了开采和地面制气时环境所造成的污染。图 7-1 为煤炭地下气化原理示意图。

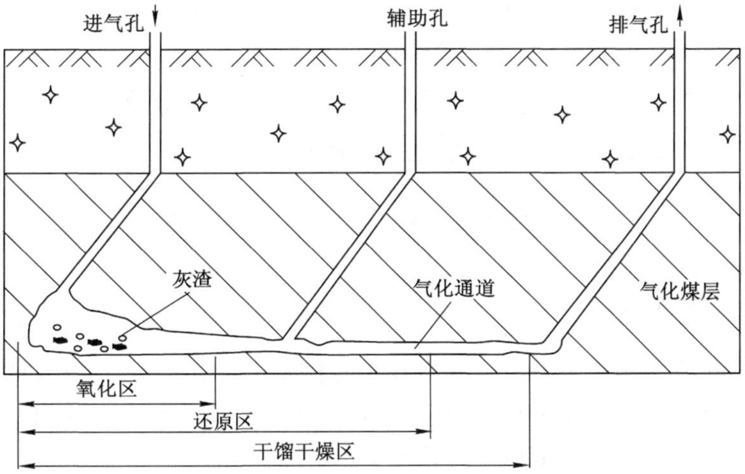

图 7-1　煤炭地下气化原理示意图

在地下气化时，由地面到煤层开掘两个钻孔，两钻孔底部有一水平通道，水平通道和两个钻孔所包围的煤区即地下煤气发生炉。由于煤层是倾斜的，煤层上方是顶板。当由一个钻孔通入空气，生成煤气则由另一钻孔逸出。图 7-1 所示进空气的钻孔底部燃烧较为激烈，时间一久使煤层严重变形。为了避免这种情况，可交替地向一个钻孔供给气化剂，与此相应，生成煤气可以交替从另一钻孔排出。

沿水平通道，煤层表面遇到氧后，煤中的碳和氢燃烧生成 CO_2 和 H_2O。气流继续向前移动时，生成的 CO_2 和水蒸气被灼热的煤层表面所还原，但是只要气流中还有游离的氧时，则还原产物 CO 和 H_2 将发生燃烧直到氧被耗尽为止，此时即为氧化层的终端。显然通道的截面越大，气流的涡流越弱，游离氧被完全消耗所需路径越长。气流中氧消耗的断面处为还原层的起点，在还原层中进行 CO_2 的还原和水蒸气的分解反应。还原层的长度完全由煤层表面的温度所决定。在煤层温度降低到不能进行还原反应的地方，则为燃烧的干馏层始端。由还原层来的气体使煤干馏，干馏产物混入从还原层来的气流中。在干馏层之后，为燃烧的干燥层。在地下气化炉中反应区沿着气流流动的方向，依次分别为氧化、还原、干馏及干燥等区域。

根据在煤层纵深空间方向上所发生反应的不同可分成 5 个带，即燃空带、焦化带、干馏带、干燥带、自然带。在燃空带，有煤中有机成分反应完全剩下的灰渣，并有塌落的岩石；焦化带区域温度高，煤经过软化、熔融和收缩过程变成半焦，并与气化剂发生氧化和还原反应；干馏带温度低于 700 ℃，煤中有机质受热发生热解，释放出挥发分；干燥带温度低于 300 ℃，煤中的液体水蒸发变成气态水蒸气；煤层自然带温度很低，对煤影响很小。将图 7-1 沿横截面剖开示于图 7-2。

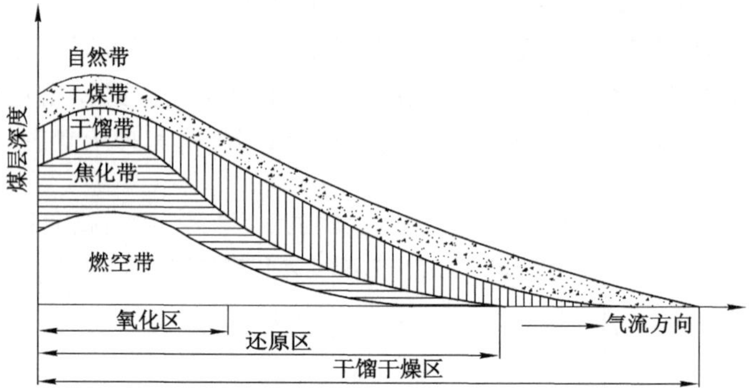

图 7-2　地下气化煤层纵深方向反应带示意图

二、煤炭地下气化方法

煤炭地下气化技术按施工方法可分为有井式和无井式两种工艺。有井式是指气化炉的施工都在地下进行，进、排气孔是井筒，气化通道是人工掘进的煤巷。无井式是指所有建炉工作都在地面进行，进、排气孔由地面打钻施工。

（一）有井式

所谓有井式地下气化就是从地面向煤层凿出井筒后，用煤层平巷连通，点燃煤层，生产煤气。有井式地下气化技术是在总结无井式地下气化工艺的基础上，结合矿井遗留煤层气化的特点提出的煤炭地下气化技术，它是利用井下巷道和井筒构成气化炉。

有井式地下气化分为以下几种形式。

1. 室式气化

室式气化如图 7-3 所示。

室式地下气化必须预先开凿竖井和平巷，将打开的煤层用岩石砌筑成气化室，井巷则作为气化剂和生成气的通道，对煤层进行气化。

2. 内部钻孔气化

内部钻孔气化如图 7-4 所示。

内部钻孔气化法也需要预先进行地下井巷的工程建设，但不需要对准备气化的煤层进行封闭工作，而是采取在竖井内部钻孔，以建立气化通道。

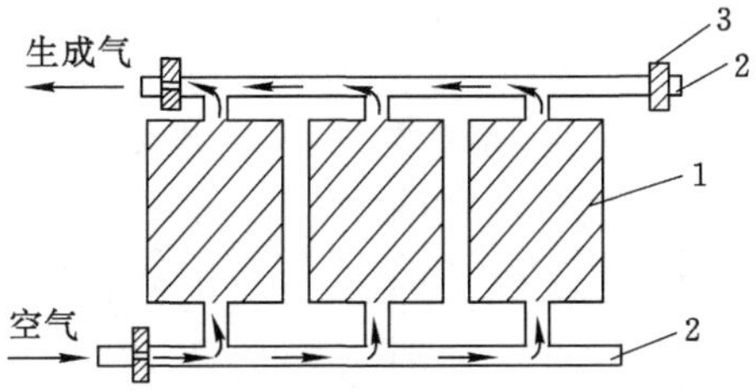

1—煤层；2—水平巷道；3—隔墙。

图 7-3　室式气化

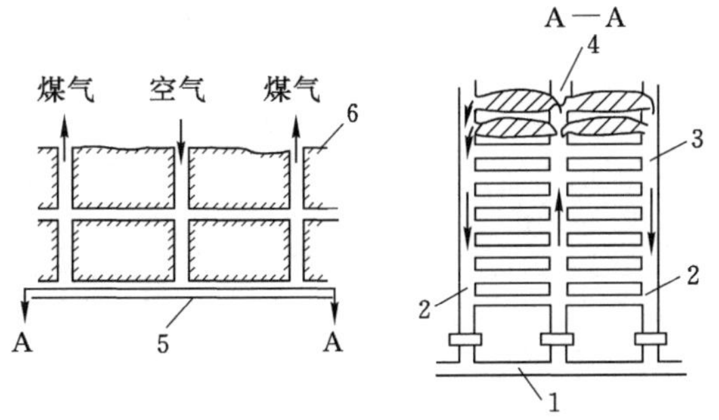

1—总巷道；2—生成气巷道；3—水平孔道；
4—空气巷道；5—煤层；6—地面；

图 7-4　内部钻孔气化

3. 气流式气化

气流式气化如图 7-5 所示。

气流式竖井法试验的煤层厚度为 0.5～0.9 m，倾角为 75°～80°，将被气化煤层和准备气化煤层隔为两个区域，竖井按煤层的倾斜角开掘，每个煤层有两个倾斜竖井，它们的底部有一个水平巷道连通。平行的两个竖井的间距约 91 m，竖井沿煤层陡斜面的长度约 55 m，形成一个矩形待气化区，约包含有11 000～12 000 t 煤。

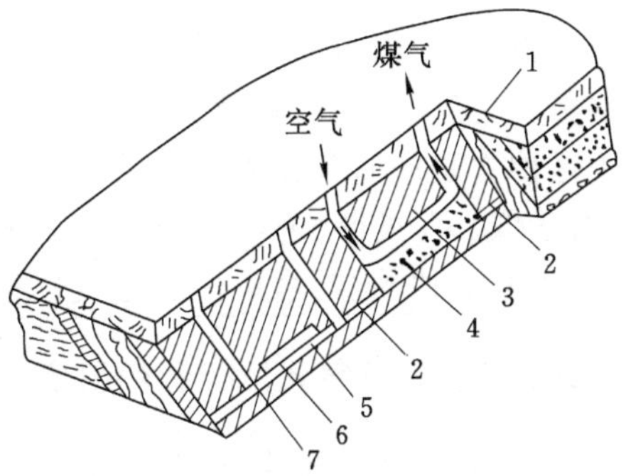

1—地面；2—石门；3—气化煤层；4—灰渣；
5—火巷；6—点火区；7—待气化煤层。

图 7-5　气流式气化

（二）无井式

无井式地下气化炉主要由进气通道、排气通道、气流通道和气化通道组成，完全采用地面作业来进行钻孔建炉、气化通道贯通、地下燃烧过程控制和气化工艺条件操作。

无井式地下气化分为以下几种方式。

1. 单孔式气化

单孔式气化如图 7-6 所示。

它是一种简单的地下气化法。该法直接从地面向地下待气化的煤层内钻孔，在钻孔内装上套管，套管内再设内管，管道底部是敞开的，并深入待气化的煤层内。气化时，空气从内管送入，在管道底端所形成的煤层气化空腔内进行气化反应，生成气则通过套管送出。此法只能生产热值很低的煤气，且随着气化区域的扩大，煤气产量大减甚至停止产气，另外对管道材质要求较高，因此难以推广使用。

2. 渗透气化

其基本原理如图 7-7 所示。

该法使用的前提是被气化的煤层必须具有天然的空隙和裂隙，这样可以使气化剂顺利地进入煤层。该法是从地面上向被气化的地下煤层钻有相当数量的孔，并使孔之间能互相渗透。气化时，首先点燃煤层，通过钻孔向煤层鼓风，鼓入的空气沿煤层的天然裂缝渗透，即可在煤层中形成气化带——工作面。同时，随着煤层气化的进行，气化带逐渐发展成气化空间。生成的煤气通过排气孔送出地面。采用渗透法时，鼓风空气在天然缝隙中受到的流动

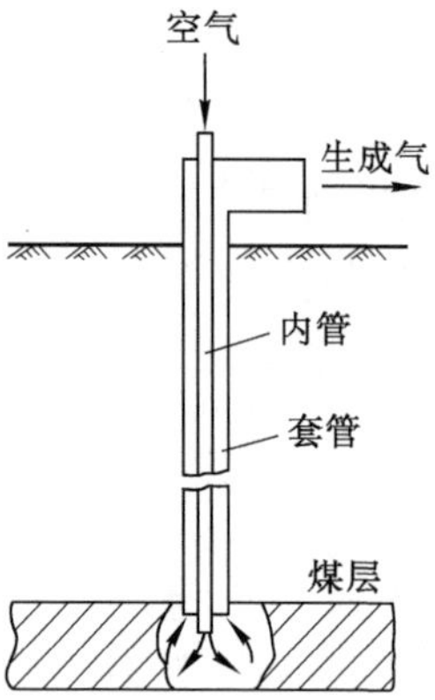

图 7-6　单孔式气化

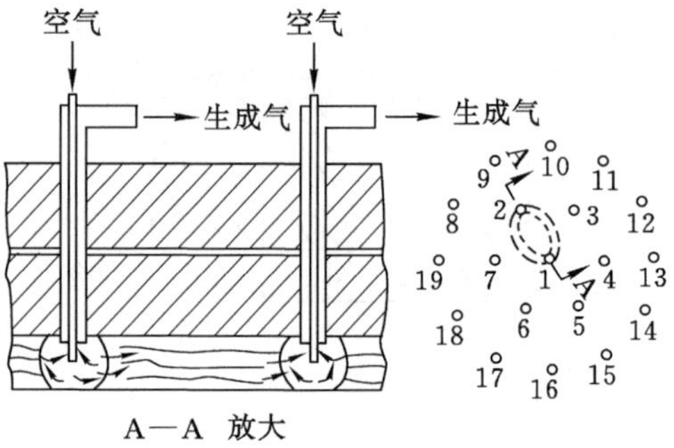

图 7-7　渗透气化

阻力相当大，故需采用高压鼓风，这些高压气体中的一部分将透过顶底板的岩石而损失，不能参与气化反应过程，特别是随着气化析空区上方顶板岩石的破坏，气体的损失量将更大。使用这种方法同时气化大面积的煤层是有困难的，通常用此法在煤层内气化一条通道。但是，对于低品位的年轻煤如褐煤，其一般都具有天然的透气性，因此可直接利用此法进行气化；对于高品位的煤，由于煤层透气性很差，用此法气化困难较大。

三、煤炭地下气化运行影响因素

一般而言，影响地面煤炭气化运行的主要因素包括原煤的物理化学性质、气化过程操作条件以及气化炉的结构型式；而对地下煤炭气化而言，还包括地下气化炉的周边环境，如地质构造、水文特征等。

煤的物理化学性质包括煤的渗透率、受热膨胀性及传热和传质性质。煤的渗透率随煤的变质程度而变，褐煤的渗透率为烟煤的 1 000 倍，次烟煤的渗透率比烟煤高一个数量级，无烟煤的渗透率最差。煤的膨胀性足够大时，在气化时将会堵塞煤床中的气流通道。因此，强黏结性的烟煤是难以进行地下气化的，而褐煤最适宜进行地下气化。

适当的地下水可以促进气化过程，提高煤气的热值，但是过多地下水涌入气化区又将使气化热量散失，使煤气热值降低；当煤层厚度小于 2 m 时，水涌入和围岩的冷却作用大，对煤气热值的影响较大。薄煤层可以增加鼓风速率或用富氧鼓风来提高煤气的热值。厚煤层有利于提高煤气热值和生产能力，但厚煤层又适宜于机械化开采，地下气化一般以 1.3～3.5 m 煤层最为经济合理。

地下气化强度是由鼓风量来控制的，提高鼓风量可以增加气化强度，并减少水涌入量的影响，且因为气化区温度的提高，煤气热值也相应提高。但鼓风量过高，煤气的热值反而降低。一般认为富氧鼓风可以提高煤气的热值，但是在一些试验中发现 CO/CO_2 比率并不随鼓风中氧含量增加而明显地变化，这是由于氧的旁路或者转化反应增多。

当地下气化通道较长时，燃烧区、气化区及干馏区较完整，有利于气化反应的进行，提高煤气的热值。通道较短，干馏区减小或损失，使甲烷减少。但通道过长，也会使煤气过于冷却，降低 CO/CO_2 比例。

第三节　熔浴床气化

一、熔浴床气化的基本原理

熔浴床气化是20世纪50年代开始研究的气、液、固三相反应的气化方法。其特点是有一温度较高(通常为1 600～1 700 ℃)且高度稳定的熔池。气化反应的全部过程都在熔池内完成,并生成以一氧化碳和氢气为主要成分的煤气。碳的转化率很高,可达99%。熔浴床气化法可分为熔渣气化法、熔盐气化法和熔铁气化法三类。

(一) 熔渣气化法

熔渣气化法利用熔渣池既做热源又做主要反应区。磨细至粒径为2～4 mm的粉煤经喷嘴沿切线方向喷入温度为1 600～1 700 ℃的熔渣池内,粉煤受高温热辐射作用,很快析出挥发分并成为半焦颗粒,半焦颗粒与压力输入的氧气一起以5 m/s的线速度推动熔渣旋转。半焦颗粒迅速升温到1 000 ℃以上,并在形成的气泡内快速进行气化反应,生成的煤气温度达1 000 ℃,并对热分解气体进行进一步裂解和气化,因此,粗煤气中的烃类和水蒸气含量很低。熔渣中含有铁的氧化物,在气化过程中,氧化铁能与煤中的碳及输入的氧发生如下反应:

$$Fe_2O_3+C \rightleftharpoons 2FeO+CO$$

$$2FeO+\frac{1}{2}O_2 \rightleftharpoons Fe_2O_3$$

很明显,熔渣起着传递氧的作用,并对气化进程具有催化作用。

熔渣的组成决定了熔渣的黏度和流动性,进而影响熔渣池内气化反应进行的程度。熔渣黏度越低(一般为10 P时),流动性越好,此时进入渣池内的反应物质容易形成气泡,使反应面积迅速增大,从而加快气化反应速度;相反,如果熔渣黏度很高(一般超过100 P时),气化反应物质就不易形成气泡,只能在较小的反应面积上进行气化反应,使反应速度相对降低。所以,熔渣黏度是该气化法的重要因素,也是区别于其他气化方法的不同之处。

熔渣自身具有的黏度决定了熔渣在渣池内流动时具有一定的黏滞性,保证了粉煤颗粒在渣池内具有一定的停留时间。移动床气化时,反应物之间相对流速快而气化强度低;流化床和气流床气化时,反应物之间相对流速慢而气化强度高,但反应不完全;熔渣池气化时,由于以上的黏滞性和高温环境,保留了两者的优点,克服了两者的缺点,气化反应得以快速而顺利地进行。

通常,熔渣池深度约为500 mm,其容积的大小取决于熔渣的蓄热能力,必须能足以提供反应过程所需要的反应热和热介质的热量。熔渣是混合物,其中铁矿渣是基本熔质,熔融的粉煤和由其迅速转化成的半焦颗粒以及完全气化形成的灰渣都是熔渣的组成部分。熔渣中的三氧化二铁是一种有效的廉价助熔剂,保证了熔渣良好的流动性。

(二) 熔盐气化法

熔盐气化法是煤气化反应的全部过程都在熔融盐床内完成的一种方式。一般选用的熔盐为碳酸钠。煤与气化剂直接进入熔盐,此时熔盐的作用是:

① 熔盐作为煤与气化剂空气的分散剂;

② 熔盐作为高传热效率的蓄热池，不断地吸收和分配氧化反应的热量，提供煤热解和气化的热量；

③ 熔盐与煤中的硫反应，将硫捕集下来，同时煤中的灰也被捕集下来；

④ 熔盐对水蒸气的分解反应有很强的催化作用，生成的硫化物则是煤部分氧化的催化剂。因此，熔盐气化法可适当降低反应温度。

（三）熔铁气化法

熔铁气化法是以铁为熔质的一种气化方法，粉煤在熔融的高温铁水中（铁浴）具有良好的溶解能力，煤中的硫与铁水之间具有强烈的亲和性。因此，该法可气化高硫煤。铁浴温度一般控制在 1 370 ℃，以碳酸钙为助熔剂，具有脱硫作用，生成的煤气组成简单。

熔浴床气化法与移动床、流化床等气化法相比，具有如下优点：

① 煤种适应性广，且不受煤的灰熔点、黏结性和热稳定性的限制，与气流床相比粉煤粒径较大。

② 可全部气化粉煤中的可燃组分，碳转化率高。

③ 碱性熔融介质具有脱除酸性气体的特点，使所有的硫化氢和其他含硫物质得以全部脱除。

④ 熔融介质具有一定的黏度，可以延长粉煤在溶池中的停留时间，并且由于高温，可使焦油和酚等完全分解。

⑤ 生产操作弹性很宽，甚至可在短时间内停止进料，并且具有较大的调节用气负荷的能力。

二、熔浴床气化工艺

（一）熔渣气化工艺

1. 罗米尔(Rummel)常压熔渣气化工艺

罗米尔常压熔渣气化炉分为单筒式和双筒式两种结构，如图 7-8 所示。

单筒式如图 7-8(a)所示。筒身为一直立的圆筒体，内有一层半米高的液体熔渣。熔渣溢流口穿过筒底，熔渣经此口溢流而出，溢流速度应与新熔渣的生成速度相一致。筒体底部与中央熔渣溢流口之间形成一个环状熔渣池。筒体下部沿圆周设有一圈喷嘴（4～6 个），与筒体呈切线方向安装，喷嘴的末端设在熔渣床层的水平线以下。气化剂（氧气和水蒸气）和粉煤交替地从这些喷嘴中以高速（6～7 m/s）喷入炉内，使熔渣做旋转运动，其表面呈抛物线型。

双筒式如图 7-8(b)所示。其目的是在不用氧气的条件下连续生产合成用煤气。气化炉由气化室和燃烧室组成，两室之间用一气密隔墙隔开，气化室和燃烧室底部有一公用的熔渣池，隔墙稍浸入渣池中。粉煤和水蒸气喷入气化室下部的熔渣池，进行干馏和气化，反应所需的热量由燃烧室过来的熔渣提供，熔渣被冷却。旋转的熔渣，带着未气化的粉煤颗粒，从气化室进入燃烧室，剩余的粉煤在此与空气燃烧，空气由喷嘴喷入，同时送入补充粉煤。以高速切线状喷入的空气将作为两室间热载体的熔渣推回到气化室，气化和燃烧过程就这样周而复始地进行。煤气由气化室上部出口引出，燃烧废气由燃烧室上部出口引出。

罗米尔法气化法气化褐煤的生产指标见表 7-1。

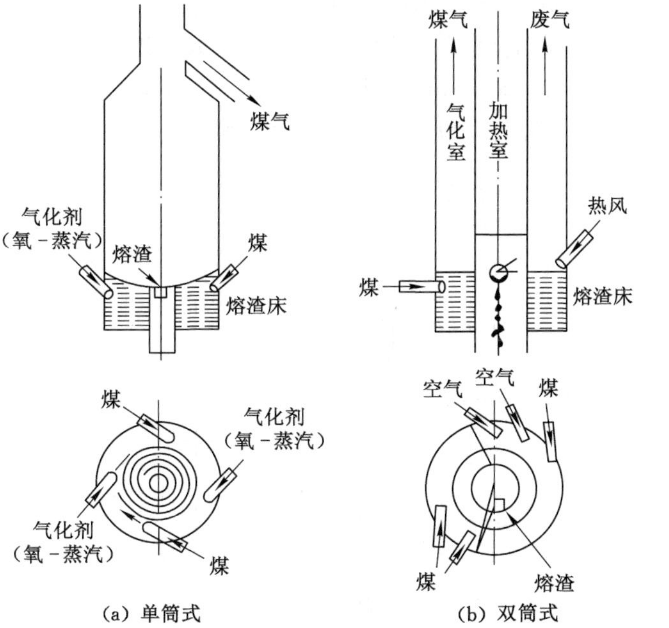

图 7-8 罗米尔常压熔渣气化炉的结构示意图

表 7-1 罗米尔气化法气化褐煤的生产指标

指标名称		工业炉(单筒式炉)	试验炉(双筒式炉)
褐煤粒度/mm		0～5	0～3
气体分析/%	CO_2	13.3	15
	CO	52.0	43.5
	H_2	32.1	40.0
	N_2	1.9	1.0
	CH_4	0.4	0.5
	C_mH_n	0.2	—
	O_2	0.1	—
气体产生量(在标准状态下)/(m^3/kg)		1.73	1.83
燃料消耗量(在标准状态下)/[kg/1 000 m^3(CO+H_2)]		650	429
氧消耗量(97%)/[kg/1 000 m^3(CO+H_2)]		384	243
蒸汽消耗量/[kg/1 000 m^3(CO+H_2)]		85	—
碳利用率/%		99	99
副产蒸汽/(kg/kg)		1.03(1.78 MPa)	0.7(475 ℃)

目前，上述熔渣池气化的主要技术问题是渣池析铁。在双筒炉中发现，一旦氧化铁还原，将迅速还原成金属铁，沉在渣池底部，影响试验的进行。

我国也曾试验过罗米尔气化法，取得了一些经验，但也遇到许多问题。

2. 萨尔堡-奥托(Saarberg-Otto)加压熔渣气化工艺

萨尔堡-奥托加压熔渣气化法是一种比较有前途的第二代气化方法。其试验炉如图 7-9 所示。气化炉内径为 1.4 m,高 16 m,炉体分为三段,下部为主气化段(熔渣段),中部为次气化段(后气化段),上部为煤气冷却段。底部为卸渣装置。

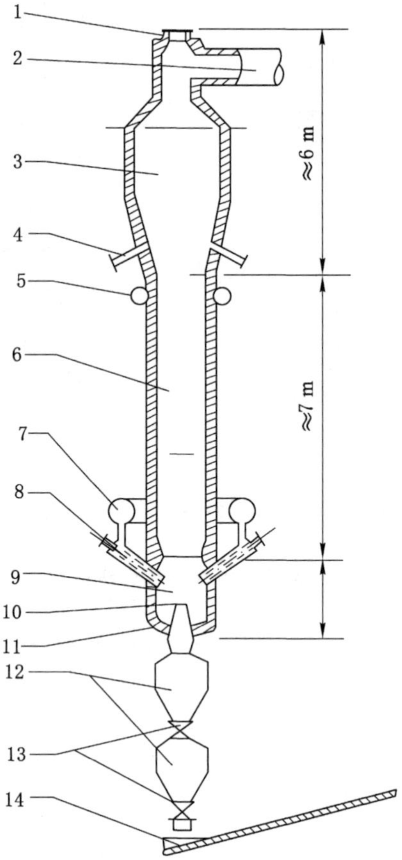

1—人孔;2—煤气出口;3—冷却段;4—急冷煤气进口;5—冷却水出口;6—后气化段;7—气化剂入口;8—粉煤入口;9—熔渣段;10—溢流渣口;11—冷却水入口;12—压力渣罐;13—插板阀;14—胶带机。

图 7-9 萨尔堡-奥托气化炉

萨尔堡-奥托气化工艺流程如图 7-10 所示。将原料煤在煤料粉碎和干燥设备中粉碎至 3 mm 以下,并干燥至水分为 2%(褐煤为 12%),然后送到煤仓,并在 0.098 MPa 的压力下用氮气从煤仓通过输煤漏斗送至压力给煤仓,再用循环煤气做载体,由四根给煤管道连续送入气化炉。煤料与气化剂(蒸汽与氧气或富氧空气或空气)在熔渣面由喷嘴沿线方向喷入熔渣段,在 1 650~2 400 ℃高温下反应,氧气或空气被饱和蒸汽预热,预热所用蒸汽由废热回收装置产生。气化用蒸汽是高压过热蒸汽。形成的灰渣由气化炉底部的中心旋塞排出,经骤冷水箱成粒后卸至灰锁。

熔渣段生成的气体夹带着焦粒和渣粒旋转上升。在熔渣段与后气化段之间,由于缩小的环形空间加快了旋转速度,因此在离心力的作用下,焦粒和渣粒被甩向炉壁,返回熔渣段,而更细的颗粒仍被煤气夹带进入后气化段,在此段中约有 10%的碳继续转化为煤气。上部的煤气冷却段具有较大的截面，煤气速度降低，使碳粒和渣粒从煤气中分离出来，同时加入冷循环煤气，将出炉煤气温度降至 800～900 ℃，熔渣粒被固化、分离。出炉煤气经旋风分离器除去大部分固体颗粒后，进入废热锅炉，并产生高压过热蒸汽。然后经过高温纤维过滤器除去细粒灰尘，最后在喷射冷却器中冷却至 40 ℃后，送去脱硫。表 7-2 为该法气化烟煤和褐煤的生产指标。

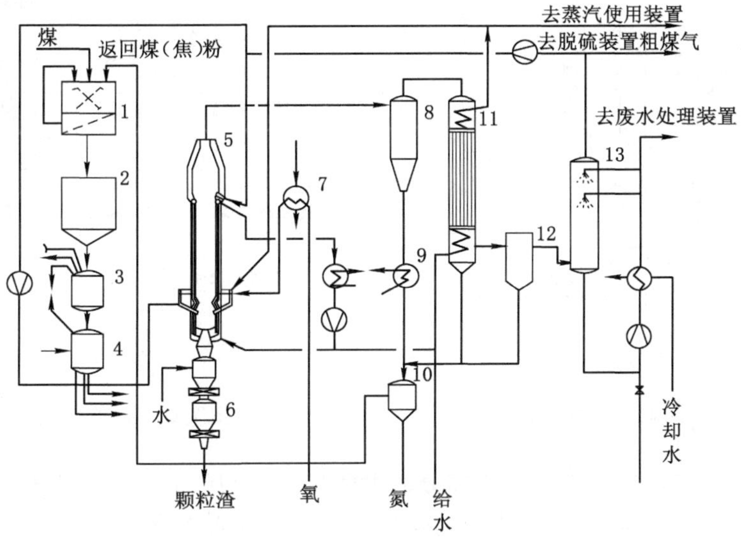

1—煤料粉碎和干燥设备；2—煤仓；3—输煤漏斗；4—压力给煤仓；5—气化炉；6—灰锁；7—热交换器；8—旋风分离器；9—热交换器；10—循环灰和焦粒储槽；11—废热锅炉；12—高温纤维过滤器；13—喷射冷却器。

图 7-10　萨尔堡-奥托气化工艺流程

表 7-2　萨尔堡-奥托气化法的生产指标

原料煤		烟煤	莱茵褐煤
煤气组成/%	CO	53.6	57.6
	CO_2	14.0	12.8
	H_2	30.7	27.9
	CH_4	0.5	0.5
	H_2S+COS	0.5	0.1
	N_2+Ar	0.7	1.1
煤气热值/(kJ/m^3)		10 358	10 470
煤气产率/(m^3/kg)		2.16	1.36

（二）熔盐气化工艺

该气化工艺中典型的是凯洛格气化法，操作压力为 7.84 MPa，在熔融碳酸盐池内进行。图 7-11 为具有气化和燃烧两个反应区的单筒熔盐气化炉，两个反应区下部的熔盐池是相通的。反应压力为 2.79 MPa，熔盐池温度为 950～1 000 ℃。粉煤和水蒸气均从熔盐液面下进入，未气化的碳随熔盐在池内循环流动，并与空气在熔盐池内浸没燃烧，放出的热量加热熔盐流，提供气化反应的热量。也可将燃烧和气化两个反应区分成两个独立设置的反应器，如图 7-12 所示，两反应器之间设置熔盐流循环管，由送入气化炉底部的水蒸气推动熔盐流循环流动。

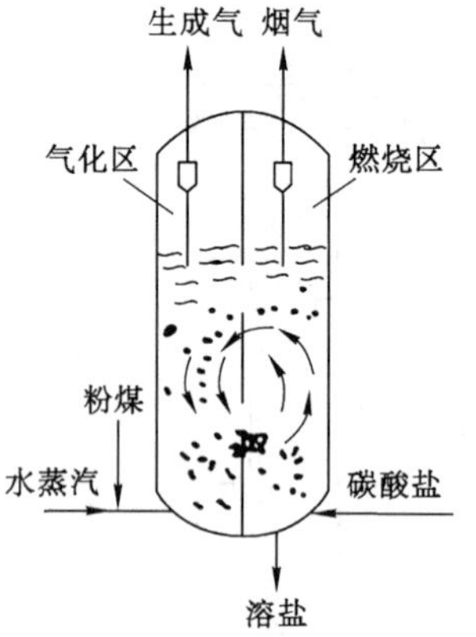

图 7-11　单筒熔盐气化炉

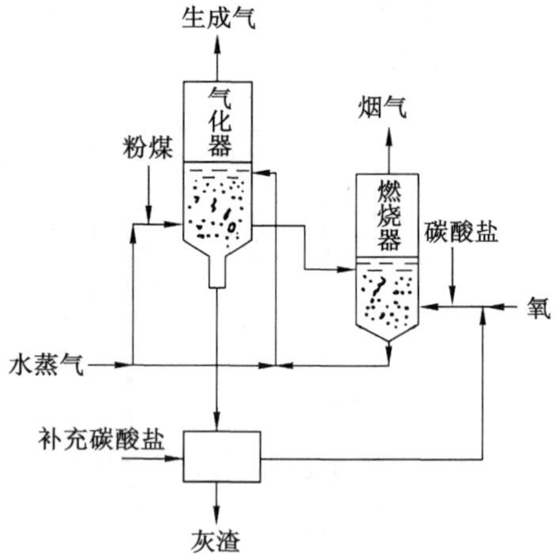

图 7-12　双筒熔盐气化炉

高压熔盐气化法用氧气作为燃烧部分的助燃剂，反应压力为 8.23 MPa。从理论上讲，气化器和燃烧器分开设置后，燃烧生成的二氧化碳不会混入生成煤气中。但在实际试验中，由于碳酸钠与水蒸气作用而发生水解，由此造成的影响必须加以考虑。通常，碳酸钠性质比较稳定，在 982 ℃时，其分解压力仅 1.96 kPa，在该温度下，碳酸钠与水蒸气作用时，只有少量(约 6%)发生水解，其水解反应式为：

$$Na_2CO_3 + H_2O(g) = 2NaOH + CO_2\uparrow$$

气化器中碳酸钠与水蒸气和生成的水解混合物，在返回到燃烧器后又会与二氧化碳反应生成碳酸钠，而且水解所消耗的热量可由燃烧放热得以补偿。同时，气化器熔盐池内水解生成的二氧化碳会随粗煤气一起析出。所以，双筒式气化炉虽然避免或减轻了燃烧烟气的稀释作用，但水解的副作用是不可避免的。为了减轻碳酸钠的水解程度，可适当降低反应温度，即由原来的 1 093 ℃降至 926 ℃，并重新将双筒式熔盐气化炉改成单筒式熔盐气化炉，改进后的系统如图 7-13 所示。所得煤气组成(体积分数%)为：H_2：34.8，CO：26.0，CH_4：5.8，CO_2：10.3，H_2S：0.2，N_2：0.3，$H_2O(g)$：22.6。按干气计算的煤气热值约为 12 270 kJ/m^3。

（三）熔铁气化工艺

美国 Applied Technology Coporation 开发了 Atgas 法，主要用于生产代用天然气(SNG)，其流程框图如图 7-14 所示。

粉煤由压力为 0.34 MPa 的水蒸气带入铁浴床中，氧气单独输入，反应温度为 1 370 ℃，常压。煤中的固定碳和硫首先溶解于铁水中，挥发分则被高温铁水深度裂解，转化成一氧化碳和氢气。固定碳与水蒸气、氧气反应生成一氧化碳和氢气。煤中的硫与石灰结合生成硫化钙。熔铁浴分为上下两层，粉煤和熔渣(液态熔渣和硫化钙)浮在上层，比重较大的铁水在下层。含有灰和硫的熔渣不断地从气化炉中排出，并可用蒸汽脱硫，生成元素硫和脱硫渣。炉出的粗煤气温度很高，经废热锅炉回收显热，再经除尘、冷却、变换和甲烷化等一系列净化加工工序，成为产品煤气——代用天然气。

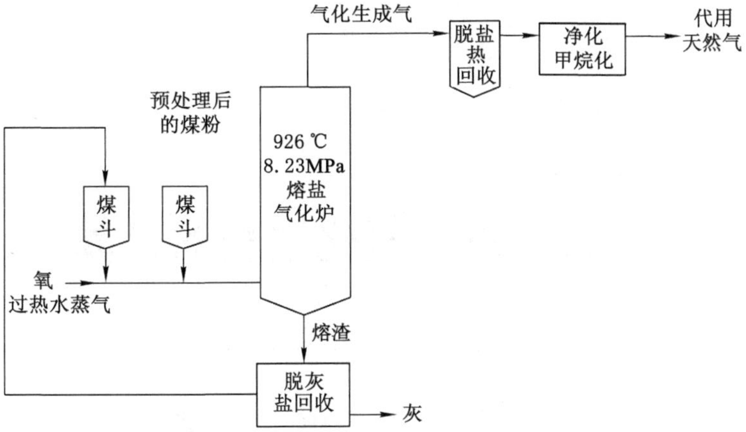

图 7-13　高压熔盐气化工艺流程

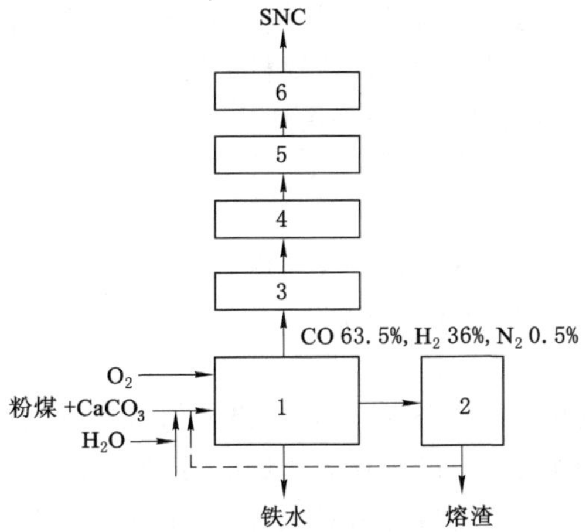

1—气化炉；2—熔渣脱硫；3—废热锅炉；4—洗涤冷却；5—净化变换；6—甲烷化。

图 7-14　Atgas 流程框图

课程资源

思　考　题

1. 简述煤炭地下气化的基本原理。
2. 煤炭地下气化有哪几种方法？
3. 熔浴床气化分哪几种方法？基本原理是什么？
4. 熔浴床气化工艺有几种？举一例说明。

第八章　气化过程的计算

第一节　概　　述

气化过程的计算，就是计算某原料煤种，在给定的操作条件（温度、压力、气化剂组成等）下制造煤气的各项气化指标，这些指标既是煤气化生产的主要技术指标，又可作为工艺设计和运行的原始依据。气化过程计算的基础是物料平衡方程和热量平衡方程。通常采用的方法有综合计算法、实际数据计算法和反应平衡计算法三种。

一、气化指标

气化过程的气化指标主要是煤气的组成和热值、煤气产率、原料损失量、气化效率和热效率、气化强度、气化剂耗量、炉渣含碳量等。

（一）煤气的组成和热值

煤气热值取决于煤气中可燃成分的含量。出炉煤气的成分一般包括：CO、H_2、CH_4、H_2O、CO_2、C_mH_n、N_2、焦油雾、尘粒以及其他微量杂质（如 NO、NH_3、H_2S、COS、HCN 等）。经过冷却净化处理后的冷煤气主要成分为 CO、H_2、CH_4、CO_2、H_2O、N_2。

（二）煤气产率

煤气产率是指气化单位质量的原料制得煤气的体积数，单位是 m^3/kg。煤气产率一般分为湿煤气产率和干煤气产率两种，前者为单位原料产生的湿煤气体积（包括水分在内的煤气量），后者为单位原料产生的干煤气体积。

（三）原料损失量

气化过程中的原料损失包括煤气离开气化炉的带出损失和随灰渣离开气化炉的排出损失两部分。原料损失量主要取决于原料的物理性质、气化过程的鼓风速度、水蒸气加入状况以及气化炉的结构。一般带出损失以干煤计，排出损失以纯碳计。

（四）气化效率和热效率

1. 气化效率

气化效率是指生成物的发热量占原料发热量的百分率。

$$\eta_G = \frac{Q_g \cdot V}{Q_{coal}} \times 100\% \text{（不包括焦油）}$$

$$\eta_G = \frac{Q_g \cdot V + Q_{tar}}{Q_{coal}} \times 100\% \text{（包括焦油）}$$

式中 η_G——气化效率，%；

Q_g——生成煤气的热值，kJ/m^3；

V——煤气产率，m^3/kg；

Q_{coal}——原料煤发热量，kJ/kg；

Q_{tar}——单位原料气化生成焦油的热值，kJ/kg 煤。

上述气化效率只利用了冷煤气的潜热，而未利用煤气的显热，故有时也称冷煤气效率，以区别使用热煤气的场合。当考虑热煤气显热时的气化效率，称为热煤气效率。

2. 气化热效率

气化热效率是指生成物的发热量与可回收热量之和占所供给总热量的百分率。

$$\eta_{heat} = \frac{Q_g + K \cdot Q_R}{Q_{coal} + Q_{air} + Q_{steam}} \times 100\% \text{（不包括焦油）}$$

$$\eta_{heat} = \frac{Q_g + Q_{tar} + K \cdot Q_R}{Q_{coal} + Q_{air} + Q_{steam}} \times 100\% \text{（包括焦油）}$$

式中 η_{heat}——气化过程的热效率，%；

Q_{air}——气化单位原料空气所带入的热量，kJ/kg 煤；

Q_{steam}——气化单位原料蒸汽所带入的热量，kJ/kg 煤；

Q_R——气化单位原料可回收的热量总和，kJ/kg 煤；

K——热量有效回收系数。

在不进行废热回收的场合，气化的热效率小于其气化效率。

在实际生产过程中，由于各种热损失的存在，气化效率不可能达到理想气化指标所计算得到的 100%的数值，实际气化效率一般为 65%～75%。

（五）气化强度

气化强度是指发生炉炉体截面上的生产强度。气化强度有三种不同的表示方法：以消耗的原料表示，单位为 $kg/(m^2 \cdot h)$；以生成的煤气量表示，单位为 $m^3/(m^2 \cdot h)$；以生产的热量表示，单位为 $kJ/(m^2 \cdot h)$。

煤气发生炉的生产能力取决于炉体的截面积和气化强度，可表示为：

$$I = F \cdot q \cdot V$$

式中 I——发生炉的生产能力，以每小时煤气产量表示，m^3/h；

F——炉体截面积，m^2；

q——气化强度，$kg/(m^2 \cdot h)$；

V——煤气产率，m^3/kg。

气化强度取决于气化方法、气化原料的特性以及煤气发生炉的构造等因素。

（六）气化剂耗量

气化剂耗量是指加入气化炉内气化剂的量。在煤气化过程中使用的气化剂有空气、氧气、水蒸气、富氧空气、氢气等，因而有相应的空气耗量、氧气耗量、水蒸气耗量等。为了便于分析，有时也用比消耗量的概念，例如：

① 空气/煤比：表示相应于 1 kg 煤消耗的空气量，也称空气消耗率，单位为 m^3/kg；

② 氧/煤比：表示相应于 1 kg 煤消耗的氧气量，也称氧气消耗率，单位为 m^3/kg；

③ 蒸汽/煤比：表示相应于 1 kg 煤消耗的水蒸气量，也称水蒸气消耗率，单位为 kg/kg。

有时候还采用汽/氧比，这是指在气化过程中的蒸汽耗量与氧气耗量之比。

二、气化过程的物料平衡和热量平衡

物料平衡和热量平衡是进行气化过程的设计、过程的经济估算、过程的控制以及过程最优化的基础。

（一）物料平衡

气化过程作为一种稳态过程，体系内并无物料的积累，根据质量守恒定律，进入系统的总物料等于离开系统的总物料。气化过程的物料平衡，在理论上应对每个参加反应的元素进行平衡，但实际生产中，常常仅就其中比较重要的元素，如 C、H、O 等进行计算。

1. 碳平衡

气化过程碳的来源有：原料含碳。

作为生成物的碳有：煤气含碳（CO、CO_2、CH_4 等）、焦油含碳、带出物和排出物的含碳等。

2. 氢平衡

气化过程氢的来源有：原料含氢（包括原料所含水分中氢）、送入水蒸气含氢和鼓风空气中所含水汽含氢等。

作为生成物的氢有：煤气含氢（H_2、CH_4、C_2H_4 等）、焦油含氢、带出物含氢、煤气中水汽含氢等。

3. 氧平衡

气化过程中氧的来源有：原料含氧（包括原料所含水分中氧）、送入水蒸气含氧和鼓风空气中所含水汽含氧等。

作为生成物的氧有：煤气含氧（CO 和 CO_2）、焦油含氧、带出物含氧、煤气中水汽含氧等。

（二）热量平衡

气化过程是热化学反应，但体系内无热量积累，输入系统的总热量等于输出系统的总热量。

（1）系统的总收入热量，包括：

① 原料化学热；

② 原料物理热；

③ 气化剂中水蒸气带入热量；

④ 空气带入热量。

（2）系统的总支出热量，包括：

① 干煤气发热量；

② 干煤气物理热；

③ 煤气中水汽带走热量；

④ 焦油带走的化学热；

⑤ 焦油带走的物理热；

⑥ 带出物的化学热；

⑦ 带出物的物理热；

⑧ 灰渣化学热；

⑨ 灰渣物理热。

三、气化过程的计算方法

由于气化过程的进行受多种因素的共同影响，其实际指标与热力学平衡计算结果相差较大。因为一些主要气化反应并未达到热力学平衡状态，反应也不可能完全按化学计量方程进行。因此，对于具体气化过程的计算，一般采用实验计算法或半理论计算法。通常采用的方法有综合计算法、实际数据计算法和反应平衡计算法三种。

（一）综合计算法

综合计算法也称为 H. H. 杜勃罗霍托夫法。该法将气化过程分为两个阶段，即气化炉上部料层的干馏过程和下部料层的气化过程，生成的煤气则是干馏气和气化气的综合。

综合计算法包括：

1. 干馏过程计算

通过干馏过程的物料平衡，求得干馏气的组成、数量以及进入气化区的碳量。其中，主要根据经验数据来确定各干馏产物的数量。

2. 气化过程计算

碳进入气化区，与气化剂反应生成 CO、H_2、CO_2，并有未分解的水蒸气以及 N_2 一起进入气化煤气。气化煤气这五个组分的含量可通过碳平衡、氢平衡、氧平衡、平衡常数方程以及被气化的碳量与空气的氮含量之间的关系即这五个方程式来求解。即通过气化过程的物料平衡，求得气化气的组成、数量以及气化过程消耗的气化剂（空气、水蒸气）量。

3. 煤气组成和热值的计算

根据干馏过程和气化过程的物料平衡和元素平衡结果，即可加和求得煤气组成和产率。根据煤气中各可燃组分的热值，加和计算可得煤气的热值。

4. 热量衡算和热效率

根据总系统的热量衡算，求得气化效率和气化热效率。

（二）实际数据计算法

实际数据计算法是以实测煤气组成为依据的计算法，因而，首先须把煤试烧，测取煤气组成等分析数据。其计算的一般步骤包括：

(1) 收集和测取以下基本数据：

① 原料的元素分析和热值；

② 干煤气的组成和热值；

③ 出口煤气中水汽含量或蒸汽分解率；

④ 带出物的数量及其组成；

⑤ 灰渣的组成；

⑥ 气化炉进出物料温度。

(2) 基本数据计算：一般以 100 kg 入炉煤为基准。

① 计算带出物中各元素量；

② 由灰平衡计算灰渣数量及灰渣中各元素量；

③ 原料气化后进入煤气的各元素量。

(3) 物料衡算：

① 由碳平衡计算煤气产量；

② 由氮平衡计算空气耗量；

③ 由氢平衡计算煤气中的水汽含量。

（4）热量衡算：

求取气化效率和热效率。

（三）反应平衡计算法

反应平衡计算法主要用于富氧-蒸汽连续气化的计算。该法基于以下假设：

① 碳与水蒸气的反应 $C+H_2O(g) \rightleftharpoons CO+H_2$ 和二氧化碳还原反应 $CO_2+C \rightleftharpoons 2CO$，在反应温度下达到平衡；

② 甲烷生成反应 $C+2H_2 \rightleftharpoons CH_4$，在反应温度下达不到平衡，则计算中应乘上一个系数 X_M，此系数由试验得到。不同原料的 X_M 值大致为：高温焦炭，0.115；瘦煤，0.218；低温焦炭，0.436；干燥褐煤，0.570。

③ 反应温度并非指气化炉中的最高温度或是在气化炉中可以测得的某一温度，而是由热平衡求出的温度，故也称平衡温度。

首先进行煤气组成的计算，则至少假设三个不同的温度分别进行计算。一般为便于计算，所假设的温度最好是整数。经过三次计算后，等号左右两边可各得三个热量值。用热量值与温度分别作纵横坐标，将算出的等号左右两边的数据分别作两条曲线，两条曲线的交点处的温度就是所求的平衡温度。在定出反应温度后，再用该温度的条件进行计算，即可求得所需的煤气成分。

平衡计算法与前述两种计算方法的不同之处在于煤气成分的求取。待煤气成分求得以后，其他气化指标的计算均与上述方法相同。因此，平衡计算法的实质在于求算煤气成分。

第二节　移动床常压气化的计算

计算水煤气生产过程的指标，一般将吹风阶段和制气阶段分别进行计算，认为所用的原料在该阶段中完全耗完，由此来确定煤气的组成和产率。根据吹风阶段积蓄在料层中的热量和制气阶段所需外热的比例，求出生产水煤气所耗原料量和吹风阶段所耗原料量的实际比例，然后指定总过程的物料平衡和热量平衡，计算各项气化指标。

以实际数据计算法计算以无烟煤为原料的生产水煤气过程。

一、已知条件

（一）原料组成和热值

原料已知数据见表 8-1，根据原料已知数据可以换算出目标数据，目标数据即为收到基和干燥基数据，见表 8-2。

表 8-1　原料已知数据

工业分析/%				元素分析/%			
M_{ar}	M_{ad}	A_d	V_{daf}	$S_{t,d}$	C_{ad}	H_{ad}	N_{ad}
5.20	0.89	17.91	7.45	0.31	73.65	2.38	0.82

原料煤热值 $Q_{gr,ad}=6\ 750$ cal/g。

以上数据源自晋城凤凰山矿的中块无烟煤。

表 8-2　目标数据

组成	C	H	O	N	S	A	M	共计
质量分数/%(干)	74.31	2.40	4.24	0.83	0.31	17.91	—	100.00
质量分数/%(湿)	70.45	2.28	4.02	0.78	0.29	16.98	5.20	100.00

$Q_{gr,ar}$=27 032 kJ/kg。

干基即代表干燥基,湿基即为收到基。

(二) 吹风气组成(表 8-3)及热值

表 8-3　吹风气组成

成分	H_2	CO	CO_2	O_2	N_2	CH_4	H_2S	合计
体积分数/%	3.21	8.05	15.35	0.30	72.56	0.50	0.03	100.00

吹风气热值:

$$高热值(HHV)=0.032\ 1\times12\ 778+0.080\ 5\times12\ 600+0.005\ 0\times39\ 775+0.000\ 3\times25\ 385 =1\ 631(kJ/m^3)$$

$$低热值(LHV)=0.032\ 1\times10\ 805+0.080\ 5\times12\ 600+0.005\ 0\times35\ 768+0.000\ 3\times23\ 417 =1\ 547(kJ/m^3)$$

(三) 水煤气组成(表 8-4)及热值

表 8-4　水煤气组成

成分	H_2	CO	CO_2	O_2	CH_4	H_2S	合计
体积分数/%	54.93	36.86	6.77	0.48	0.90	0.06	100.00

水煤气热值:

$$高热值(HHV)=0.549\ 3\times12\ 778+0.368\ 6\times12\ 643+0.009\ 0\times39\ 775+0.000\ 6\times25\ 347 =12\ 052\ kJ/m^3$$

$$低热值(LHV)=0.549\ 3\times10\ 805+0.368\ 6\times12\ 643+0.009\ 0\times35\ 768+0.000\ 6\times23\ 367 =10\ 931\ kJ/m^3$$

(四) 灰渣组成(表 8-5)

表 8-5　灰渣组成

组成	C	S	A	合计
质量分数/%	20.0	0.3	79.7	100.00

(五) 气化炉进出物料温度

空气:20 ℃,相对湿度 70%;

吹风气:550 ℃;

上行煤气:500 ℃;

下行煤气:200 ℃;

灰渣:200 ℃;

蒸汽:下吹蒸汽为 110 ℃饱和蒸汽;上吹蒸汽为 180 ℃过热蒸汽。

(六) 带出物

带出物为 4 kg 干基原料。

二、基本数据计算

以 100 kg 原料为计算基准。

(1) 带出物带出的各元素量

C　4×0.743 1=2.972 kg

H　4×0.024 0=0.096 kg

O　4×0.042 4=0.170 kg

N　4×0.008 3=0.033 kg

S　4×0.003 1=0.012 kg

A　4×0.179 1=0.716 kg

共计　4 kg

(2) 灰渣生成量

$$\frac{16.98-0.716}{0.797}=20.40\ \text{kg}$$

灰渣中带出的各元素量

C　20.40×0.200=4.080 kg

S　20.40×0.003=0.061 kg

灰　20.40×0.797=16.259 kg

共计　20.40 kg

(3) 气化原料损失于带出物和灰渣中各元素量

C　2.972+4.080=7.052 kg

H　0.096 kg

O　0.170 kg

N　0.033 kg

S　0.012+0.061=0.073 kg

灰　0.716+16.259=16.975 kg

共计　24.40 kg

(4) 原料气化后进入煤气中的各元素量

C　70.45−7.052=63.398 kg

H　$2.28+5.20\times\frac{2}{18}-0.096=2.761$ kg

O　$4.02+5.20\times\frac{16}{18}-0.170=8.472$ kg

N　$0.784-0.033=0.751$ kg

S　$0.294-0.074=0.220$ kg

共计　75.60 kg

三、吹风阶段计算

(一) 吹风阶段的物料衡算

(1) 每立方米吹风气中所含各元素的量

C　$\frac{12}{22.4}(0.0805+0.1535+0.0005)=0.1256$ kg

H　$\frac{2}{22.4}(0.0321+2\times0.005+0.0006)=0.003812$ kg

O　$\frac{32}{22.4}(\frac{1}{2}\times0.0805+0.1535+0.003)=0.2811$ kg

N　$\frac{28}{22.4}\times0.7256=0.9070$ kg

S　$\frac{32}{22.4}\times0.0003=0.0004286$ kg

(2) 由碳平衡计算吹风气产量

$$\frac{63.394}{0.1280}=495.26\ \text{m}^3$$

(3) 由氮平衡计算空气耗量

$$\frac{495.26\times0.907-0.751}{0.79\times\frac{28}{22.4}}=454.12\ \text{m}^3$$

(4) 由空气带入的水汽量

20 ℃干空气含饱和水汽 0.018 47 kg/m^3，在相对湿度为 70%时，空气含水汽

$$0.01847\times0.7=0.01293\ \text{kg/m}^3$$

由空气带入的水汽总量为：

$$454.12\times0.01293=5.872\ \text{kg}$$

(5) 由氢平衡计算吹风气中水汽含量

收入：原料带入氢　2.758 kg

　　空气中水汽带入氢　$5.872\times\frac{2}{18}=0.6524$ kg

共计　3.410 4 kg

支出：吹风气含氢　$495.26\times0.003812=1.8879$ kg

　　吹风气中水汽含氢(差额)　1.522 5 kg

共计 3.410 4 kg

吹风气中水汽总量 $1.5225\times\frac{18}{2}=13.70$ kg

单位体积吹风气含水汽量 $\frac{13.70}{495.26}=0.02766$ kg/m^3

(6) 氧平衡校验

收入:原料带入氧 8.472 kg

空气带入氧 $454.12\times0.21\times\frac{32}{22.4}=136.23$ kg

空气中水汽带入氧 $5.872\times\frac{16}{18}=5.220$ kg

共计 149.922 kg

支出:吹风气含氧 $495.26\times0.281=139.17$ kg

吹风气中水汽含氧 $13.70\times\frac{16}{18}=12.17$ kg

共计 151.34 kg

误差: $\frac{151.34-149.922}{149.922}\times100\%=0.9\%$

(7) 硫平衡

收入:原料中带入硫 0.220 kg

支出:吹风气中含硫 $495.26\times0.0004286=0.212$ kg

(二) 吹风阶段的热量衡算

在 20 ℃下,$c_{p煤}=1.30$ kcal/(m^3 · ℃),$c_{p空气}=1.05$ kcal/(m^3 · ℃),水蒸气热值=2 537.2 kJ。

收入:A. 原料发热量 $Q_1=100\times27032=2703200$ kJ

B. 原料物理热 $Q_2=100\times20\times1.30=2600$ kJ

C. 干空气物理热 $Q_3=454.12\times20\times1.05=953652$ kJ

D. 空气中水汽热焓 $Q_4=5.872\times2537.2=14898$ kJ

共计 2 730 234 kJ

支出:A. 吹风气发热量 $Q_5=1631\times495.26=807769$ kJ

B. 吹风气物理热

各成分在 550 ℃时的热容见表 8-6。

表 8-6 550 ℃吹风气各成分的热容 单位:kcal/(m^3 · ℃)

成分	H_2	CO	CO_2	O_2	N_2	CH_4	H_2S
c	0.320	0.330	0.554	0.426	0.338	0.693	0.471

由加和计算得到:

550 ℃　$c_p = 0.372\ kcal/(m^3 \cdot ℃) = 1.56\ kJ/(m^3 \cdot ℃)$

$$Q_6 = 495.26 \times 550 \times 1.56 = 424\ 933\ kJ$$

C. 吹风气中水汽热焓　$Q_7 = 13.70 \times 3\ 595.6 = 49\ 260\ kJ$

D. 带出物的化学热　$Q_8 = 4 \times 28\ 557 = 114\ 228\ kJ$

E. 带出物的物理热　$Q_9 = 4 \times 550 \times 1.26 = 2\ 772\ kJ$

F. 灰渣化学热　$Q_{10} = 34\ 068 \times 4.080 + 10\ 467 \times 0.060 = 139\ 625\ kJ$

G. 灰渣物理热　$Q_{11} = 20.40 \times 200 \times 0.837 = 3\ 415\ kJ$

H. 炉壁热损失(取原料发热量的 7%)

$$Q_{12} = 27\ 032.00 \times 100 \times 0.07 = 189\ 224\ kJ$$

共计　1 731 226 kJ

积聚在料层中的热量　$Q_A = 2\ 730\ 234 - 1\ 731\ 226 = 998\ 998\ kJ$

吹风效率：　$\dfrac{998\ 998}{2\ 831\ 625} \times 100\% = 35.28\%$

吹风阶段的热平衡数据见表 8-7。

表 8-7　吹风阶段的热平衡表

项目		热量/kJ	比例/%
收入	1. 原料发热量 Q_1	2 703 200	99.01
	2. 原料物理热 Q_2	2 600	0.09
	3. 干空气物理热 Q_2	9 536.52	0.35
	4. 空气中水汽热焓 Q_4	14 898	0.55
	共计	2 730 234	100.00
支出	1. 吹风气热值 Q_5	807 769	46.66
	2. 吹风气物理热 Q_6	424 933	24.54
	3. 吹风气中水汽热焓 Q_7	49 260	2.84
	4. 带出物化学热 Q_8	114 228	6.59
	5. 带出物物理热 Q_9	2 772	0.16
	6. 灰渣化学热 Q_{10}	139 625	8.06
	7. 灰渣物理热 Q_{11}	3 415	0.19
	8. 热损失 Q_{12}	189 224	10.93
	共计	1 731 226	100.00

四、制气阶段计算

(一) 制气阶段的物料衡算

① 单位体积水煤气所含元素量(m^3)

$$C\quad \frac{12}{22.4}(0.368\ 6 + 0.067\ 7 + 0.009\ 0) = 0.238\ 6\ kg$$

H $\frac{2}{22.4}(0.5493+2\times0.009+0.0006)=0.0507\ \mathrm{kg}$

O $\frac{32}{22.4}(\frac{1}{2}\times0.3686+0.0677+0.0048)=0.3669\ \mathrm{kg}$

N ——

S $\frac{32}{22.4}\times0.0006=0.00086\ \mathrm{kg}$

② 由碳平衡计算水煤气产量

$$\frac{63.394}{0.2386}=265.691\ \mathrm{m^3}$$

③ 由氢平衡计算水蒸气耗量及上、下行煤气产量

设：上行煤气含水汽 0.26 $\mathrm{kg/m^3}$，下行煤气含水汽 0.50 $\mathrm{kg/m^3}$，上行煤气产量为 x $\mathrm{m^3}$，下行煤气产量为 $(265.691-x)\mathrm{m^3}$。上下吹蒸汽用量相等均为 W kg，上下行煤气组成相同。

上吹阶段的氢平衡

收入：原料带入氢	$2.758\times\frac{x}{265.691}=0.0104x\ \mathrm{kg}$
蒸汽带入氢	$\frac{2}{18}W=\frac{1}{9}W\ \mathrm{kg}$
共计	$0.0104x+\frac{1}{9}W\ \mathrm{kg}$
支出：上行煤气含氢	$0.0507x\ \mathrm{kg}$
煤气中水汽含量	$0.26\times\frac{2}{18}x=0.0289x\ \mathrm{kg}$
共计	$0.0796x\ \mathrm{kg}$

氢平衡：

$$0.0104x+\frac{1}{9}W=0.0796x$$

$$\frac{1}{9}W=0.0692x$$

下吹阶段的氢平衡

收入：原料带入氢	$2.758\times(1-\frac{x}{265.743})=2.758-0.0104x\ \mathrm{kg}$
水蒸气带入氢	$\frac{2}{18}W=\frac{1}{9}W\ \mathrm{kg}$
共计	$2.758-0.0104x+\frac{1}{9}W\ \mathrm{kg}$
支出：下行煤气含氢	$(265.691-x)\times0.0507=13.475-0.0507x\ \mathrm{kg}$
煤气中水汽含量	$0.5\times\frac{2}{18}(265.691-x)=14.763-0.0556x\ \mathrm{kg}$

共计　　28.238－0.106 3x kg

氢平衡：
$$2.758-0.0104x+\frac{1}{9}W=28.238-0.1063x$$

$$\frac{1}{9}W=25.480-0.0959x$$

由上吹阶段和下吹阶段的氢平衡方程解得：

$$x=154.333 \qquad W=96.139$$

由此得到：

上行煤气产量为　154.333 m^3

下行煤气产量为　265.743－154.333＝111.410 m^3

上行煤气占总产量比例为　$\frac{154.333}{265.743}\times100\%=58.08\%$

下行煤气占总产量比例为　1－58.08%＝41.92%

上行煤气中水汽量为　0.26×154.333＝40.127 kg

下行煤气中水汽量为　0.50×111.410＝55.705 kg

煤气中含水汽总量为　40.127＋55.705＝95.832 kg

上吹蒸汽耗量为　96.139 kg

下吹蒸汽耗量为　96.139 kg

总蒸汽耗量为　192.279 kg

上吹蒸汽分解率为　$\frac{96.139-40.127}{96.139}\times100\%=58.26\%$

下吹蒸汽分解率为　$\frac{96.139-55.705}{96.139}\times100\%=42.06\%$

平均蒸汽分解率为　$\frac{192.279-95.832}{192.279}\times100\%=50.16\%$

④ 氧平衡校验

收入：原料带入氧　　8.472 kg

　　蒸汽带入氧　　$192.279\times\frac{16}{18}=170.914$ kg

共计　　179.386 kg

支出：煤气含氧　　265.743×0.366 9＝97.501 kg

　　煤气中水汽含氧　　$95.831\times\frac{16}{18}=85.183$ kg

共计　　182.684 kg

误差：　　$\frac{182.684-179.386}{182.684}\times100\%=1.80\%$

⑤ 硫平衡

收入：原料带入硫　　0.220 kg

支出：煤气含硫　　265.743×0.000 86＝0.228 kg

（二）制气阶段的热量衡算

收入：① 原料发热量 $Q_1=100\times28\ 316=2\ 831\ 600$ kJ

② 原料物理热 $Q_2=100\times20\times1.30=2\ 600$ kJ

③ 水蒸气热焓 Q_3

上吹蒸汽 180 ℃ $i=2\ 835.75$ kJ/kg(过热)

下吹蒸汽 110 ℃ $i=2\ 691.28$ kJ/kg(饱和)

$$Q_3=96.139\times2\ 835.75+96.139\times2\ 691.28=531\ 363\ \text{kJ}$$

共计 3 365 563 kJ

支出：① 水煤气热量 $Q_4=265.743\times12\ 037=3\ 198\ 748$ kJ

② 干水煤气物理热 Q_5

煤气成分在上行煤气 500 ℃，下行煤气 200 ℃时的热容见表 8-8。

表 8-8 各煤气成分的热容 单位：kcal/(m³ · ℃)

	H_2	CO	CO_2	O_2	CH_4	H_2S
c(200 ℃)	0.311	0.313	0.429	0.337	0.420	0.378
c(500 ℃)	0.312	0.321	0.478	0.371	0.510	0.402

由加和计算得到：

500 ℃ $c_{p1}=0.329$ kcal/(m³ · ℃)$=1.376$ kJ/(m³ · ℃)

200 ℃ $c_{p2}=0.321$ kcal/(m³ · ℃)$=1.343$ kJ/(m³ · ℃)

$$Q_5=154.333\times500\times1.376+111.410\times200\times1.343=136\ 105\ \text{kJ}$$

③ 煤气中水汽热焓 Q_6

水汽 500 ℃ $i=3\ 487.6$ kJ/kg

水汽 200 ℃ $i=2\ 874.7$ kJ/kg

$$Q_6=40.127\times3\ 487.6+55.705\times2\ 874.7=300\ 082\ \text{kJ}$$

④ 带出物化学热 $Q_7=4\times28\ 515=114\ 060$ kJ

⑤ 带出物物理热 $Q_8=4\times550\times1.26=2\ 772$ kJ

⑥ 灰渣化学热 $Q_9=34\ 068\times4.081+10\ 467\times0.061=139\ 670$ kJ

⑦ 灰渣物理热 $Q_{10}=20.40\times200\times0.837=3\ 415$ kJ

⑧ 炉壁损失热 Q_{11}(取原料热量 7%)

$$Q_{11}=27\ 032\times100\times0.07=189\ 224\ \text{kJ}$$

共计 4 083 940 kJ

需从料层中吸取的热量 Q_B

$$Q_B=4\ 083\ 940-3\ 365\ 563=718\ 377\ \text{kJ}$$

制气效率 $$\frac{3\ 198\ 617}{2\ 831\ 600+531\ 365+718\ 377}\times100\%=78.37\%$$

制气阶段的热平衡数据见表 8-9。

表 8-9　制气阶段的热平衡表

收入项目	热量/kJ	支出项目	热量/kJ
1. 原料发热量 Q_1	2 831 600	1. 水煤气热量 Q_4	3 198 748
2. 原料物理热 Q_2	2 600	2. 干水煤气物理热 Q_5	136 105
3. 水蒸气热焓 Q_3	531 363	3. 煤气中水汽热焓 Q_6	300 082
4. 从料层吸取热量 Q_B	718 375	4. 带出物化学热 Q_7	114 060
		5. 带出物物理热 Q_8	2 772
		6. 灰渣化学热 Q_9	139 670
		7. 灰渣物理热 Q_{10}	3 415
		8. 热损失 Q_{11}	189 224
共计	4 083 938	共计	4 084 076

五、总过程计算

(一) 原料使用分配

设 100 kg 原料中，制气消耗 x kg，则：

$$847\ 301x = 1\ 001\ 896 \times (100 - x)$$

$$x = 54.18$$

所以 100 kg 原料中，54.18 kg 用于制气，45.82 kg 消耗于吹风阶段。

(二) 生产指标计算

每 100 kg 原料的生产指标：

吹风气产量　$495.13 \times 0.458\ 2 = 226.87\ m^3$

水煤气产量　$265.743 \times 0.541\ 8 = 143.98\ m^3$

空气耗量　$454.00 \times 0.458\ 2 = 208.02\ m^3$

蒸汽耗量　$192.279 \times 0.541\ 8 = 104.18$ kg

总过程效率　$\dfrac{143.98 \times 12\ 037}{2\ 703\ 192} \times 100\% = 64.11\%$

总过程热效率　$\dfrac{143.98 \times 12\ 037}{2\ 731\ 989 \times 0.458\ 2 + 3\ 236\ 656 \times 0.541\ 8} \times 100\% = 57.66\%$

(三) 水煤气制造总过程的物料平衡

① 碳平衡

收入：原料中碳	70.45 kg
支出：水煤气中碳	$143.98 \times 0.238\ 6 = 34.35$ kg
吹风气中碳	$226.87 \times 0.128\ 0 = 29.04$ kg
带出物中碳	2.972 kg
灰渣中碳	4.081 kg
共计	70.443 kg

② 氢平衡

收入:原料中氢　$2.28+5.20\times\frac{2}{18}=2.858$ kg

空气中水汽含氢　$208.02\times 0.01293\times\frac{2}{18}=0.299$ kg

蒸汽含氢　$104.18\times\frac{2}{18}=11.575$ kg

共计　14.732 kg

支出:水煤气含氢　$143.98\times 0.0507=7.300$ kg

吹风气含氢　$226.87\times 0.003786=0.859$ kg

水煤气中水汽含氢　$143.98\times\frac{95.831}{265.743}\times\frac{2}{18}=5.769$ kg

吹风气中水汽含氢　$226.87\times 0.02792\times\frac{2}{18}=0.704$ kg

带出物含氢　0.096 kg

共计　14.728 kg

③ 氧平衡

收入:原料中氧　$4.02+5.20\times\frac{16}{18}=8.642$ kg

空气中氧　$208.02\times 0.21\times\frac{32}{22.4}=62.406$ kg

空气中水汽含氧　$208.02\times 0.01293\times\frac{16}{18}=2.391$ kg

蒸汽中氧　$104.18\times\frac{16}{18}=92.604$ kg

共计　166.043 kg

支出:水煤气中氧　$143.98\times 0.3669=52.826$ kg

吹风气中氧　$226.87\times 0.2811=63.773$ kg

水煤气中水汽含氧　$143.98\times\frac{95.831}{265.743}\times\frac{16}{18}=46.152$ kg

吹风气中水汽含氧　$226.87\times 0.02792\times\frac{16}{18}=5.630$ kg

带出物中氧　0.170 kg

共计　168.551 kg

误差:　$\frac{168.551-166.043}{166.043}\times 100\%=1.50\%$

④ 氮平衡

收入:原料中氮　0.78 kg

空气中氮　　$208.02\times0.79\times\frac{28}{22.4}=205.420$ kg

共计　　206.208 kg

支出：吹风气中氮　　$226.87\times0.907\,0=205.771$ kg

带出物中氮　　0.033 kg

共计　　205.804 kg

⑤ 硫平衡

收入：原料中硫　　0.29 kg

支出：吹风气中硫　　$226.87\times0.000\,282=0.064$ kg

水煤气中硫　　$143.98\times0.001\,3=0.187$ kg

带出物中硫　　0.012 kg

灰渣中硫　　0.061 kg

共计　　0.324 kg

总过程的元素平衡数据见表 8-10。

表 8-10　总过程元素平衡表　　单位：kg

项目		C	H	O	N	S	A	共计
收入	1. 原料	70.45	2.858	8.642	0.78	0.29	16.98	100
	2. 空气(含水汽)		0.299	62.406	205.424			268.129
	3. 蒸汽		11.575	92.604				104.179
	共计	70.45	14.732	166.041	206.208	0.29	16.98	474.703
支出	1. 水煤气	34.35	7.300	52.826		0.123		94.599
	2. 吹风气	29.04	0.859	63.773	205.771	0.064		299.507
	3. 水煤气中水汽		5.769	46.152				51.921
	4. 吹风气中水汽		0.704	5.630				6.334
	5. 带出物	2.972	0.096	0.170	0.033	0.012	0.716	4
	6. 灰渣	4.081				0.061	16.262	20.404
	共计	70.44	14.728	168.551	205.804	0.324	16.979	476.788
误差/%		0.01	0.02	1.511	−0.196	−10.5	0	0.43

（四）水煤气制造总过程的热量平衡

收入：原料发热量　　$Q_1=2\,703\,192$ kJ

原料物理热　　$Q_2=2\,100$ kJ

干空气热焓　　$Q_3=208.02\times20\times1.30=5\,409$ kJ

空气中水汽热焓　　$Q_4=14\,893\times0.458\,2=6\,824$ kJ

蒸汽热焓　　$Q_5=530\,225\times0.541\,8=287\,275$ kJ

共计	3 004 800 kJ
支出：水煤气热值	Q_6=3 198 617×0.541 8=1 733 011 kJ
水煤气物理热	Q_7=136 123×0.541 8=73 751 kJ
吹风气热值	Q_8=807 533×0.458 2=370 011 kJ
吹风气物理热	Q_9=386 694×0.458 2=177 183 kJ
吹风气中水汽热焓	Q_{10}=49 706×0.458 2=22 775 kJ
水煤气中水汽热焓	Q_{11}=300 080×0.541 8=162 583 kJ
带出物化学热	Q_{12}=114 059 kJ
带出物物理热	Q_{13}=2 772 kJ
灰渣化学热	Q_{14}=139 668 kJ
灰渣物理热	Q_{15}=3 416 kJ
热损失(按差额计)	Q_{16}=189 223 kJ
共计	2 988 452 kJ

总过程的热平衡数据见表 8-11。

表 8-11　总过程热平衡表

项目		热量/kJ	比例/%
收入	1. 原料发热量 Q_1	2 703 192	89.96
	2. 原料物理热 Q_2	2 100	0.07
	3. 干空气物理热 Q_3	5 409	0.18
	4. 空气中水汽热焓 Q_4	6 824	0.23
	5. 蒸汽热焓 Q_5	287 275	9.56
	共　计	3 004 800	100
支出	1. 水煤气热值 Q_6	1 733 011	57.99
	2. 水煤气物理热 Q_7	73 751	2.46
	3. 吹风气热值 Q_8	370 011	12.38
	4. 吹风气物理热 Q_9	177 183	5.93
	5. 吹风气中水汽热焓 Q_{10}	22 775	0.76
	6. 水煤气中水汽热焓 Q_{11}	162 583	5.44
	7. 带出物化学热 Q_{12}	114 059	3.81
	8. 带出物物理热 Q_{13}	2 772	0.09
	9. 灰渣化学热 Q_{14}	139 668	4.67
	10. 灰渣物理热 Q_{15}	3 416	0.11
	11. 热损失 Q_{16}	189 223	6.3
	共　计	2 988 452	99.94

第三节　气流床加压气化的计算

气流床气化是将煤制成煤粉或煤浆，通过气化剂夹带，由特殊的喷嘴喷入炉内进行瞬间气化。选用多喷嘴对置式水煤浆加压气化技术进行工艺计算，此工艺主要分为水煤浆制备、气化、工艺气激冷流程三个阶段，生产以 CO 和 H_2为有效成分的合成气送入变换工段。

以实际数据计算法计算以神华煤为原料制取合成甲醇原料气即粗煤气（$CO+H_2$）过程。

一、已知条件

1. 原料组成（表 8-12 和表 8-13）

表 8-12　煤的工业分析（质量分数）

指标	M_{ad}	A_d	V_{daf}
$w/\%$	8.56	7.12	36.17

表 8-13　煤的元素分析（质量分数，daf）

元素	C	H	O	N
$w/\%$	81.73	5.19	11.68	1.03

2. 煤气化粗煤气组成及含量（表 8-14）

表 8-14　煤气化粗煤气组成及含量

组分	H_2	CO	CO_2	N_2	CH_4	H_2S	COS	Ar	NH_3
摩尔分数/%	35.59	44.53	19.00	0.21	0.30	0.13	0.01	0.12	0.11

3. 气化工段主要操作条件（表 8-15）

表 8-15　煤气化粗煤气组成及含量

操作温度	1 200～1 400 ℃
操作压力	1.5～8.7 MPa
水煤浆	25 ℃，浓度 0.59%～0.65%
氧气	25 ℃，纯度 0.998
气化炉碳转化率	0.99
激冷捕渣率	0.6%，含碳量 0.02%
粗煤气带出飞灰含碳量	0.2%

二、基本数据计算

以 100 kg 干燥无灰基煤为基准进行计算。

（1）将 100 kg 干燥无灰基的煤换算成空气干燥基的用煤量：

$$A_{ad}=A_d\times\frac{100-M_{ad}}{100}=0.0712\times\frac{100-8.56}{100}=0.0651$$

根据

$$X_{daf}=X_{ad}\times\frac{100}{100-M_{ad}-A_{ad}}$$

及操作条件可知，若要得到 100 kg 干燥无灰基煤量，需要的空气干燥基投煤量为：

$$100\times\frac{100}{100-A_{ad}-M_{ad}}=100\times\frac{100}{100-6.51-8.56}=117.744\ \text{kg}$$

（2）煤中水含量：

$$117.744\times M_{ad}=117.744\times 8.56\%=10.079\ \text{kg}$$

（3）煤中灰含量：

$$117.744\times A_{ad}=117.744\times 6.51\%=7.665\ \text{kg}$$

（4）水煤浆加水量：

$$117.744\div 0.65-117.744=63.401\ \text{kg}$$

（5）气化炉排渣量：

$$\frac{7.665\times 0.6}{1-0.02}=4.693\ \text{kg}$$

（6）粗煤气带出飞灰量：

$$\frac{7.665\times(1-0.6)}{1-0.2}=3.833\ \text{kg}$$

三、气化过程物料衡算

1. 碳元素平衡

在进行物料衡算时，设 100 kg 干燥无灰基煤气化可产生粗煤气量为 V m^3。

进入气化炉总碳：

$$C_{入}=100\times C_{daf}=100\times 81.73\%=81.730\ \text{kg}$$

排出气化炉总碳 $C_{出}$ 由以下三部分组成，分别计算得：

① 粗煤气含碳：

$$C_{CO}=12\times 0.4453V\div 22.4=0.239V\ \text{kg}$$

$$C_{CO_2}=12\times 0.19V\div 22.4=0.102V\ \text{kg}$$

$$C_{CH_4}=12\times 0.003V\div 22.4=0.0016V\ \text{kg}$$

$$C_{COS}=12\times 0.0001V\div 22.4=5.357\times 10^{-5}V\ \text{kg}$$

② 渣中含碳：

$$3.833\times 20\%=0.767\ \text{kg}$$

③ 粗煤气飞灰中带出碳：

$$4.693\times 2\%=0.094\ \text{kg}$$

根据 $C_{入}=C_{出}$，解得：

$$V=236.461\ \text{m}^3$$

2. 氢元素平衡

在进行物料衡算时，设 100 kg 干燥无灰基煤气化可产生蒸汽量为 W kg。

进入气化炉氢 $H_{入}$ 由以下三部分组成，分别计算得：

① 煤中含氢：

$$100\times H_{daf}=100\times 5.19\%=5.190\ \text{kg}$$

② 煤中水含氢：

$$117.745\times M_{ad}\times \frac{2}{18}=117.745\times 8.56\%\times \frac{2}{18}=1.120\ \text{kg}$$

③ 煤浆中水含氢：

$$63.401\times \frac{2}{18}=7.045\ \text{kg}$$

排出气化炉氢 $H_{出}$ 由以下两部分组成，分别计算得：

① 粗煤气含氢：

$$H_{H_2}=2\times 0.3559\times V\div 22.4=2\times 0.3559\times 236.461\div 22.4=7.514\ \text{kg}$$

$$H_{CH_4}=4\times 0.0030\times V\div 22.4=4\times 0.0030\times 236.461\div 22.4=0.127\ \text{kg}$$

$$H_{NH_3}=3\times 0.0011\times V\div 22.4=3\times 0.0011\times 236.461\div 22.4=0.035\ \text{kg}$$

$$H_{H_2S}=2\times 0.0013\times V\div 22.4=2\times 0.0013\times 236.461\div 22.4=0.027\ \text{kg}$$

② 蒸汽含氢：

$$W\times \frac{2}{18}=0.111W\ \text{kg}$$

根据 $H_{入}=H_{出}$，解得：

$$W=50.915\ \text{kg}$$

3. 氧元素平衡

在进行物料衡算时，设 100 kg 干燥无灰基煤气化需要外供氧气为 X m^3。

进入气化炉氧 $O_{入}$ 由以下四部分组成，分别计算得：

① 煤中含氧：

$$100\times O_{daf}=100\times 11.68\%=11.680\ \text{kg}$$

② 煤中水含氧：

$$117.745\times M_{ad}\times \frac{16}{18}=117.745\times 8.56\%\times \frac{16}{18}=8.959\ \text{kg}$$

③ 煤浆水含氧：

$$63.401\times \frac{16}{18}=56.356\ \text{kg}$$

④ 外供氧气：

$$X\times 32\div 22.4=1.429X\ \text{kg}$$

排出气化炉氧 $O_{出}$ 由以下两部分组成，分别计算得：

① 粗煤气含氧：

$$O_{CO}=16\times 0.4453\times V\div 22.4=16\times 0.4453\times 236.461\div 22.4=75.211\ \text{kg}$$

$$O_{CO_2}=32\times 0.19\times V\div 22.4=32\times 0.19\times 236.461\div 22.4=64.182\ \text{kg}$$

$$O_{COS}=16\times 0.0001\times V\div 22.4=16\times 0.0001\times 236.461\div 22.4=0.017\ \text{kg}$$

② 蒸汽含氧量为：

$$50.915\times\frac{16}{18}=45.257\ \text{kg}$$

根据 $O_{入}=O_{出}$，解得：

$$X=75.348\ \text{m}^3$$

气化过程物料衡算数据见表 8-16 和表 8-17。

表 8-16　气化过程物料衡算数据表(1)

名称		C/kg	H/kg	O/kg
收入	煤中含有	81.730	5.190	11.680
	煤中水含有		1.120	8.959
	煤浆中水含有		7.045	56.356
	外供			$1.429X$
支出	粗煤气中含有	$C_{CO}=0.239V$	$H_{H_2}=7.514$	$O_{CO}=75.211$
		$C_{CO_2}=0.102V$	$H_{CH_4}=0.127$	$O_{CO_2}=64.182$
		$C_{CH_4}=0.0016V$	$H_{NH_3}=0.035$	$O_{COS}=0.017$
		$C_{COS}=5.357\times10^{-5}V$	$H_{H_2S}=0.027$	
	渣中含有	0.767		
	粗煤气飞灰中含有	0.094		
	蒸汽中含有		$0.111W$	45.257

表 8-17　气化过程物料衡算数据表(2)

产生粗煤气量 V	$V=236.461\ \text{m}^3$
产生蒸汽量 W	$W=50.915\ \text{kg}$
需外供氧气 X	$X=75.348\ \text{m}^3$

四、气化过程热量衡算

以 100 kg 干燥无灰基煤、0 ℃为基准进行过程计算。

1. 气化过程中气化炉输入的热量 $Q_{入}$

① 煤的热值为：

$$\begin{aligned}Q_{net,daf}&=80C_{daf}+300H_{daf}+10N_{daf}+40S_{daf}-(O_{daf})^2-1/2V_{daf}\\&=80\times81.73+300\times5.19+10\times1.03+40\times0.37-(11.68)^2-0.5\times36.17\\&=7\,965.99\ \text{kcal/kg}=33\,345.650\ \text{kJ/kg}\end{aligned}$$

煤带入热量为：$Q_1=100\times Q_{net,daf}=3\,334\,565$ kJ

② 煤带入总显热：设物料温度为常温，取为 25 ℃。

干燥无灰基煤的比热容取：$c_{p煤}=0.265$ kcal/(kg · ℃)

煤中灰的比热容取：$c_{p灰}=0.230$ kcal/(kg · ℃)

煤中水的比热容取：$c_{p水}=1$ kcal/(kg · ℃)

由此可得：

干燥无灰基煤的显热为：

$$Q_2=100\times c_{p煤}\times t=100\times 0.265\times 25=662.5\ \text{kcal}=2\ 773.225\ \text{kJ}$$

煤中灰的显热为：

$$Q_3=7.666\times c_{p灰}\times t=7.666\times 0.23\times 25=44.078\ \text{kcal}=184.512\ \text{kJ}$$

煤中水的显热为：

$$Q_4=10.079\times c_{p水}\times t=10.079\times 1\times 25=251.975\ \text{kcal}=1\ 054.762\ \text{kJ}$$

③ 水煤浆中水的显热：

$$Q_5=63.401\times c_{p水}\times t=63.401\times 1\times 25=1\ 585.025\ \text{kcal}=6\ 634.917\ \text{kJ}$$

④ 外供氧气的显热为：

设氧气为 25 ℃，取氧气的平均比热容为 $c_{p氧气}=0.315$ kcal/(m^3·℃)

$$Q_6=75.348\times c_{p氧}\times t_1=75.348\times 0.315\times 25=593.366\ \text{kcal}=2\ 483.830\ \text{kJ}$$

2. 气化过程中气化炉输出的热量 $Q_出$

① 粗煤气带出显热：查物性手册得到 0～1 350 ℃粗煤气中主要组分的平均定压比热容如表 8-18 所示。

表 8-18　粗煤气中主要成分平均定压比热容　　单位：kcal/(m^3·℃)

组分	CO	CO_2	H_2	CH_4	H_2S	N_2
数值	0.347	0.554	0.324	0.725	0.433	0.343

$$\begin{aligned}Q_7&=(0.445\ 3V\times 0.347+0.19V\times 0.554+0.355\ 9V\times 0.324+\\&\quad 0.003V\times 0.725+0.001\ 3V\times 0.433+0.002\ 1V\times 0.343)\times 1\ 350\\&=120\ 841.269\ \text{kcal}=505\ 841.554\ \text{kJ}\end{aligned}$$

② 粗煤气带出潜热：查物性手册得粗煤气主要组分热值如表 8-19 所示。

表 8-19　粗煤气主要组分热值　　单位：kcal/m^3

组分	CO	H_2S	H_2	CH_4
数值	3 034	6 100	3 052	9 527

$$\begin{aligned}Q_8&=0.445\ 3V\times 3\ 034+0.355\ 9V\times 3\ 052+0.001\ 3V\times 6\ 100+0.003V\times 9\ 527\\&=584\ 947.3\ \text{kcal}=2\ 448\ 589\ \text{kJ}\end{aligned}$$

③ 蒸汽的显热：蒸汽比热容取 $c_{p蒸汽}=2.26$ kJ/(kg·℃)

$$Q_9=W\times c_{p蒸汽}\times t=50.915\times 2.26\times 1\ 350=155\ 341.665\ \text{kJ}$$

④ 蒸汽的潜热：查表得 1 atm、0 ℃下，蒸汽的潜热值为 595.0 kcal/kg

$$Q_{10}=W\times 595.0=50.915\times 595.0=30\ 294.425\ \text{kcal}=126\ 812.463\ \text{kJ}$$

⑤ 灰渣带出显热：灰渣比热容取 $c_{p渣}=0.262$ kcal/(kg·℃)

$$\begin{aligned}Q_{11}&=7.666\times c_{p渣}\times t=7.666\times 0.262\times 1\ 350\\&=2\ 711.464\ \text{kcal}=11\ 350.189\ \text{kJ}\end{aligned}$$

⑥ 灰渣与飞灰中碳的热量：

取 $c_{p碳}=0.404$ kcal/(kg·℃)，$Q_{r碳}=8\ 525$ kcal/kg，则灰渣中碳的热量：

$$Q_{12}=4.693\times0.02\times0.404\times1\ 350+4.693\times0.02\times8\ 525$$
$$=851.348\ \text{kcal}=3\ 563.742\ \text{kJ}$$

飞灰中碳的热量：

$$Q_{13}=3.833\times0.2\times0.404\times1\ 350+3.833\times0.2\times8\ 525=6\ 953.369\ \text{kcal}=29\ 106.801\ \text{kJ}$$

⑦ 气化炉的热损 Q_{14}：通过以下气化过程总热量平衡计算得到。

（3）气化过程总热量平衡计算

$$Q_{入}=Q_1+Q_2+Q_3+Q_4+Q_5+Q_6=3\ 347\ 696.246\ \text{kJ}$$

$$Q_{出}=Q_7+Q_8+Q_9+Q_{10}+Q_{11}+Q_{12}+Q_{13}+Q_{14}=(3\ 280\ 605.414+Q_{14})\ \text{kJ}$$

根据 $Q_{入}=Q_{出}$

解得：$Q_{14}=3\ 347\ 696.246-3\ 280\ 605.414=67\ 090.832\ \text{kJ}$

$$\eta=\frac{Q_{14}}{Q_{入}}\times100\%=\frac{67\ 090.832}{3\ 347\ 696.246}\times100\%=2.00\%$$

热量损失为煤的发热量的 2.00%。

气化过程热量衡算数据见表 8-20。

表 8-20　气化过程热量衡算数据表

名称		热量/kJ	比例/%
收入	煤带入热量 Q_1	3 334 565	99.61
	干燥无灰基煤显热 Q_2	2 773.225	0.08
	煤中灰显热 Q_3	184.512	0.01
	煤中水显热 Q_4	1 054.762	0.03
	水煤浆中水显热 Q_5	6 634.917	0.20
	外供氧气显热 Q_6	2 483.830	0.07
	共计	3 347 696.246	100.00
支出	粗煤气带出显热 Q_7	505 841.554	15.11
	粗煤气带出潜热 Q_8	2 448 589	73.14
	蒸汽显热 Q_9	155 341.665	4.64
	蒸汽潜热 Q_{10}	126 812.463	3.79
	灰渣带出显热 Q_{11}	11 350.189	0.34
	灰渣中碳热量 Q_{12}	3 563.742	0.11
	飞灰中碳热量 Q_{13}	29 106.801	0.87
	气化炉热损 Q_{14}	67 090.832	2.00
	共计	3 347 696.246	100.00

五、气化过程主要物料消耗

（1）以每生产 1 000 m^3 粗煤气（干基）时的消耗为基准进行计算：

所需的干燥无灰基煤量：

$$\frac{1\ 000}{V}\times100=\frac{1\ 000}{236.461}\times100=422.903\ \text{kg}$$

所需的原煤量：

$$\frac{422.903}{100}\times117.745=497.947\ \text{kg}$$

所需的水量：

$$\frac{422.903}{100}\times63.401=268.125\ \text{kg}$$

所需的氧气量：

$$\frac{422.903}{100}\times75.348=318.649\ \text{m}^3$$

(2) 以每生产 1 000 $m^3(CO+H_2)$合成气时的消耗为基准进行计算：

所需的原煤量：

$$\frac{497.947}{44.53\%+35.59\%}=621.501\ \text{kg}$$

所需的水量：

$$\frac{268.125}{44.53\%+35.59\%}=334.654\ \text{kg}$$

所需的氧气量：

$$\frac{318.649}{44.53\%+35.59\%}=397.715\ \text{m}^3$$

以生产 1 t 甲醇消耗合成气$(CO+H_2)$2 400 m^3 计，年产 90 万 t 甲醇厂的气化过程物料计算如下。

按年正常生产 330 天，则每天物料消耗如下：

合成气$(CO+H_2)$：

$$\frac{90\times10^4}{330}\times2\ 400=6\ 545\ 455\ \text{m}^3$$

原煤：

$$\frac{6\ 545\ 455}{1\ 000}\times621.501=4\ 068\ 007\ \text{kg}$$

水：

$$\frac{6\ 545\ 455}{1\ 000}\times334.654=2\ 190\ 463\ \text{kg}$$

氧气：

$$\frac{6\ 545\ 455}{1\ 000}\times397.715=2\ 603\ 226\ \text{m}^3$$

依据上述消耗初步配置 3 台德士古水煤浆气化炉，采用开 2 备 1 方案进行配置，单台气化炉日最人投煤量为 2 000 t。

每台产生粗煤气：

$$\frac{2\ 000\times1\ 000}{497.947}\times\frac{1\ 000}{24\times22.4}=7\ 471.153\ \text{kmol/h}$$

每台产生蒸汽：

$$\frac{2\ 000\times1\ 000}{24\times117.745}\times\frac{50.915\ \text{kg}}{h}=\frac{36\ 034.8\ \text{kg}}{h}=2\ 001.922\ \text{kmol/h}$$

六、激冷室工艺计算

德士古水煤浆气化炉的主要组成部分为气化室和激冷室，气化炉气化室产生的高温粗煤气、飞灰、熔融状态的灰渣都进入激冷室，在激冷室内粗煤气被冷却并带出适量的饱和蒸汽，熔融的灰渣被冷却成固态。气化炉激冷室内部的激冷过程复杂迅速，是气化工艺过程中的关键环节之一。

激冷室内物料流动关系简图如图 8-1 所示。

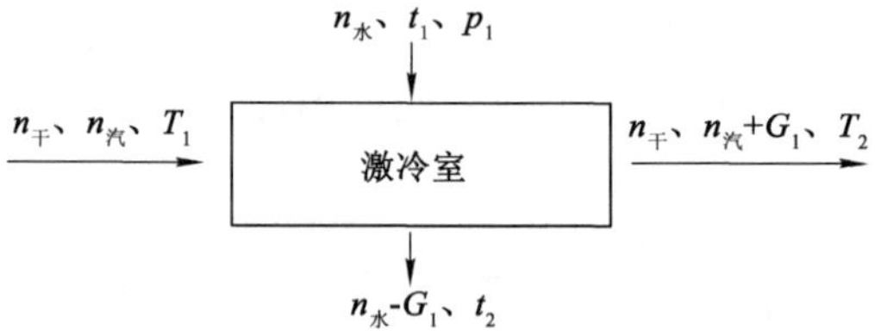

图 8-1　激冷室内物料流动关系简图

进入激冷室的气体参数：

$n_{干}=7\ 471.161$ kmol/h；$n_{汽}=2\ 001.922$ kmol/h；$T_1=1\ 350$ ℃；$p_1=6.5$ MPa

进入激冷室的冷却水参数：

$$n_{水}=350\ \text{t/h},\ t_1=244.85\ ℃,\ p_2=6.5\ \text{MPa}$$

将已知数据通过 Aspen Plus 进行模拟计算，得：$T_2=252.21$ ℃

$$\Delta H_{干}+\Delta H_{汽(气化室)}=-422\ 651\ 000\ \text{kJ/h}$$

水的焓值见表 8-21。

表 8-21　水的焓值

组分	$H_{1\ 623.15\ K,6.5\ MPa(g)}$ /(kJ/kg)	$H_{525.21\ K,6.486\ MPa(g)}$ /(kJ/kg)	$H_{525.21\ K(l)}$ /(kJ/kg)	$H_{518\ K,6.5\ MPa(l)}$ /(kJ/kg)
H_2O	5 464.625 8	2 788.066 8	1 091.910 0	1 058.005 0

设激冷室激冷过程产生 G_1 kg/h 的水蒸气

$$\Delta H_{水}=(n_{水}-G_1)\times(H_{525.21\ K(l)}-H_{518\ K(l)})+G_1\times(H_{525.21\ K(g)}-H_{518\ K(l)})$$

$$=\left(\frac{350\times1\ 000}{18}-G_1\right)\times(1\ 091.910\ 0-1\ 058.005\ 0)+G_1\times$$

$$(2\ 788.066\ 8-1\ 058.005\ 0)$$

$$m_{渣}=\frac{4.693+3.833}{100}\times\frac{2\ 000\times1\ 000}{117.745}\div24=60.34\ \text{kg/h}$$

灰渣的焓值见表 8-22。

表 8-22　灰渣的焓值

$H_{1\ 623.15\ K,6.5\ MPa}$/[kJ/(kg·℃)]	$H_{525.21\ K,6.486\ MPa}$/[kJ/(kg·℃)]	$H_{平均值}$/[kJ/(kg·℃)]
1.236 4	0.852 1	1.044 2

$$\Delta H_{渣}=m_{渣}\times c_{p渣}\times\Delta t=60.34\times1.044\times(252.21-1\ 350)$$
$$=-6\ 916\ 002.781\ \text{kJ/h}$$

根据能量守恒：

$$\Delta H_{干}+\Delta H_{汽(气化室)}+\Delta H_{水}+\Delta H_{渣}=0$$

解得：

$$G_1=242\ 226.081\ \text{kg/h}=13\ 457.005\ \text{kmol/h}$$

七、水洗塔工艺计算

水洗即利用喷雾器，将水喷成雾状，水成雾状后就很容易和气相或是固相黏结在一起，利用气体混合物中各组分在溶剂中的溶解度不同进行吸附操作，有时候污染组分在水中的溶解度较差，根据物质的基本性质，也可用碱洗、酸洗或有机溶剂吸收。水洗塔内物料流动关系简图如图8-2所示。

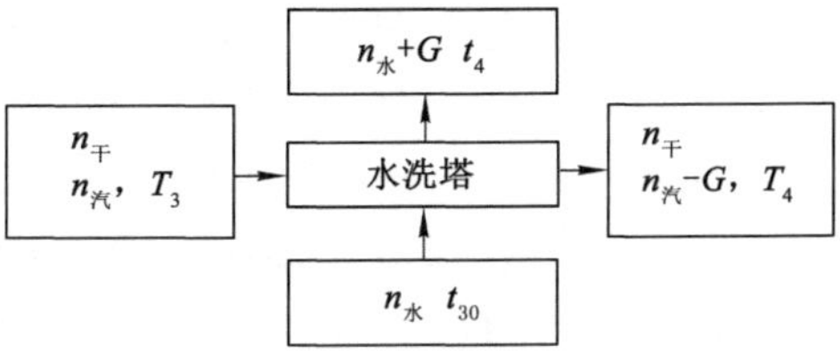

图 8-2　水洗塔内物料流动关系简图

进水洗塔气体参数：

$n_{干}=7\ 471.161$ kmol/h；$n_{汽}=n_{汽(气化室)}+G_1=2\ 001.922+13\ 457.005=15\ 458.927$ kmol/h；$T_3=251.43$ ℃；$p=6.386$ MPa

进水洗塔冷却水参数：$n_{水1}=200$ t/h；$t_3=199.7$ ℃。

根据物性手册查得相关参数如表 8-23 至表 8-25 所示。

表 8-23　进水洗塔冷却水参数

	流量/(t/h)	温度/℃	压力/MPa
高压冷凝液	200	199.7	7.2
除氧水	200	160	7.9

表 8-24　气体进出口焓值

组分	$H_{入}$(251.43 ℃)/(kJ/kg)	$H_{出}$(244.736 ℃)/(kJ/kg)	ΔH/(kJ/kmol)
H_2	7 531.844	7 433.453	−196.784
CO	544.984	537.566	−207.691
CO_2	406.986	399.561	−326.722
N_2	545.280	537.997	−203.926
CH_4	1 400	1 356	704
H_2S	261.785	254.413	−250.629
COS	190.705	185.205	−330
Ar	464.765	459.450	−233.870
水蒸气	2 788.784	2 793.627	87.165

表 8-25 水的焓值

$H_{524.43\ K,进气}$/(kJ/kg)	$H_{517.736\ K,出气}$/(kJ/kg)	$H_{472.7\ K,冷却水}$/(kJ/kg)	$H_{517.736\ K,出水}$/(kJ/kg)	$H_{160\ ℃进水}$/(kJ/kg)
2 788.784 4	2 793.626 88	852.01	1 056.767 104	675.75

由 $\Delta H_i = H_{出} - H_{入}$ 得：

$\Delta H_{H_2} = (H_{出} - H_{入}) \times M = (7\ 433.453 - 7\ 531.844) \times 2 = -196.782$ kJ/kmol

$\Delta H_{CO} = (H_{出} - H_{入}) \times M = (537.566 - 544.984) \times 28 = -207.704$ kJ/kmol

$\Delta H_{CO_2} = (H_{出} - H_{入}) \times M = (399.561 - 406.986) \times 44 = -326.7$ kJ/kmol

$\Delta H_{N_2} = (H_{出} - H_{入}) \times M = (537.997 - 545.280) \times 28 = -203.924$ kJ/kmol

$\Delta H_{CH_4} = (H_{出} - H_{入}) \times M = (1\ 356 - 1\ 400) \times 16 = -704$ kJ/kmol

$\Delta H_{H_2S} = (H_{出} - H_{入}) \times M = (254.413 - 261.785) \times 34 = -250.648$ kJ/kmol

$\Delta H_{COS} = (H_{出} - H_{入}) \times M = (185.205 - 190.705) \times 60 = -330$ kJ/kmol

$\Delta H_{Ar} = (H_{出} - H_{入}) \times M = (459.450 - 464.765) \times 44 = -233.86$ kJ/kmol

$\Delta H_{H_2O(g)} = (H_{出} - H_{入}) \times M = (2\ 793.627 - 2\ 788.784) \times 18 = -87.174$ kJ/kmol

由 $n_i = n_{干} \times \varphi$ 得：

$n_{H_2} = 7\ 471.161 \times 59.59\% = 2\ 658.986$ kmol/h

$n_{CO} = 7\ 471.161 \times 44.53\% = 3\ 326.908$ kmol/h

$n_{CO_2} = 7\ 471.161 \times 19.00\% = 1\ 419.521$ kmol/h

$n_{N_2} = 7\ 471.161 \times 0.21\% = 15.689$ kmol/h

$n_{CH_4} = 7\ 471.161 \times 0.30\% = 22.413$ kmol/h

$n_{H_2S} = 7\ 471.161 \times 0.13\% = 9.713$ kmol/h

$n_{COS} = 7\ 471.161 \times 0.01\% = 0.747$ kmol/h

$n_{Ar} = 7\ 471.161 \times 0.12\% = 8.965$ kmol/h

假设冷却过程中有 G_2 kg/h 的水蒸气液化，则

$\Delta H_{干} = \sum n_i \times \Delta H_i = -1\ 701\ 759.859$ kJ/h

$$\begin{aligned}\Delta H_{水} &= n_{水1} \times (H_{出水,l} - H_{冷凝液1,l}) + G_2 \times (H_{出水,l} - H_{入水,g}) + n_{水2} \times (H_{出水,l} - H_{冷凝液2,l}) \\ &= 200 \times 1\ 000 \times (1\ 056.767\ 104 - 852.01) + G_2 \times (1\ 056.767\ 104 - \\ &\quad 2\ 788.784\ 4) + 200 \times 1\ 000 \times (1\ 056.767\ 104 - 675.75) \\ &= 117\ 150\ 841.6 - 1\ 732.017\ 3\ G_2\end{aligned}$$

$$\begin{aligned}\Delta H_{汽} &= (n_{汽} - G_2) \times (H_{出水,g} - H_{入水,l}) = (15\ 458.927 - G_2) \times (2\ 793.62\ 688 - 852.01) \\ &= 30\ 015\ 313.6 - 1\ 941.617 G_2\end{aligned}$$

因为有 $\Delta H_{干} + \Delta H_{汽} + \Delta H_{水} = 0$ 得到 $G_2 = 39\ 596.863$ kg/h $= 2\ 199.826$ kmol/h

第九章　煤气净化和一氧化碳变换

第一节　煤气的净化

一、概述

由气化炉出来的煤气称为“直接煤气”或“粗煤气”，这种煤气一般不能被用户直接使用，因为它们是由气态的、蒸汽的、液滴状的及灰尘粒子组成的复杂气体。不同气化工艺所生产的粗煤气具有不同的特点。常压移动床气化炉所产生的煤气一般含有灰尘、水分、二氧化碳和氮气，并有一定量的煤气胶，焦油含量比较少，完全不含芳香族烃类。鲁奇加压煤气含有大量水汽、较多的焦油和一定量的轻质烃类蒸气及氨、酚等，煤气中的带出物较少。气流床气化，由于采用高温操作条件，不产生焦油和酚类的物质。粉煤气化炉生产的煤气一般温度均很高，带出物量很大，但煤气的组成较为简单。

煤气净化的目的就是根据各种煤气不同的特点和用途，清除粗煤气中的有害物质，使其符合用户的要求，并回收显热和有价值的副产品。有些副产品，如焦油，在煤气中的存在将直接影响煤气的输配和使用，属于杂质，但在清除它的同时，却又获得了一项副产品。所以，煤气中杂质的净化过程和副产品的回收过程往往是统一的。

粗煤气净化的内容包括：煤气的冷凝和冷却，废热的回收，脱除尘粒、焦油、氨、氰化物、轻质油、硫化氢、二氧化碳以及煤气胶等。

在前几章介绍气化工艺时，无论是低热值工业燃气或合成原料气，还是中热值城市煤气，有关粗煤气的冷凝、冷却、废热回收、除尘、除焦油等均已作过介绍，本节就不再赘述了。本章着重介绍煤气中酸性气体（H_2S+CO_2）的脱除。

从气化炉出来的粗煤气中，几乎都含有各种硫的化合物。这些硫的化合物按其化合状态可分为两类，一类是硫的无机化合物，主要是硫化氢（H_2S）；另一类是硫的有机化合物，包括二硫化碳（CS_2）、硫氧化碳（COS）、硫醇（RSH）、噻吩（C_4H_4S）等。硫化氢含量约占粗煤气中硫的总量的 90%左右。因而，煤气脱硫主要指脱除煤气中的硫化氢。因为硫化氢是煤气中的一种有害成分，它的存在会严重腐蚀输气管道和设备，其腐蚀程度将随煤气中硫化氢分压的增高而加剧。而且，硫化氢及其燃烧后的产物二氧化硫（SO_2）对人体均有毒害。故我国城市煤气中，硫化氢的含量要求低于 20 mg/m^3。对于加压气化法生产的城市煤气，由于其煤气压力高，输送距离远，因而对煤气中的硫化氢含量要求更高，一般应低于 5 mg/m^3。对于各种化工合成原料气，由于硫化物会使变换催化剂及合成催化剂中毒，故一般均需将硫脱得十分干净。用于合成氨及甲醇时，要求合成气中含硫量控制在 0.1～0.2 mg/m^3 以下。在脱硫过程中，同时可回收硫黄作为煤气生产的副产品。

对于粗煤气中的二氧化碳，是否必须脱除，应根据煤气的最终用途来决定。对于低热值工业燃气，尤其是用于联合循环发电的燃气，无须脱除二氧化碳。但对于中热值城市煤气，若不脱除二氧化碳其热值指标达不到城市煤气标准时，就应考虑脱碳，尤其对于加压气化生产的煤气，其粗煤气中二氧化碳含量较高，一般可达到 28%～32%，过多的二氧化碳不仅对提高热值不利，而且增加了输配系统的投资和金属耗量，因此必须予以清除。在合成氨工业中，二氧化碳也会使氨合成催化剂中毒，且有时还会妨碍下一步的净化操作。例如采用铜氨液洗涤法时，当原料气中二氧化碳含量超过一定限量时，它就会在铜洗系统与铜氨液中的氨作用生成碳酸铵结晶，堵塞设备和管道；采用甲烷化流程时，对废料气中二氧化碳含量的要求更高，因为二氧化碳含量越高，消耗的氢越多；采用液氮洗流程时，因过程湿度很低，二氧化碳很容易固化成干冰，堵塞设备和管道，给操作带来困难。在脱除二氧化碳的同时，应将其回收和利用，例如生产尿素、碳酸氢铵、干冰、纯碱等均需大量纯净的二氧化碳。

由于硫化氢和二氧化碳同为酸性气体，因此在脱除方法上有许多相似之处，往往在一种方法中硫化氢和二氧化碳同时被除去。根据对硫化氢和二氧化碳净化程度的不同要求，可选用共同脱除的方法，也可选用对硫化氢，或对二氧化碳具有选择性的净化方法。

二、脱硫方法的分类

从国外脱硫技术发展情况来看，煤气的脱硫技术是随着环保要求的提高而逐渐发展起来的，在 20 世纪 70 年代有了较大的进展。

脱硫技术有三大类型：原煤脱硫、煤气脱硫和烟气脱硫。其中煤气脱硫无论在技术上，或在经济上均优于其他两类，具有广阔的工业应用前景。主要的煤气脱硫方法见图 9-1。

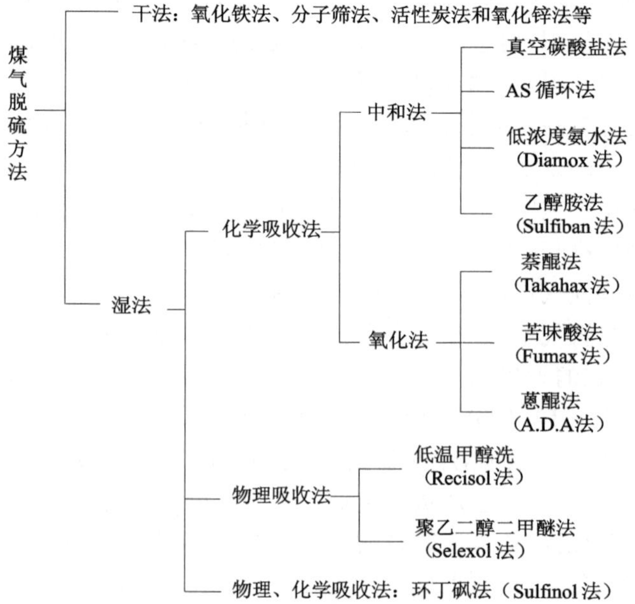

图 9-1　主要的煤气脱硫方法

干法脱硫既能脱除无机硫，又能脱除有机硫，而且能脱至极精细的程度。但干法脱硫剂再生较困难，需周期性生产，其生产设备庞大，占地很大，不宜于含硫较高的煤气。干法脱硫一般与湿法脱硫相配合，作为第二级脱硫使用。

湿法脱硫可以处理含硫量很高的煤气，脱硫剂是便于输送的液体物料，不仅可以再生，而且可以回收其中有价值的元素硫，从而构成一个连续脱硫循环系统，只须在运转过程中，补充少量物料，以抵偿操作损失即可。在化学吸收法中，其中的中和法存在一个经浓缩后的酸气处理问题，目前已经开发了多种各具特色的废液处理工艺，可以分别与各种脱硫方法配套使用，实际上已成为脱硫工艺不可缺少的组成部分。

我国焦炉煤气设有脱硫装置。最初采用的脱硫方法为砷碱法加氧化铁干箱，20 世纪 70 年代初开始逐步改为改良 A. D. A 法。

选择脱硫方法的标准是：

① 适应煤气中的含硫情况及工艺过程要求的净化程度。

② 吸收溶液，要求吸收能力强，吸收速度快，再生容易，对人体无毒，对一般钢材无腐蚀或少腐蚀。来源广泛，制备方便，价格低廉。

③ 生产过程，要求动力消耗少，操作费用低。

④ 工艺流程，要求设备容积小，基建投资低。

⑤ 对脱硫方法、硫回收及废液处理方法做全面考虑、最优组合，以达到技术、经济的最佳效果。

三、氧化铁法

氧化铁法脱硫，是一种使用较久的方法。当煤气中硫化氢的含量低于 1 g/m^3，经该法净化后的煤气中硫化氢的含量可降至 10 mg/m^3，所以其净化程度很高。当煤气硫化氢含量大于 8 g/m^3，须预先经湿法进行粗脱，然后采用氧化铁法作为最终清除硫化氢的手段。国内焦化厂和煤气厂的干法脱硫大多采用氧化铁法。该法是以氧化铁为基本的脱硫剂。

（一）脱硫和再生的原理

氧化铁存在的几种状态中，只有 $\alpha\text{-}Fe_2O_3 \cdot \alpha H_2O$ 和 $\gamma\text{-}Fe_2O_3 \cdot H_2O$ 这两种形态能作为脱硫剂。α 型存在于沼铁矿中，γ 型存在于铝土矿生产的三氧化二铝的废料红矿渣中。这两种形态的氧化铁均可迅速地与硫化氢作用，生成三价铁的硫化物，而后又再转变成活泼的三氧化二铁。该过程发生的主要反应为：

脱硫反应　$2Fe_2O_3 + 6H_2S \longrightarrow 2Fe_2S_3 + 6H_2O$

再生反应　$2Fe_2S_3 + 3O_2 \longrightarrow 2Fe_2O_3 + 6S$

此为氧化铁法脱硫过程有效机理的简化形式。在常温下，该法的机理是相当复杂的，目前尚未完全了解清楚。有的研究者提出如下机理：

$$Fe_2O_3 \cdot H_2O + 3H_2S \longrightarrow Fe_2S_3 \cdot H_2O + 3H_2O + 21.8\ kJ/mol;$$

$$Fe_2S_3 \cdot H_2O + \frac{3}{2}O_2 \longrightarrow Fe_2O_3 \cdot H_2O + 3S + 200.4\ kJ/mol;$$

将上述两式相加：

$$H_2S + \frac{1}{2}O_2 \xrightarrow{Fe_2O_3 \cdot H_2O} H_2O + S$$

第一个反应比第二个反应快。在总的反应式中，也就是硫化氢的脱除过程中，氧化铁作为催化剂。脱除 1 kg 分子硫化氢需要 0.5 kg 分子的氧。煤气中通常含氧 0.5%～0.6%，这完全可以保证脱硫剂再生的需要。但是氧化铁再生反应速率低，故得不到充分的氧化再生。

影响氧化铁脱硫过程的主要因素有：

(1) 氧化铁晶体的影响

氧化铁的结晶状态在一定条件下可以相互转化。

在非还原气氛中：

$$\alpha\text{-FeOOH} \xrightarrow[-H_2O]{300\sim400\ ℃} \alpha\text{-}Fe_2O_3 \xrightarrow{\text{高温}} Fe_3O_4$$

$$\gamma\text{-FeOOH} \xrightarrow[-H_2O]{250\ ℃} \gamma\text{-}Fe_2O_3$$

在还原气氛中：

$$\text{FeOOH} \xrightarrow[-H_2O]{200\ ℃} Fe_2O_3 \xrightarrow[\text{FeO}]{200\sim300\ ℃} Fe_3O_4$$

常温脱硫时，氧化铁中的活性组分主要是 α-FeOOH，γ-FeOOH 和 γ-Fe_2O_3，这几种形态的氧化铁可以作为脱硫剂。对于低活性的氧化铁，经过活化处理后，可以提高它们的脱硫性能。

粉末状氧化铁吸收硫化氢的反应速度，决定于煤气和脱硫剂表面的接触程度。通常在氧化铁中加入一定量的木屑作为疏松剂，保证脱硫剂的空隙率达 50%以上。

(2) 脱硫剂的水分

在脱硫剂装入设备以前，应保持其水分含量在 30%～50%。对于不同来源的脱硫剂，由于其结构、状态的差异，所需控制的水分含量便不相同。在氧化铁脱除硫化氢过程中，水的存在起着重要作用。首先，活性氧化铁变成活性氢氧化铁，其次，硫化氢在氢氧化铁表面的水膜中电离，并生成硫化铁。当脱硫剂含水量过低时，其有效表面没能得到充分利用，导致脱硫能力降低。当脱硫剂含水量过高时，将使气体阻力增加，影响硫化氢向脱硫剂表面的扩散，并降低其脱硫能力。

(3) 脱硫剂的碱度

脱硫剂含有一定量的石灰，以保持其适宜的碱度。常温下硫化氢在溶液中的电离平衡过程为

$$H_2S \rightleftharpoons H^+ + HS^- \qquad K_1 = 1.32\times10^{-7}$$

$$HS^- \rightleftharpoons H^+ + S^{2-} \qquad K_2 = 7.1\times10^{-15}$$

在脱硫剂表面的水膜中，碱度的大小将影响硫化氢电离反应的平衡。较高的 pH 值，使其解离度大幅度增加，水膜中 HS^- 和 S^{2-} 的浓度增加，有利于脱硫反应的进行。当 pH＞9 以后，这种影响变小。所以应控制脱硫剂的 pH 值在 8～9 较为合适。

(4) 气体的流速

由于脱硫反应速度慢，为了达到高的脱除率，就必须使煤气与脱硫剂有足够的接触时间。通常煤气顺序通过层高为 300～450 mm 的脱硫剂 3～4 层，气体流速为 7～11 mm/s，接触时间为 130～200 s。国内多采用粉状氧化铁脱硫剂，为了提高脱硫效率，只能采用低的气流速度，由此造成设备笨重、投资大、脱硫剂装卸不便等许多问题。国外采用成型的氧化

铁脱硫剂，可以采用较高的气流速度，并获得了较好的技术经济效果。这是该法改进的一个方向。

（二）脱硫剂

目前国内常用的脱硫剂有以下几种：

1. 天然沼铁矿

天然沼铁矿脱硫剂含高价铁 50%～60%，其脱硫效率较高。颗粒直径为 1～2 mm 的占 85%以上的沼铁矿，按比例掺混木屑和熟石灰。其质量比为：沼铁矿 95%，木屑 4%～4.5%，熟石灰 0.5%～1%。进箱脱硫剂需含水 30%～40%。

2. 人工氧化铁

将颗粒直径 0.6～2.4 mm 的铸铁屑与木屑按质量比 1∶1 进行掺混（根据具体情况，范围允许有些波动），经洒水后充分翻晒进行人工氧化，控制三氧化二铁与氧化铁之比大于1.5 作为氧化合格指标。在进箱前再加入 0.5%的熟石灰。这样制成的人工氧化铁脱硫效率也较高。

3. 颜料厂和硫酸厂下脚铁泥

颜料厂、硫酸厂的硫铁矿煅烧的废渣与木屑按质量比 1∶1 掺混，经人工氧化后也可以作为脱硫剂使用。

对于所使用的脱硫剂应控制其 pH 值为 8～9，除加入一定量的熟石灰使之呈碱性外，也可采用喷洒稀氨水的方法。

由于反应后元素硫不断沉积在脱硫剂上，妨碍了煤气中的硫化氢和活性氢氧化铁之间的良好接触，同时由于焦油等杂质使脱硫剂结块，阻力上升，脱硫效率下降，因此需要定期再生和更换脱硫剂。国内通常采用箱外再生的方法，即将脱硫剂放在晒场上充分氧化再生。在晒场上脱硫剂的厚度不要超过 300～400 mm，并定期翻动。一般情况是新的脱硫剂使用时间约为半年，经再生的脱硫剂使用时间约为三个月。当脱硫剂中硫含量达 50%（以干基计），通常需要进行脱硫剂的更换。根据资源情况和脱硫效率的高低，脱硫剂可以使用一次即废弃，也可经过再生一、二次后废弃。

（三）工艺流程

煤气通过进口管上的切换装置（阀门或水封阀），根据操作要求以串联或并联形式通过脱硫箱，然后由煤气出口管输出。整个脱硫箱为一长方体的箱子，箱内水平木格子装有 3～4 层脱硫剂，箱盖和箱体之间衬密封衬垫，并用螺栓压紧。当煤气通过氧化铁水合物层时，硫化氢被脱除。随脱硫过程的进行，氧化铁脱硫效率逐渐下降，直到氧化铁表面由于元素硫的覆盖而失去活性时就需要更换新的脱硫剂。如果在进箱煤气中加入少量的空气，保持煤气中氧含量在 1%～1.1%，可以使脱硫过程生成的硫化铁得到一定程度的再生。煤气在脱硫箱内的流向可以由下向上流或由上向下流。一般只要改变脱硫箱煤气的进出口即能改变煤气在箱内的流向。

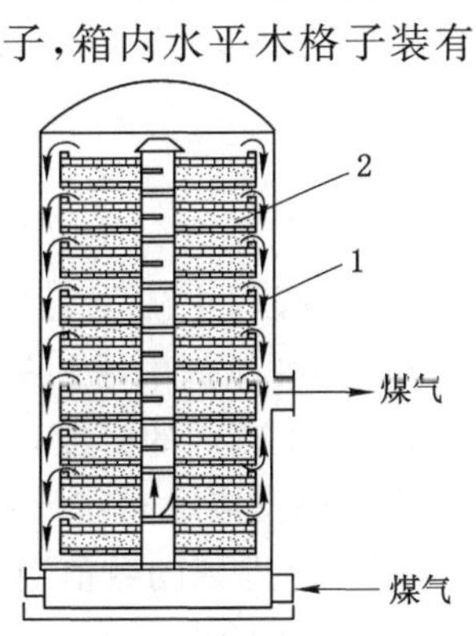

1—脱硫剂；2—栅板支架。

图 9-2 干法脱硫塔

图 9-2 所示为干法脱硫塔。脱硫塔直径为 5.0～7.5 m，高为 12～16 m，其中装有 10～14 个中央有圆孔

的吊筐。互相叠置起来的吊筐在塔的中心形成一个圆柱形煤气通道。煤气由塔底进入煤气通道并均匀布入各个吊筐中，通过脱硫剂后进入吊筐与塔壁形成的空隙内。干法脱硫一般由5～6个塔组成，其中4个操作，1～2个备用。当气体以通常的速度通过脱硫剂时，每米脱硫剂的阻力为125～250 mmH_2O(1 225～2 450 Pa)。

近年来国内外发展了一种浆液法脱硫新工艺。它保持了干法脱硫工艺的优点，并解决了脱硫剂装卸困难问题。浆液法脱硫流程示意图如图9-3所示。

浆液法所用脱硫剂为氧化铁细粉和水配制的浆液。它本身不能形成稳定的悬浮液，但在气流搅动下容易悬浮。在配浆罐中加入一定量的氧化铁和水搅拌，配好的浆液用泥浆泵送入吸收塔，含有硫化氢的天然气或煤制气进行压力控制后送入加热炉，再进入吸收塔底部。吸收塔可以是填料塔，在此硫化氢和浆液中的悬浮氧化铁粉末反应而被除去。从塔2出来的净化气，再经吸收塔3进一步脱硫。单位质量的脱硫剂吸收硫化氢的质量的百分数，称为工作硫容，一般可在30%以上。当浆液失效后，可利用塔内较低的余压排放废浆。排出废浆比较容易沉降，下层的泥状物主要含FeS、FeS_2、Fe_2O_3，在和空气接触后硫化铁氧化成氧化铁和元素硫。排出废浆上层清液不含明显的有毒物质。该法已用于硫化氢含量在1～2 g/m^3的天然气脱硫。

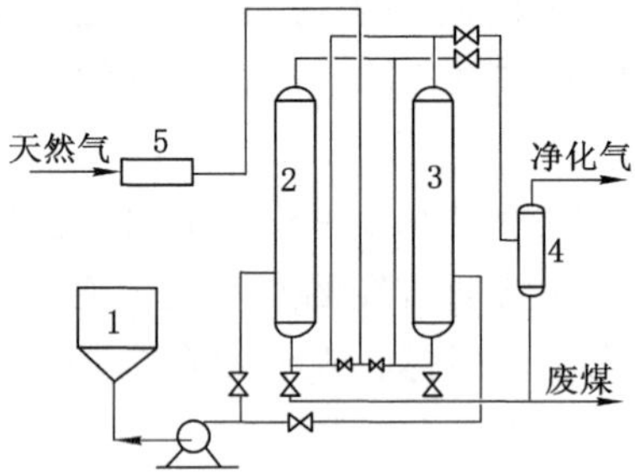

1—配浆罐；2——一次脱硫塔；3—二次脱硫塔；4—分离器；5—加热炉。

图9-3　浆液法脱硫流程示意图

（四）干箱的选择和计算

当已知煤气处理量时，先取煤气通过脱硫箱的气速，求出所需脱硫箱截面积。根据所选定的时间、每个脱硫箱的层数以及每层脱硫剂的高度，可计算出所需的干箱的数目，并了解采用串联或是并联的操作形式。

脱硫箱的设计参数：

煤气通过脱硫箱的气速为7～11 mm/s，煤气与脱硫剂接触时间为130～200 s，每层脱硫剂的厚度为300～500 mm，计算所得的脱硫剂量，通过下式校核。

$$V=\frac{1\ 673\sqrt{S}}{fq} \tag{9-1}$$

式中　V——每小时每1 000 m^3煤气所需脱硫剂的容积，m^3。

S——煤气中硫化氢含量(体积分数)，%；

f——脱硫剂中活性氧化铁含量，一般取15%～18%；

q——脱硫剂的密度，一般取0.8～0.9 t/m^3。

当按气速及接触时间计算得到的脱硫剂数量与式(9-1)的计算值相差较大时，则应根据式(9-1)所计算得到的数值对所选取的气速、接触时间进行调整。

关于脱硫设备的工艺布置，应考虑到脱硫箱的安装方式、煤气管道的布置等。

四、低温甲醇法(RECTISOL 法)

低温甲醇洗涤法 20 世纪 50 年代初由德国林德公司和鲁奇公司联合创立，最早用于南非萨索尔合成液体燃料工厂，采用该法可以净化煤气化和重油部分氧化法制得的粗合成气，脱除原料气中二氧化碳、硫化氢、有机硫化合物、氰化物和不饱和烃类等。该法在处理含 1%的硫化氢和硫氧化碳及 35%的二氧化碳煤气时，可以得到硫化氢和硫氧化碳含量小于 0.1×10^{-6}、二氧化碳含量小于 1×10^{-6} 的净化气，并得到高浓度的硫化氢和硫氧化碳气体供克劳斯装置使用，而含二氧化碳和氮的气体可放空。近年来，我国煤制甲醇和合成氨的合成气，都采用低温甲醇洗脱除酸性气体。该项技术经世界各地的大型工业装置实践证明是先进的、经济的。

(一) 基本原理

利用低温甲醇洗脱粗煤气中的酸性气体是一个物理吸收和解吸的过程。

在高压、低温的条件下，粗煤气中的硫化氢、二氧化碳、有机硫化物、氰化物、不饱和烃类等物质极易溶解于极性溶剂甲醇中，而在减压时，它们又很容易从溶剂中解吸出来，因此可以达到分别脱除上述各种物质的目的。低温甲醇洗是在压力下以气体在甲醇中的物理溶解度为基础的。

1. 加压下二氧化碳在甲醇中的溶解度

二氧化碳在甲醇中的溶解度如图 9-4 所示。

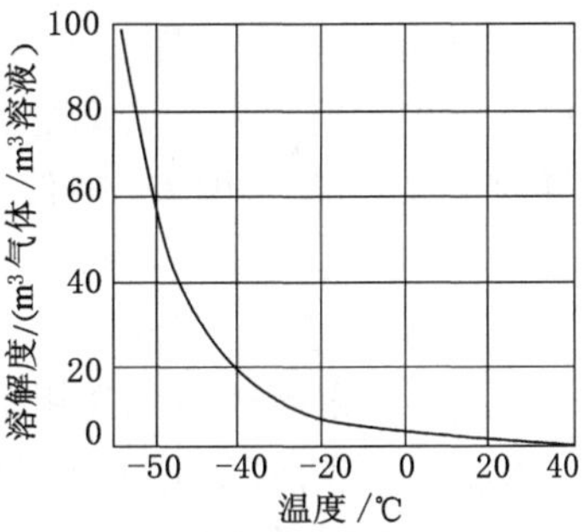

图 9-4　二氧化碳在甲醇中的溶解度

从该图可以看出，二氧化碳在甲醇中的溶解度随温度的降低而增加。当温度低于−30 ℃时，二氧化碳在甲醇中的溶解度随温度的降低而大幅度增加。

粗煤气中包括多种气体组分，其中主要组分为氢气，它对于二氧化碳在甲醇中的溶解度影响较大。随甲醇中氢含量的增加，二氧化碳溶解度下降。混合气体中二氧化碳在甲醇中的溶解度由下式估算：

$$\lg N_{CO_2} = \lg(0.425\times p'_{CO_2}/p^{\circ}_{CO_2}) - cp \qquad (9\text{-}2)$$

式中　N_{CO_2}——溶液中二氧化碳的含量，mol；

p'_{CO_2}——气相二氧化碳平衡分压，atm；

$p^{\circ}_{CO_2}$——同温度下液态二氧化碳的蒸气压，atm；

c——与温度有关的系数，−45 ℃，$c=0.001\ 2$；

p——混合气体总压，atm(1 atm＝0.1 MPa)。

2. 硫化氢的溶解度

在低温条件下，硫化氢在甲醇中的溶解度比相同条件下二氧化碳的溶解度大 5 倍。硫化氢的吸收速度约为二氧化碳的 10 倍。硫化氢在甲醇中的溶解度随温度的降低和压力的升高而增加。其关系见表 9-1。

粗煤气中除硫化氢外，还含有数量极大的氢气和二氧化碳。当甲醇中已含有一定量的二氧化碳时，硫化氢的溶解度会受到一定的影响。此时硫化氢溶解度可由下式估算：

表 9-1　硫化氢在甲醇中的溶解度

压力/mmHg(Pa)	溶解度/[m^3/(g 甲醇)]		
	0 ℃	−25.6 ℃	−50.0 ℃
50(6685)	2.4	5.7	16.8
100(13 330)	4.8	11.2	32.8
150(19 995)	7.2	16.5	48.0
200(26 660)	9.7	21.8	65.0
300(39 990)	14.8	33.0	99.6
400(53 320)	20.0	45.8	135.2

$$S_{H_2S}=S^{\circ}{}_{H_2S}/(1+KC_{CO_2}^{2.4}) \qquad (9\text{-}3)$$

式中　S_{H_2S}——硫化氢在含二氧化碳的甲醇中的溶解度，cm^3/g 甲醇；

$S^{\circ}{}_{H_2S}$——在相同条件下不含二氧化碳的甲醇中硫化氢的溶解度，cm^3/g 甲醇；

C_{CO_2}——二氧化碳在甲醇中的含量，cm^3/g 甲醇；

K——随温度变化的系数，在−50 ℃时，$K=1.5\times10^{-5}$。

从该式可以看出，在相同温度下，随甲醇中二氧化碳含量的增加，硫化氢的溶解度将减少，而且当温度变低时，这种影响就越小。

3. 氢和甲烷的溶解度

粗煤气中含有大量的有效组分氢。甲醇在吸收二氧化碳的同时，也会吸收一部分氢而引起氢的损失。氢在甲醇中的溶解度可由下式估算：

$$p_{总}=KN_{H_2}+1.2p^{\circ}{}_{CO_2} \qquad (9\text{-}4)$$

式中　$p_{总}$——煤气总压，atm；

N_{H_2}——粗煤气中氢在甲醇中的溶解度；

$p^{\circ}{}_{CO_2}$——同温度下液态二氧化碳的蒸气压，atm；

K——氢在低温甲醇中溶解的亨利系数，该系数与温度有关，在−45 ℃时，$K=$ 9 412，atm/摩尔分数(1 atm=0.1 MPa)。

氢气在低温甲醇中的溶解度随温度的降低而减小。

甲烷在甲醇中的溶解度可由下式估算：

$$p_{CH_4}=KN_{CH_4} \qquad (9\text{-}5)$$

式中　p_{CH_4}——甲烷达吸收平衡时的分压，atm；

N_{CH_4}——甲烷在甲醇中的溶解度；

K——甲烷溶解的亨利系数，在−35 ℃时，$K=$ 756，atm/摩尔分数。

甲烷在甲醇中的溶解度随温度的降低而减小。

4. 硫氧化碳的溶解度

粗煤气中硫氧化碳的数量与硫化氢相比是极少的。低温下硫氧化碳在甲醇中的溶解度极大。图 9-5 所示为−25 ℃时硫氧化碳在甲醇中的溶解度与压力的关系。

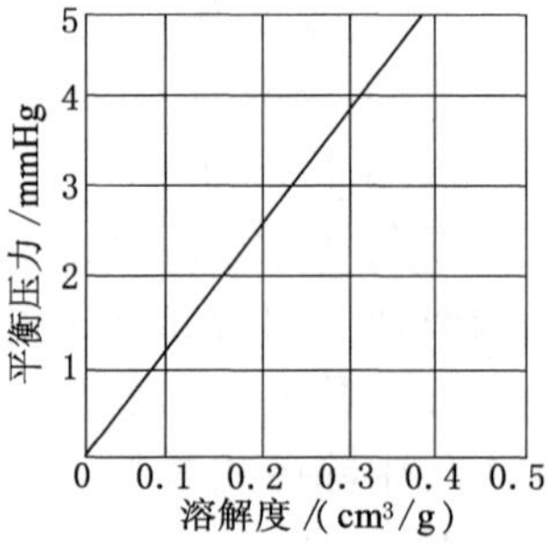

图 9-5　硫氧化碳在甲醇中的溶解度与压力的关系

5. 其他气体组分的溶解度

粗煤气中还含有一定数量的一氧化碳、氧气、有机硫化物、氰化物和不饱和烃类。一氧化碳和氧在低温甲醇中的溶解度比二氧化碳低，故其实际吸收量很少。其他气体组分的数量相对二氧化碳来说是很少的，它们极容易在甲醇中溶解，而在减压时又很容易从溶剂中析出。此外粗煤气中的水分也可被甲醇吸收，净化后的煤气含水分极低，露点温度在－60 ℃以下。

甲醇作为吸收溶剂，其主要性质如下：相对分子质量32.04，沸点 64.7 ℃，20 ℃时密度 792 kg/m^3，比热容 2.51 kJ/(kg・K)，尤其在低温条件下其黏度不大，－30 ℃时约等于常温下的黏度，熔点为－97.9 ℃。

低温甲醇洗整个过程是在较低的温度下进行的，由于部分冷量的合理利用，消耗冷量不大。净制 1 m^3 粗煤气，需要约 67.0 kJ 冷量消耗。吸收了杂质的甲醇溶液在减压解吸时，产生节流冷却效应，使再生后的甲醇冷却。粗煤气与净化后离开吸收塔的气体进行高效换热而得到冷却。

(二) 工艺流程

低温甲醇洗净化合成原料气的流程比较复杂，其工艺包括粗煤气中的轻质油、不饱和烃和其他高沸点杂质的脱除；硫化氢及二氧化碳在吸收塔内的选择性吸收；脱硫甲醇的液压解吸和热再生；脱碳甲醇的减压和气提解吸等。

图 9-6 所示为低温甲醇洗的工艺流程。

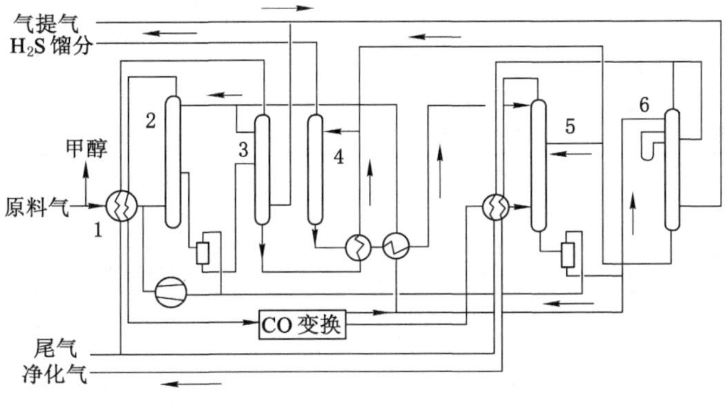

1—粗煤气预冷器；2—H_2S 吸收塔；3—H_2S 闪蒸槽；4—热再生塔；
5—吸收塔；6—CO_2 解吸塔。

图 9-6　低温甲醇洗的工艺流程

来自气化系统冷凝装置的粗煤气在预冷器中与低温净煤气、解吸气换冷，再经氨冷却至－27 ℃进入脱硫塔初洗段。用少量脱硫甲醇吸收轻质油、水分等杂质。煤气通过升气管进入脱硫段，其中硫化氢、硫氧化碳被来自脱碳塔已饱和二氧化碳的部分甲醇选择性吸收。粗煤气经脱硫后，其硫化氢含量达 20 mg/m^3 以下。脱硫煤气进入脱碳塔，此塔下段为主洗，由二氧化碳解吸塔来的－50 ℃甲醇和塔顶来的再生甲醇将二氧化碳吸收。煤气中残存的二氧化碳在塔的上段被－42 ℃的再生甲醇吸收。净煤气含二氧化碳 2%，从塔顶排出。脱碳塔内的主洗段设有甲醇中间氨冷器，以保持塔的操作温度。流程中吸收了煤气中杂质的甲醇富液分别在三个系统里进行再生。

（1）预洗甲醇的再生

含有轻质油和水的甲醇先经减压闪蒸，甲醇和轻质油经水萃器后水和甲醇溶解在一起形成水-醇相，轻质油和其他有机硫化物形成另一相，浮在上层。再将水和甲醇送到共沸塔，塔底用蒸汽间接加热，甲醇和一部分水被蒸馏出来。在甲醇水塔中，塔底用间接蒸汽加热，使甲醇和水分离。甲醇的蒸气去热再生塔。

（2）脱硫甲醇的再生

脱硫甲醇少量去除油段，其余进闪蒸塔，在塔内分段闪蒸，解析出大量的二氧化碳。从塔顶喷入一定量的解吸甲醇，以吸收解吸气中的硫化氢。塔底甲醇进入热再生塔，由甲醇水塔来的甲醇蒸气直接加热，再生后的甲醇换冷后返回脱碳塔使用。塔顶解吸气经冷凝分离、换热后，送克劳斯硫回收装置。

（3）脱碳甲醇的再生

从脱碳塔底部引出部分二氧化碳饱和的甲醇送去脱硫段，其余经换冷入二氧化碳解吸塔。在塔内分二段减压解吸并经一段氮气气提解吸。塔底的低温甲醇分别去脱碳塔和硫化氢热再生塔。解吸气回收冷量后送出装置。

脱硫塔、脱碳塔主要操作工艺参数见表 9-2。

表 9-2　脱硫塔、脱碳塔主要操作工艺参数

硫化氢吸收塔		二氧化碳吸收塔	
入塔粗煤气量	1 220 682 m^3/h	入塔脱硫气量	121 587 m^3/h
入塔煤气压力	2.57 MPa	入塔变换气量	34 671 m^3/h
入塔粗煤气温度	−20 ℃	入塔变换气压力	2.40 MPa
入塔脱硫甲醇量	161 m^3/h	入塔变换气温度	−31 ℃
入塔脱硫甲醇温度	−25 ℃	入塔主洗甲醇量	293 m^3/h
出塔脱硫煤气温度	−25 ℃	入塔精洗甲醇量	161 m^3/h
出塔脱硫甲醇温度	−23 ℃	入塔主洗甲醇温度	−72 ℃
		入塔精洗甲醇温度	−63 ℃
		出塔合成原料气量	102 759 m^3/h
		出塔合成原料气温度	−62 ℃
		出塔甲醇温度	−25 ℃

（三）低温甲醇洗净化方法的评价

低温甲醇洗净化法，适合于以煤为原料的加压气化制取合成原料气和城市煤气的净化。该法的优点是在低温下，甲醇对煤气中的杂质组分具有选择性吸收的能力，根据酸性气体其溶解度的不同，可回收不同组分的解吸气，同时脱去煤气中的水分；压力及煤气中酸性气体浓度越高，越能显示该法技术经济指标的先进性；粗煤气中各组分对甲醇无副反应，不影响它的循环使用，过程的能耗低，而且其冷量的利用率高。但该法也存在不足之处，如设备多，流程长，工艺复杂；对于设备的材质要求高，在高压、低温下材料需具有耐冷脆的性能；尽管过程在低温下进行，但甲醇因蒸发导致的损失还是相当大的，对于非联产甲醇的生产厂，必须考虑甲醇的消耗成本，并定时给予补充；低温下甲醇吸收了不饱和烃，降低了煤气的热值，甲醇蒸气对人体具有毒性。

五、聚乙二醇二甲醚法(Selexol)

聚乙二醇二甲醚法是20世纪60年代由美国阿莱德化学公司开发的。该法也是一种物理吸收法，在常温下操作，可用于选择性脱除含硫的气体化合物，同时也可用于大量酸性气的脱除。

吸收剂聚乙二醇二甲醚(DMPEG)分子式为：$CH_3O—(CH_2O)_n—CH_3$ 其中 $n=3\sim9$。它是无毒液体，闪点高，不氧化，不降解，化学稳定性好；在常温下蒸气压很低；对于碳钢设备的腐蚀极轻。DMPEG是一种理想的吸收剂。

各种气体组分在DMPEG中的相对溶解度如表9-3所示。

表9-3　各种气体在DMPEG中的相对溶解度

气体组分	相对溶解度	气体组分	相对溶解度
CH_4	1.0	H_2	0.20
CO_2	15.0	CO	0.43
H_2S	134	C_1	1.0
COS	35	C_2H_6	6.4
CS_2	360	C_2H_4	7.3
CH_3SH	340	C_3	15.3
C_6H_4S	8 100	C_4	35
HCN	18 000	C_5	83
C_4H_6	3 800	C_6	165
H_2O	11 000	C_7	360

由表9-3可知，DMPEG对硫化氢的吸收能力比二氧化碳要大得多，二者溶解度之比为9。但是，硫氧化碳和二氧化碳溶解度之比为2/3，所以要选择性地分离它们是比较困难的。

在高压下利用DMPEG溶剂吸收酸性气体时，它们之间不发生化学反应。由于物理吸收过程的热效应很小，通常吸收过程中升温不大。

在DMPEG中硫醇和其他有机硫化物的溶解度都很大，对于原料气的净化是有利的。水分的溶解度也较大，这对于煤气的干燥也是很有利的。

Selexol工艺根据具体应用的情况，可以有许多种变化形式。

图9-7为Selexol选择性脱除 H_2S 和脱除 CO_2 工艺流程。

粗煤气先经除油器，将其中轻质油、不饱和烃等杂质脱除。少量的脱油溶剂经闪蒸后进入水萃器，含水溶剂送蒸馏塔再生。

脱油后的粗煤气入硫化氢吸收塔，在这里溶剂几乎将硫化氢和某些有机硫化物完全吸收，二氧化碳的吸收量最少。脱硫后的煤气送二氧化碳吸收塔。吸收了硫化氢的溶剂，在硫化氢回收塔内通过蒸汽汽提得到再生，并得到富硫化氢的排出气，采用克劳斯装置可回收其中的硫。在二氧化碳吸收塔内，煤气中剩余的二氧化碳被吸收，达到规定的程度后排出。经吸收了二氧化碳的溶剂在二氧化碳汽提塔中，通过空气汽提得到再生，含二氧化碳的排出气

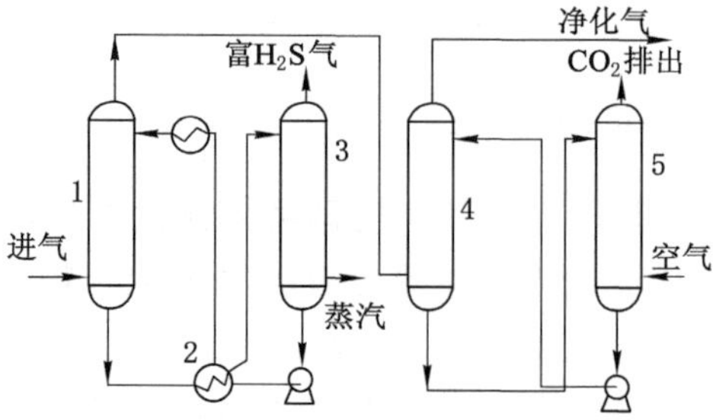

1—H_2S吸收塔；2—热交换器；3—H_2S回收塔；4—CO_2吸收塔；5—CO_2气体塔。

图 9-7 Selexol选择性脱除 H_2S 和脱除 CO_2 工艺流程

中硫化物的含量极低，通常低于 1×10^{-5}。

按鲁奇工艺生产的粗煤气成分：氢气，40.02%；一氧化碳，11.58%；二氧化碳，34.44%；甲烷，10.63%；硫化氢，0.26%。处理后煤气中相应组分的含量分别为：62.80%；17.31%；2.79%；15.88%；硫化氢为零。原料气温度为 38 ℃，处理后煤气温度为 16 ℃。操作压力为 2.45 MPa(表压)。

由于 Selexol 法选择性脱除硫化氢的性能极佳，所以被应用在联合循环发电用燃气的净化上。联合循环发电用燃气净化的特征是能很好地脱除硫化氢和其他含硫气体化合物，可将二氧化碳等大部分组分保存在产品气中。在一定操作压力和燃烧温度下，二氧化碳也是推动燃气轮机的动能来源。这样得到的酸性气体选用克劳斯法回收硫时，因 H_2S/CO_2 比值高，可使装置在更为有效和经济的条件下进行操作。

Selexol 法具有溶剂再生简单、能耗低的优点，酸性组分的吸收基于它们在溶剂中的溶解度。因此，在多数情况下使用减压闪蒸来实现溶剂的再生，一般采用几个压力等级的多段闪蒸的工艺，若多段闪蒸得到贫液还不能满足脱硫和脱碳的工艺要求时，则可用汽提来除去溶剂中残余的气体。该法存在的主要缺点是溶剂价格昂贵，溶剂对于轻质油、不饱和烃和其他高碳烃有极强的吸收能力。

六、硫回收

目前硫黄回收采用的主要技术是克劳斯法。现在，通过克劳斯法生产的硫黄已占硫黄总产量的 60%以上。克劳斯硫黄回收工艺是炼油厂、天然气净化厂和化工合成厂大规模利用含硫酸性气体回收硫黄的主要方法，受到世界各国的普遍重视。它既是环境保护装置，又是生产装置，起着十分重要的作用。据不完全统计，世界上已建成硫黄回收装置 600 多套，最小规模的装置日产硫黄 2 t，最大规模的装置日产硫黄 1 750 t。我国的硫黄回收工业生产从无到有，从小到大，取得了长足的进步。

(一) 基本原理

传统克劳斯法是一种比较成熟的多单元处理技术，克劳斯工艺发明伊始就成为硫回收工业的标准工艺流程，也是目前应用最为广泛的硫回收工艺之一。根据过程气中 H_2S 体积分数的高低，分别采用直流克劳斯法、分流克劳斯法、直接氧化克劳斯法。其工艺过程为含有 H_2S 的酸性气体在克劳斯炉内燃烧，使部分 H_2S 氧化为 SO_2，然后 SO_2 再与剩余的未反应的 H_2S 在催化剂作用下反应生成硫黄。其主要反应如下：

$$2H_2S+3/2O_2 \longrightarrow 2H_2O+SO_2$$

$$SO_2+2H_2S \longrightarrow 3S+2H_2O$$

（二）工艺流程

其工艺流程为自脱硫装置来的酸性气全部进入燃烧炉，H_2S 气体在燃烧炉中与理论量的空气混合后进行燃烧，其中的 H_2S 有 1/3 可氧化成 SO_2，并与剩余的 H_2S 一起进入转化器，进行催化转化。为完成部分燃烧反应，通入燃烧炉的空气需严格控制，这是克劳斯法的操作关键。燃烧产物中除 SO_2、水和氮外，还有少量由 H_2S 直接分解而生成的单质硫。为回收热量，燃烧产物在进入转化器之前先经废热锅炉产生蒸汽。转化器为一固定床反应器，内装有氧化铝催化剂，入口温度控制在 220～240 ℃。在转化器中能否达到较高的转化率，关键是要控制 H_2S∶SO_2（物质的量比）＝2∶1。由于过程为放热反应，出口温度为 270～300 ℃。自转化器出来的反应产物进入冷凝冷却器，液态硫黄流至硫黄罐。

为达到较高的硫回收率，传统克劳斯工艺（图 9-8）一般还设有二级、三级甚至四级转化器。由于受化学平衡的限制，采用二级转化时，硫的回收率可达 93%～95%，三级转化时可达 94%～96%，四级转化时可达 95%～97%。从克劳斯装置排出的尾气中还含有0.8%～1.8%的 SO_2（体积分数，下同），最终排入大气的尾气中 SO_2 含量在 0.03%左右，硫的总回收率达 99.8%左右。此外，随着 H_2S 和 SO_2 反应生成单质硫，过程气中水含量不断增加，而水含量又是随着 H_2S 转化率提高而相应增加的，生成水妨碍了平衡向生成硫方向进行，从而影响总硫回收率。因此，克劳斯工艺本身的局限性妨碍了转化率的提高和尾气排放的达标。

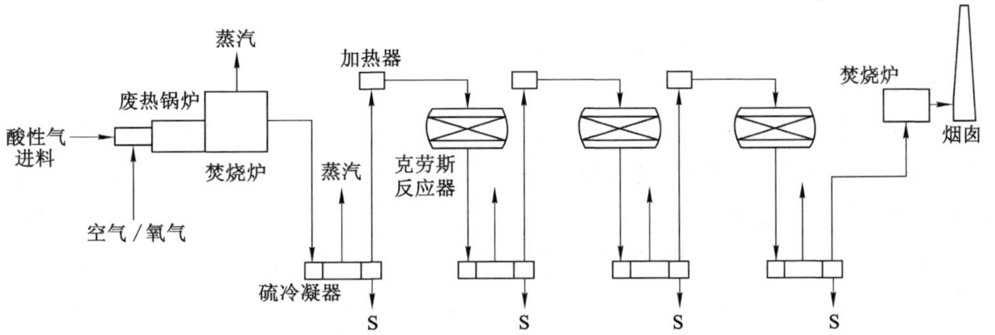

图 9-8　传统克劳斯工艺流程

超级克劳斯工艺（图 9-9）是在传统克劳斯转化之后，将最后一级反应器改为选择性氧化催化剂处理常规克劳斯硫回收尾气。在通入过量空气的情况下将来自最后一级克劳斯段的过程气中剩余的 H_2S 选择性氧化为单质硫，从超级克劳斯反应器出口来的含有非常少量的 H_2S 过程气进入深冷器，将过程气中的硫黄最大限度地捕集下来，从而将硫黄回收率提高到 99%以上，然后尾气直接送入焚烧炉焚烧后排放。

超优克劳斯工艺（图 9-10）是在超级克劳斯工艺的基础上开发的，目的是在不增加额外投资的基础上，将硫黄回收率再提高。超优克劳斯工艺与超级克劳斯工艺区别是在最后一级克劳斯催化反应器床层中的克劳斯催化剂下面装填了一层加氢还原催化剂，构成加氢还原反应器（超优克劳斯转化器），将 SO_2 还原成硫和硫化氢后再选用选择性氧化催化剂，使

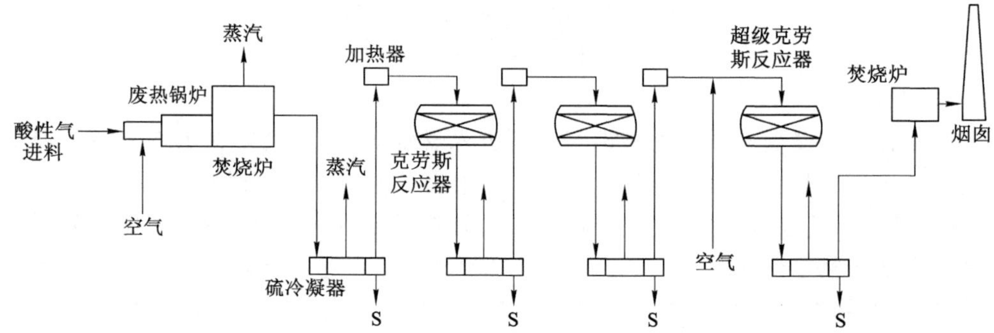

图 9-9 超级克劳斯工艺流程

总硫回收率得以大大提高。

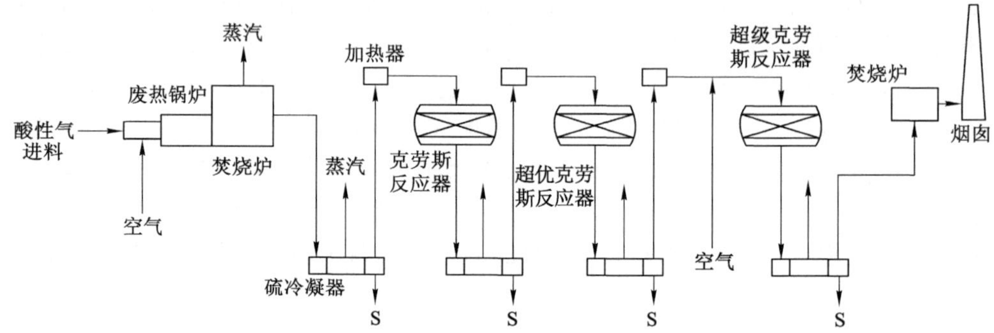

图 9-10 超优克劳斯工艺流程

克劳斯尾气处理工艺因实质是在克劳斯工艺之后增加了一个液相脱硫法，故流程相对较为复杂，投资和运行成本较高，但操作弹性大，尾气排放能达到《大气污染物综合排放标准》(GB 16297—1996)要求。煤化工企业相对天然气工厂和炼厂，其酸性气体浓度偏低，采用克劳斯尾气处理工艺经济性较差，故一般来说，煤化工硫回收采用克劳斯工艺时下游均未设置尾气处理工艺。克劳斯改进型工艺简单、流程短、投资和运行费用低，但是在酸性气体浓度低的情况下无法正常运行，并且其尾气无法达到国家排放标准。几种硫黄回收工艺的相对投资和效益比较见表 9-4。

表 9-4 几种硫黄回收工艺的相对投资和效益比较

硫黄回收工艺名称	生产能力/(t/d)	硫回收率/%	技术来源及可靠性	达到环保要求	相对投资/%	操作运行费用
二级克劳斯	<20	96	国内，可靠	不能	80	低
三级克劳斯	<50	98	国内，可靠	不能	100	低
超级克劳斯	>10	99.0～99.5	国内，可靠	能	105～120	较低
超优克劳斯	>10	99.4	国内，可靠	能	120～130	较低
二级克劳斯+SCOT	>10	99.9	国内，可靠	能	170～200	较高

（三）影响克劳斯反应的因素

1. H_2S 和 SO_2 物质的量比

理想的克劳斯反应要求过程气中 H_2S 和 SO_2 物质的量比为 2∶1，才能达到最佳转化效果。这是克劳斯装置最重要的操作参数，它和转化率的关系为如果反应前过程气中 H_2S/SO_2 为 2 时，在任何转化率下反应后过程气中 H_2S/SO_2 也为 2；若反应前过程气中 H_2S/SO_2 与比值 2 有任何微小的偏差，均将使反应后过程气中 H_2S/SO_2 与 2 产生更大的偏差，且转化率愈高偏差愈大。

2. 风气比

风气比是指进反应炉的气体中空气和酸气的体积比。在原料气中 H_2S、烃类及其他可燃组分的含量已确定时，可按化学反应的理论需氧量计算出风气比。在克劳斯反应过程中，空气量的不足和过剩均会使转化率降低，但空气不足比空气过剩对硫回收率的影响更大。

3. 空速

空速是控制过程气与催化剂接触时间的重要操作参数。一方面，空速过高会导致过程气在催化剂床层上的停留时间不够，一部分物料来不及充分接触和反应，从而使平衡转化率降低；另一方面，空速过高也会使床层温升幅度大，反应温度高，这也不利于提高转化率。反之，空速太低则使设备效率降低，体积过大。

4. 反应器的操作温度

反应器的操作温度不仅取决于热力学因素，也要考虑硫的露点和气体组成。从热力学角度分析，操作温度越低，平衡转化率越高，但温度过低，会引起硫蒸气在催化剂表面冷凝，使催化剂失活。因此，过程气进入反应器时的温度至少应比硫蒸气露点高 10～30 ℃。

5. 原料气和过程气的杂质组分

CH_4 的存在会增加空气用量，其燃烧产物 CO_2、H_2O 对克劳斯主反应起稀释作用，燃烧产物 H_2O 会降低克劳斯主反应平衡转化率。CO_2 本身为惰性气体，有稀释过程气的作用，从而降低硫的转化率；在酸气反应炉中，CO_2 和 H_2S 反应生成 COS 及 CS_2，降低硫回收率。水蒸气是催化转化反应的产物，又是惰性气体，含量增加，降低克劳斯主反应平衡转化率。大量的氨气，有稀释过程气的作用，从而降低硫的转化率。同时，氨燃烧时生成的 NO 及铵盐加速了催化剂的硫酸盐化，使催化剂失活。

6. 催化剂的影响

在转化器中，H_2S 和 SO_2 在催化剂作用下发生低温克劳斯反应，而催化剂是低温克劳斯反应的关键，因此选择一种活性高、COS 及 CS_2 的水解率高的催化剂，可以提高总硫回收率。

第二节　一氧化碳变换

由于制气原料和工艺过程的不同，制得的煤气中一氧化碳的含量为 13%～47%，甚至更高。不同用途的煤气对于其中一氧化碳的含量和一氧化碳与氢气的比例有不同的要求。城市煤气限制一氧化碳的含量低于 10%；合成氨的原料气要求其中一氧化碳的含量在 0.3%以下；合成甲醇的原料气要求其中 H_2/CO 比值高于 3。设置一氧化碳变换工序的目的是使不同用途的煤气对一氧化碳变换程度的不同要求得到满足。因此，一氧化碳变换工艺就成了煤气生产中一个重要的组成部分。

变换工艺根据不同的操作条件，可分为中温变换（350～500 ℃）和低温变换（150～250 ℃）。中温变换使用的催化剂由三氧化二铁、三氧化二铬、氧化钾、氧化钙等组成，称铁铬系催化剂。气体经变换后一氧化碳含量在 2%～4%。低温变换使用的催化剂由氧化锌、三氧化二铬、氧化铜、三氧化二铝等组成，称铜锌系催化剂。气体经低温变换后一氧化碳含量在 0.3%左右。

对于城市煤气，采用一段中温变换，经变换后气体中一氧化碳含量为 5%～8%，已达到使用要求。对于合成氨的原料气，经一段中温变换使一氧化碳含量达 0.3%，再经一段低温变换使残余一氧化碳含量达 0.3%。

一、一氧化碳变换的基本原理

一氧化碳与水蒸气的变换反应为

$$CO + H_2O(g) \rightleftharpoons CO_2 + H_2 + 41.0\ \text{MJ/kmol}$$

这是一个可逆反应。当变换反应处于化学平衡状态时，则有

$$K_p = \frac{p_{CO_2} p_{H_2}}{p_{CO} p_{H_2O}}$$

式中　K_p——化学反应常数；

p——平衡状态下各组分的分压。

平衡常数 K_p 与温度的关系，可用下列简化式表示。

$$\lg K_p = \frac{1\,941}{T} - 1.782$$

式中　T——反应温度，K。

该式表明，平衡常数 K_p 随反应温度的升高而降低。当反应物浓度一定时，随反应温度的升高，平衡向着生成一氧化碳和水蒸气的方向移动。从反应平衡方面来考虑，较低的反应温度和存在过量的水蒸气对一氧化碳的变换是有利的。

变换反应是等分子反应，故压力对于反应平衡状况没有影响。

一氧化碳的变换反应是放热反应，随反应温度的升高，变换反应的热效应呈线性减少。在正常生产条件下，反应热除维持过程的正常进行之外，还有部分余热可供利用。

在一氧化碳变换反应的过程中还可能发生下列副反应。

（1）析碳反应

$$2CO \longrightarrow C + CO_2 + 162.4\ \text{MJ/kmol}$$

它是一氧化碳分解反应，生成游离碳和二氧化碳。该反应不仅消耗了原料气中的一氧化碳，而且析出的碳极易附着在催化剂的表面，降低催化剂的活性。

该反应是放热和体积缩小的反应。因此，提高温度、降低压力不利于该反应的进行。此外，加大 H_2O/CO 比值也可抑制一氧化碳的分解。对于变换过程，压力在 3 MPa 以内，H_2O/CO 比值为 4，反应温度在 200～450 ℃，可以有效地防止一氧化碳的分解。

（2）生成甲烷的反应

在一定条件下，一氧化碳和二氧化碳也能与氢反应，生成甲烷。其反应式如下：

$$CO + 3H_2O \longrightarrow CH_4 + H_2O + 206.4\ \text{MJ/kmol}$$

$$2CO+2H_2 \longrightarrow CH_4+CO_2+125.6\ MJ/kmol$$

$$CO+4H_2 \longrightarrow CH_4+2H_2O+165.4\ MJ/kmol$$

以上三个反应也都是放热和体积缩小的反应。提高温度、降低压力可有效地防止甲烷的生成。一般，变换反应处于正常生产条件下，甲烷生成的副反应不易发生。

二、一氧化碳变换的催化剂

衡量中温变换催化剂的性能有以下几个方面。

1. 催化活性

催化活性通常用催化反应速率(变换率)或反应速度常数来表示。例如在 350 ℃，$H_2O/CO=3\sim5$，空速为 3 000 h^{-1}，操作压力为 1 MPa 的条件下，B106 型催化剂的一氧化碳变换率为 89.5%。对于 B106 型催化剂，反应速度常数与温度有如下关系：

$$\ln k=16.2-\frac{5\ 000}{T}$$

式中　k——反应速度常数；

T——反应温度，K。

2. 机械强度

通常用单个催化剂颗粒的破碎强度表示。

3. 热稳定性

通常用耐热试验来评定催化剂的热稳定性。方法是在 550 ℃下使催化剂耐热 20 h，比较其耐热前后的一氧化碳变换率。这种情况可能是由于在高温下，原来细分散的晶体趋于长大，或者催化剂颗粒崩解为粉末，损坏了它的细微结构。耐热后一氧化碳变换率下降得越少，催化剂的热稳定性越好。

4. 抗毒性

催化剂使用时，原料气中某些杂质的存在引起其活性下降称为催化剂中毒。这可能是由毒物在催化剂表面的不可逆的化学吸附所致。对于 B106 型催化剂，在 470 ℃下，平均硫化氢含量每增加 0.1 g/m^3，一氧化碳变换率约下降 0.7%。

5. 使用寿命

通常是指在反应条件下，催化剂具有催化活性的使用时间。

催化剂的性能除与其化学组成和制备条件有关外，还受反应条件的影响。工业上使用的中温变换催化剂有铁-铬系和钴-钼系两种。

铁-铬系催化剂是以氧化铁为主催化剂，加少量三氧化二铬、氧化镁、氧化钾为助催化剂。氧化铁的含量在 60%～80%之间，使用前需将其还原成四氧化三铁才具有催化活性。三氧化二铬的含量在 5%～10%，它的加入使还原后的四氧化二铁表面积显著增加，活性增强。氧化镁的含量在 4%～20%，它的加入可增加催化剂的活性、机械强度和抗硫的能力。氧化钾的含量在 1%以下，它的加入可增加催化活性、热稳定性和机械强度。铁-铬系催化剂的活性温度低，催化性能较好，但是原料气中硫的化合物、磷的化合物、氯的化合物能够引起催化剂的中毒。硫化氢对于催化剂的中毒反应为

$$Fe_3O_4+3H_2S+H_2 \rightleftharpoons 3FeS+4H_2O$$

该反应为可逆反应，生成的硫化铁对变换反应仍有催化作用，不过其活性仅为四氧化三

铁的 50%～80%。当原料气中含硫较高时，应维持较高的变换反应温度。硫化氢对催化剂活性的影响将减小。对于硫化氢引起中毒的催化剂，通入大量的水蒸气处理，能够使催化剂恢复活性。其他有机硫化物，如硫氧化碳、二硫化碳在变换催化剂作用下氢化或水解，生成硫化氢，其毒害作用与硫化氢相同。此外，由蒸汽或冷凝水夹带引入原料气的磷酸盐和氯化物，能使催化剂永久性中毒。原料气中硫化物对于催化剂的毒害，可通过降低硫化物的含量、提高反应温度的方法得到缓解。磷酸盐和氯化物对催化剂的毒害，通过加强对锅炉用水的处理可得到减轻。

钴-钼系催化剂是近年来研究成功的耐高硫的变换催化剂。催化剂最初为氧化物的形式，一般组成为 1%～10%的 CoO，5%～25%的 MoO，其余为载体 Al_2O_3。催化剂在使用前应进行高温硫化，也就是在 150～250 ℃下与硫化氢气体反应，使催化剂转化为硫化物形式，反应温度可到 350～400 ℃。催化剂的活性温度为 250～400 ℃，与铁-铬系催化剂相比，该催化剂有更强的耐硫能力，当硫化物含量为 4%的原料气进行一氧化碳变换时，仍可保持正常的催化活性。而且 H_2O/CO 比也可以低些，从而降低蒸汽消耗量。

三、主要工艺条件的选择

1. 操作压力

操作压力对于变换反应的化学平衡没有影响，但是提高压力可加快反应速度。当温度和气体组成一定时，反应速度 r 与总压 p 有下述关系：

$$r = r_0 p^{\delta}$$

式中 r_0——常压下的反应速度；

δ——通常取 0.4～0.5。

该式表明，变换反应的速度与总压的 δ 次方成正比。反应压力从常压提到 2～2.5 MPa，反应速度大约提高 4 倍。提高压力还可提高单位体积催化剂的生产能力。这是由于加压时，气体的空间速度和催化剂的活性系数相应增加。在保证变换率不降低的情况下，可使处理的气量增多。在加压变换时，设备和管道尺寸可相应缩小，设备布置更为紧凑，并能节省压缩原料气的能量和充分利用变换气的热能。但加压变换的缺点，是加剧了对设备的腐蚀，对设备和管道的材质有更高的要求。变换压力的选择，应当根据各方面的具体条件综合考虑。

2. 反应温度

变换反应是可逆放热反应。温度对于变换反应的影响很大，表现在温度对化学平衡常数的影响和温度对反应速度常数的影响上。反应速度的表达式可写为 $r = f(T, x)$，即反应速度是温度和变换率的二元函数。当变换率 x 为一定时，反应速度随温度的变化关系有一最大值。对应于最大反应速度时的温度称为最适宜的温度，以 T_m 表示。

图 9-11 为变换反应过程的温度和变换率的关系图。

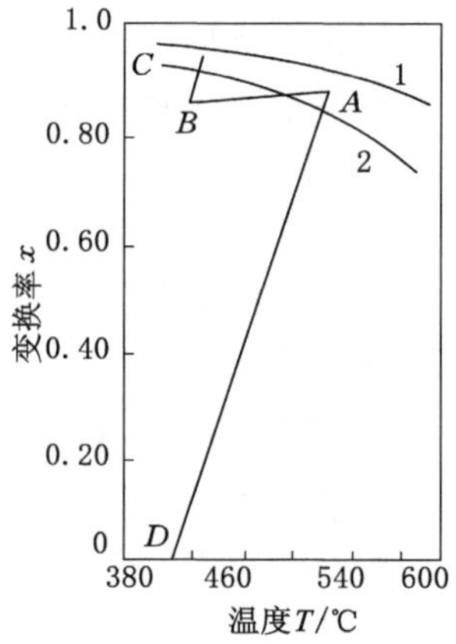

1—平衡温度线；2—最适宜温度线；
DA—第一段变换操作线；
AB—冷却线(经换热器)；
BC—第二段变换操作线。

图 9-11 变换反应的 T-x 图

该图表明，整个变换过程的最适宜的温度不是恒定不变的。在变换率低时（过程开始），最适宜温度高，随反应过程的进行，变换率上升，最适宜温度逐渐下降。如果变换反应始终在最适宜温度下进行，这时反应以最大速度达到规定的变换率，从而使催化剂用量最省。为了做到这一点，就要不断地、按一定数量移出反应热，从而给设备的结构造成许多困难，工业上常采用分段绝热反应法，即将催化剂分段装填，在段间设换热器移走反应热，使床层的温度分布趋近于最适宜温度曲线。图 9-11中 *DABC* 折线表示了二段的变换过程，第一段在较高温度下快速进行，反应放出的热量全部用来加热物系。经段间冷却（可以间接冷却，或用蒸汽，或煤气直接冷却），第二段变换在较低温度下进行，以获得更高的变换率。

3. 蒸汽添加量

在变换过程中，加入的水蒸气只有一小部分是直接参加化学反应的，大部分水蒸气是为保证很高的一氧化碳变换率和调节床层温度。根据平衡移动原理，当蒸汽添加量增加时，平衡将向正反应方向移动，即加入过量的蒸汽，提高一氧化碳的变换率。蒸汽添加量与一氧化碳平衡变换率的关系如图 9-12 所示。

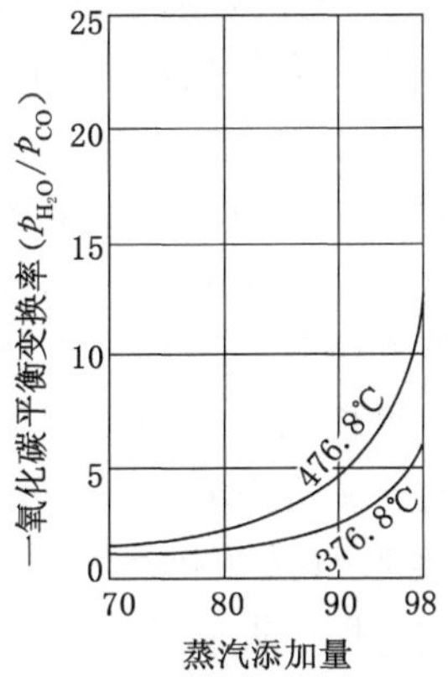

图 9-12　蒸汽添加量与一氧化碳平衡变换率的关系

图中蒸汽添加量以 H_2O/CO 表示，即蒸汽和一氧化碳的分子比。如果 H_2O/CO 比值增加时，变换率也增加。当 H_2O/CO 增加到一定程度之后，再继续增加，变换率却增加不多。因此，不能认为增加蒸汽用量总是有利的，要考虑到经济价值。H_2O/CO 比值过大，不仅浪费蒸汽，而且增加了动力消耗，降低了设备的生产能力。

四、一氧化碳中温变换

气化炉生产的粗煤气，经过冷凝冷却系统和脱硫后，再进行加压中温变换，其工艺流程如图 9-13 所示。

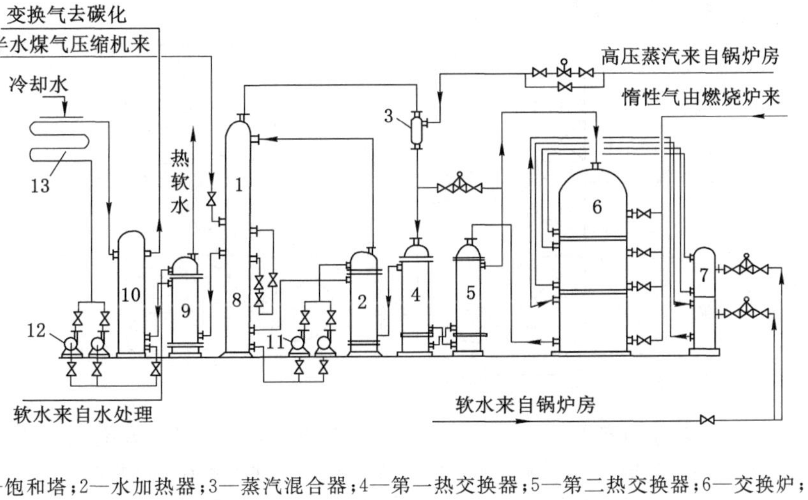

1—饱和塔；2—水加热器；3—蒸汽混合器；4—第一热交换器；5—第二热交换器；6—交换炉；7—增湿塔；8—热水塔；9—第二水加热器；10—冷凝器；11—热水泵；12—冷凝水泵；13—冷却器。

图 9-13　一氧化碳中温变换工艺流程

粗煤气首先进入饱和塔，被 170 ℃左右热水淋洒，使气体加热并增湿，在 160 ℃左右离开饱和塔。在混合器内添加一部分工艺蒸汽，使蒸汽与煤气体积比达到 0.8：1，然后进入热交换器的壳程，与变换后的煤气换热，并预热到 350～380 ℃，进入变换炉上段进行变换反应。一段变换气在 460 ℃进入段间换热器，并加入冷凝液或蒸汽使其温度降至 410 ℃，进入变换炉下段继续进行变换反应，变换气中一氧化碳含量降至 3%以下。温度为 420 ℃的变换气与粗煤气换热冷却至 260 ℃，再经水加热器冷却至 200 ℃，进入热水塔，与热水逆流接触，变换气温度降为 160 ℃，在冷凝冷却器中冷却至常温。饱和热水塔内水是循环使用的。从饱和塔出来的热水为 140 ℃，在热水塔中加热至 165 ℃，再经过水加热器加热至 170 ℃，进入饱和塔顶部。

对于一般城市煤气生产，经中温一氧化碳变换后，一氧化碳含量为 5%～8%，已达使用要求。但对合成氨生产，尚需进行第二段的低温一氧化碳变换。低温变换使用的催化剂有铜锌铬和铜锌铝两种。气体进入低温变换炉的温度应为 210 ℃，其中一氧化碳含量为3.5%以下。变换后气体中一氧化碳含量为 0.3%～0.4%。

对于中温一氧化碳变换工艺流程，在不同条件下是可以变动的。例如，对于低硫煤生产的煤气，经喷淋洗涤和废热锅炉之后，直接进行一氧化碳变换，称为一氧化碳前变换工艺流程。在这种流程中省去了饱和器、热水塔、水加热器等回收热量的设备。对于中、低温一氧化碳变换，如果能够使用耐硫催化剂，那就可以把它们直接串联，在变换之后再进行脱硫和脱碳。

五、一氧化碳低温变换

CO 变换的工艺流程主要由原料气组成来决定，同时还与催化剂、变换反应器的结构，以及气体的净化要求有关。目前低温变换主要串接在中温变换催化剂后作为一氧化碳深度变换。入口一氧化碳含量 5%～8%，最高使用温度不超过 300 ℃。

中变串低变流程一般采用两种方法，一种是中变炉外加低变炉，另一种为变换炉中一二层用中变触媒，三层使用低温触媒。两种方法都使系统出口一氧化碳含量降至 1%左右，起到稳定生产、增产节能之效果。

1. 中(高)变-低变串联流程(图 9-14)

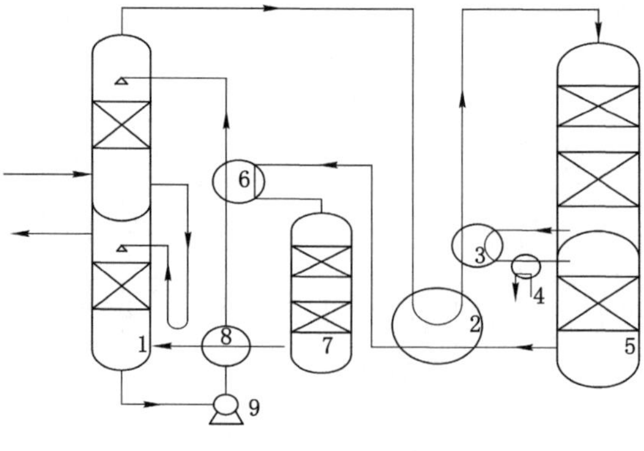

1—饱和热水塔；2—主热交换器；3—中间换热器；4—蒸汽过热器；
5—变换炉；6—调温水加热器；7—低变炉；8—水加热器；9—热水泵。

图 9-14　炉外中串低的调温水加热流程

采用此流程一般与甲烷化脱除少量碳氧化物相配合。这类流程先通过中(高)温变换将大量CO变换使CO含量降低到3%左右后,再用低温变换使CO含量降低到0.3%～0.5%。为了进一步降低出口气中CO含量,也有在低变后面串联一个低变的流程。当CO含量较高时,变换气一般选择在炉外串低变;而一氧化碳含量较低时,可选择在炉内串低变。

中串低流程中要注意两个问题,一是要提高低变催化剂的抗毒性,防止低变催化剂过早失活;二是要注意中变催化剂的过度还原,因为与单一的中变流程相比,中串低特别是中低低流程的反应汽气比下降,中变催化剂容易过度还原,引起催化剂失活、阻力增大及使用寿命缩短。

2. 全低变流程(图9-15)

中(高)变-低变串联流程操作繁琐,设备增加,特别是特殊材料阀门的选用给管理带来了许多不便。使用全低变变换催化剂代替原铁铬系中变催化剂,在低温下完成变换既可克服以上两种工艺的缺点,又能达到理想的目的。

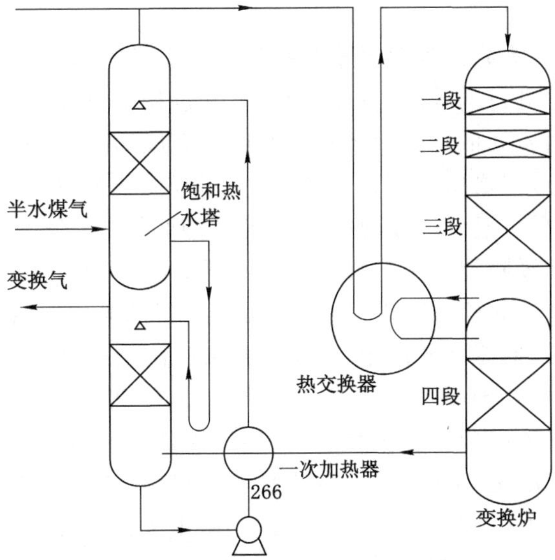

图9-15　全低变流程图

全低变工艺采用宽温区的钴钼系耐硫变换催化剂,主要有下列优点:

① 催化剂的起始活性温度低,变换炉入口温度及床层热点温度低于中变炉入口及热点温度100～200 ℃。这样就降低了床层阻力,缩小气体体积约20%,从而提高了变换炉的生产能力。

② 变换系统在处于较低的温度范围内操作,在满足出口变换气中CO含量的前提下,可以降低入炉蒸汽量,使全低变流程的蒸汽消耗降低。

六、煤气变换气的变压吸附脱碳

煤气化制氢是先将煤炭气化得到以H_2和CO为主要成分的气态产品,然后经CO变换和分离、提纯等处理而获得一定纯度的产品氢。气化煤气中CO体积分数较高(约60%),可用水蒸气与CO在催化剂的作用下发生变换反应产生H_2和CO_2。变换气中CO_2的脱除方法很多，目前国内外相关厂家采用的脱碳方法可分为湿法和干法两大类。湿法脱碳主要有碳酸丙烯酯法（简称 PC 法）、聚醇醚法（简称 NHD 法）、*N*-甲基二乙醇胺法（简称 MDEA 法）。湿法脱碳工艺中的 MDEA 法吸收 CO_2 部分的比例大，净化气 CO_2 体积分数小于 0.1%，热量消耗少，再生气 CO_2 纯度大于 99%，该工艺目前被大多新建合成氨厂所采用。

干法脱碳主要采用变压吸附法，简称 PSA 法，它具有净化度高、工艺简单、操作方便、自动化程度高、运行费用低等优点。变压吸附气体分离技术是近年国内外发展成熟、成本较低的气体分离方法，可利用分子筛或活性炭吸附变换产物中的 CO_2 等气体，得到高纯度的 H_2。

（一）变压吸附法脱碳基本原理

吸附是指用多孔性的固体吸附剂处理流体混合物，使其中所含的一种或数种组分被吸附在固体表面上以达到分离的操作。具有吸附作用的、密度相对较大的多孔固体称为吸附剂；被吸附的、密度相对较小的气体或液体称为吸附质。吸附按性质不同可分为两大类：化学吸附和物理吸附。

变压吸附主要为物理吸附。物理吸附是指依靠吸附剂与吸附质分子间的分子力（包括范德瓦耳斯力和电磁力）进行的吸附，其特点是：吸附过程中没有化学反应，吸附过程进行得极快，参与吸附的各相物质间的动态平衡在瞬时即可完成，并且这种吸附是完全可逆的。

变压吸附脱碳工艺过程之所以得以实现，是由于吸附剂在这种物理吸附中所具有的两个性质：① 对变换气中不同组分的吸附能力不同；② 吸附质在吸附剂上的吸附容量随吸附质的分压上升而增加，随吸附温度上升而下降。利用吸附剂的第一个性质，可实现对变换气中杂质组分的优先吸附而使氢气得以提纯；利用吸附剂的第二个性质，可实现吸附剂在低温、高压下吸附而在高温、低压下脱附再生，从而构成吸附剂的吸附与再生循环。

煤气变换气中的主要组分有 H_2、N_2、CO_2、CO、H_2O 等，另外还含有不同量的杂质组分，如硫化物等。这些气体组分在物理吸附剂（如活性炭、分子筛、硅胶）上被吸附的能力有所不同，其由强到弱的顺序是 $H_2O>CO_2>CO>N_2>H_2$。当变换气通过吸附床层时，加压使吸附剂吸附变换气中 H_2O 和 CO_2 组分，而难吸附组分如 H_2、N_2、CO 等从吸附塔出口端排出，作为脱除了的气体输出。在吸附床降压时，被吸附的气体解吸出来，同时吸附剂获得再生。由于每个吸附塔都存在吸附-再生循环，因此为了连续处理原料气和得到产品气，至少需要两个以上的吸附塔交替操作，每个吸附塔依次经历吸附、多次压力均衡降、逆向放压、抽空、多次压力均衡升、最终升压等步骤。

（二）变压吸附法脱碳工艺

早期的变压吸附法通常为一段式 4 塔或 6 塔装置，随着变压吸附技术的进步和工艺的发展，在规模较大的合成氨厂，二段式的多塔变压吸附法逐步得到应用和发展，二段式变压吸附脱碳对于生产尿素的合成氨厂家尤为合适，但对于只生产液氨和配套生产联醇的合成氨企业，选择一段式的多塔变压吸附脱碳技术，无论从投资还是调整产品结构、运行维护等方面来考虑，都是比较合适的。

PSA 制氢系统中，为了保证连续生产，即原料气的连续输入、产品气的连续输出，PSA 流程中设置吸附塔的常见个数有 4 个、5 个、8 个三种，形成"四塔二均"、"五塔二均"、"八塔三均"的运行方式。"八塔三均"装置亦可切换成两套"四塔二均"工艺来操作，"五塔三均"装置可切换成一塔备用"四塔二均"工艺。无论哪一种工艺，其本质没有区别。每个吸附塔在一次工作循环中均需经历下列 9 个步骤：吸附、降压平衡 1、顺向放压、降压平衡 2、逆向放压、冲洗、升压平衡 2、升压平衡 1、最终升压。在其顺序上，四塔相互错开，保证原料气连续输入，产品气连续输出。不同的是五塔二均可实现任意切换，提高装置应变能力，增加回收率 1%。

图 9-16 为煤气化制氢系统中的变压吸附脱碳工艺流程。

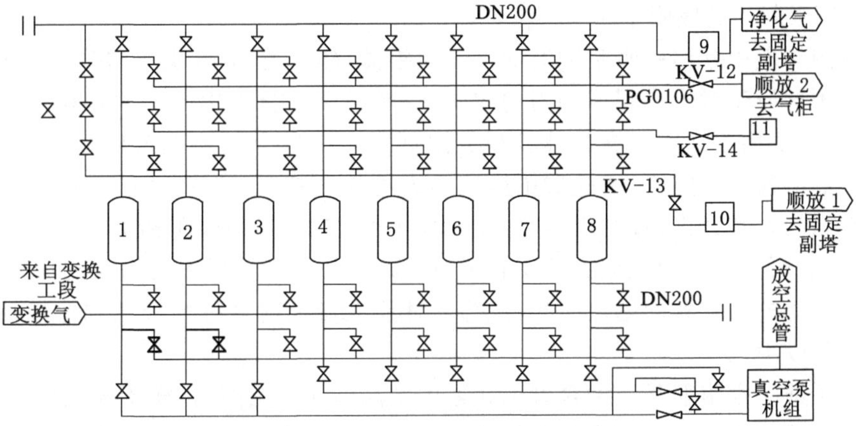

图 9-16　变压吸附脱碳工艺流程

变换工段的变换气在脱除水分后送入由 8 个吸附塔组成的变压吸附脱碳系统。变压吸附过程中，任一时刻总有 3 台吸附塔处于吸附步骤，原料气由入口端进入，在出口端获得净化气。每台吸附塔在不同时间依次经历吸附、顺放、压力均衡降；顺放、逆向放压、抽真空、压力均衡升和最终升压。吸附塔所有的压力均衡降、顺放步骤都是用于其他吸附塔的压力均衡升，以充分回收再生吸附塔中的净化气；逆放步骤排出了吸附塔中吸收的大部分杂质组分，剩余的杂质组分通过抽真空步骤进一步解吸。变换气经变压吸附工艺后 CO_2 体积分数小于 0.2%，H_2 体积分数大于 99%，完全可满足高温燃料电池和氢燃气轮机燃烧试验的需要。

（三）变压吸附工艺的影响因素

1. 吸附剂

采用 PSA 法，关键在于吸附剂的选择。吸附剂的选择既要考虑对待分离组分中二氧化碳的吸附选择性能，也要考虑吸附剂的再生能力。

(1) 吸附剂的特性要求

首先要求工业吸附剂有较大的静活性，即在一定温度及被吸附物质在蒸气混合物中的浓度也一定的情况下，单位重量（体积）的吸附剂在达到平衡时所能吸附物质的最大量；其次工业吸附剂还必须对不同气体组分具有选择性的吸附作用。吸附剂最重要的物理特征包括孔容积、孔径分布、表面积和表面性质等。不同的吸附剂有不同的孔隙大小分布、不同的比表面积和不同的表面性质，因而对混合气体中的各组分具有不同的吸附能力和吸附容量。工业变压吸附制氢所选用的吸附剂都是具有较大比表面的固体颗粒。因所选用的吸附剂具有吸附杂质组分的能力远强于吸附氢气能力的特性，因此可以将混合气体中的氢气提纯。吸附剂对各种气体的吸附性能主要是通过测定的吸附等温线来评价的。优良的吸附性能和较大的吸附容量是实现吸附分离的基本条件。在吸附剂的选择过程中还要考虑解决吸附和解吸之间的矛盾。一方面吸附剂对杂质应有较大的吸附量,另一方面被吸附的杂质应易于解吸,从而在短周期内达到吸附解吸平衡,使分离提纯过程能够维持下去。

此外,在吸附过程中,由于吸附床压力是不断变化的,因而吸附剂还应有足够的强度和抗磨性。

(2) 变压吸附用的吸附剂种类

变压吸附制氢中常用的吸附剂有活性氧化铝类、硅胶类、活性炭类与分子筛类等。活性氧化铝类吸附剂属于对水有强亲和力的固体,一般采用三合水铝或三水铝矿的热脱水或热活化法制备,主要用于气体干燥。硅胶类吸附剂属于一种合成的无定形 SiO_2,是由胶态球形粒子构成的刚性连续网络,由硅酸钠溶液和无机酸经胶凝、洗涤、干燥及烘焙而成。硅胶不仅对水有强的亲和力,而且对烃类和 CO_2 等组分也有较强的吸附能力。活性炭类吸附剂的特点是:其表面所具有的氧化物基团和无机物杂质使表面性质表现为弱极性或无极性,加上活性炭所具有的特别大的内表面积,成为一种能大量吸附多种弱极性和非极性有机分子的广谱耐水型吸附剂。

沸石分子筛类吸附剂是一种含碱土元素的结晶态偏硅铝酸盐,属于强极性吸附剂,有着非常一致的孔径结构和极强的吸附选择性。对于组成复杂的气源,在实际应用中常常需要多种吸附剂,按吸附性能依次分层装填组成复合吸附床,才能达到分离所需产品组分的目的。

(3) 吸附剂的再生

吸附剂的再生程度决定产品纯度,也影响吸附剂的吸附能力;吸附剂的再生时间决定了吸附循环周期的长短,从而也决定了吸附剂的用量。但是通常在 PSA 工艺中吸附剂床层压力即使降至常压,被吸附的杂质也不能完全解吸,这时可采用两种方法使吸附剂完全再生:一种是用产品气对床层进行“冲洗”,将较难解吸的杂质冲洗下来,其优点是在常压下即可完成,不再增加任何设备,但缺点是会损失产品气体,降低产品气的收率;另一种是利用抽真空的办法进行再生,使较难解吸的杂质在负压下强行解吸下来,这就是通常所说的真空变压吸附(VPSA)。VPSA 工艺的优点是再生效果好,产品收率高。但其缺点是需要增加真空泵,能耗较高,且增大维修成本。一般而言,当原料气压力低、回收率要求高时才采用真空解吸工艺。

2. 吸附压力和均压次数

根据变压吸附工作原理,提高吸附压力、降低解吸压力,可以减少吸附材料用量,降低装置投资。

均压过程是变压吸附技术中提高产品提取率的重要措施之一。在最初的二床流程中,一个吸附床吸附,另一个吸附床再生,每隔一定时间互相交替。吸附结束后床内死空间气体随降压而损失了,吸附压力越高损失就越大。为了回收和利用吸附结束时存留在吸附床内死空间的有用组分,美国联合碳化物公司率先引入均压步骤在变压吸附工艺的吸附阶段,吸附床中气体杂质浓度峰面远未到达吸附床的出口端时,停止吸附步骤,然后将该吸附床与一个已完成解吸并等待升压的吸附床连通,此时需降压解吸的吸附床压力逐级下降,而需升压的吸附床的压力得到逐级升高,最终两床压力平衡(称为均压),这样既回收了吸附床死空间中的氢气又利用了其中的能量。增加均压次数对提高产品提取率有利,提高吸附压力、增加原料中产品组分含量、增加均压次数均能提高产品提取率。但随着均压次数的增加，产品回收率提高的幅度越来越小，而且均压次数提高必须增加吸附塔，设备投资增加，同时均压次数受到循环步序周期时间的限制。

课程资源

思　考　题

1. 煤气为什么要净化?
2. 煤气脱硫方法有哪些? 选择脱硫方法的标准是什么?
3. 简述煤气低温甲醇洗涤法的基本原理及影响因素。
4. 简述克劳斯法回收硫黄的基本原理。影响克劳斯反应的因素有哪些?
5. 克劳斯法回收硫黄有哪几种工艺? 各自有何特点?
6. 为什么要进行一氧化碳变换?
7. 简述一氧化碳变换的基本原理。如何选择变换工艺条件?
8. 一氧化碳中温变换和低温变换分别采用什么催化剂?
9. 在煤气净化中，究竟是先脱硫还是先变换? 如何确定?

参考文献

[1] 埃利奥特 M A. 煤利用化学(上、下册)[M]. 高建辉,等,译. 北京:化学工业出版社,1991.

[2] 陈鹏. 中国煤炭性质、分类和利用[M]. 北京:化学工业出版社,2001.

[3] 邓渊. 煤炭气化新方法[M]. 北京:煤炭工业出版社,1984.

[4] 樊宏原,王光彪. Lurgi-IV 型与 PKM 气化炉简介[J]. 煤气与热力,1998,18 (1):10-13.

[5] 冯元琦. 联醇生产[M]. 北京:化学工业出版社,1994.

[6] 郭崇涛. 煤化学[M]. 北京:化学工业出版社,1992.

[7] 郭树才. 煤化工工艺学[M]. 北京:化学工业出版社,1992.

[8] 郭天立,朱威,未立清,等. 恩德粉煤气化技术的应用现状述评[J]. 中国有色冶金,2006,35(1):30-33.

[9] 郭文元. 大型干煤粉气化炉的技术特点[J]. 石油化工设备技术,2005,26 (5):26-28.

[10] 华东理工大学,兖矿集团. 多喷嘴水煤浆对置式气化技术[R]. 2007-9-28.

[11] 荆宏健,王光彪,张振芳. 鲁奇煤加压气化制氨工艺及装置的实践与研究[M]. 北京:化学工业出版社,2000.5.

[12] 寇公. 煤炭气化工程[M]. 北京:机械工业出版社,1992.

[13] 黎军. 德士古水煤浆气化工艺概况[J]. 安徽化工,2001,27(1):46-49.

[14] 李芳芹. 煤的燃烧与气化手册[M]. 北京:化学工业出版社,1997.

[15] 李金柱,申宝宏. 合理能源结构与煤炭清洁利用[M]. 北京:煤炭工业出版社,2002.

[16] 李琼玖. 合成氨与碳一化学-氮肥生产工艺的创新[M]. 成都:四川科学技术出版社,2000.

[17] 李水弟,冯志强,荆宏健. 谈以鲁奇炉为龙头的煤化工在山西的发展前景[J]. 山西化工,1999,19 (1):26-27.

[18] 李勇,董泮洲. 灰熔聚流化床粉煤气化技术现状及应用前景[J]. 中氮肥,2000(6):5-6.

[19] 李志坚. 恩德粉煤气化技术现状及其发展前景(上)[J]. 小氮肥,2002,(5):1-5.

[20] 李志坚. 恩德粉煤气化技术现状及其发展前景(下)[J]. 小氮肥,2002,(6):1-3.

[21] 廖汉湘. 现代煤炭转化与煤化工新技术新工艺实用全书[M]. 安徽:安徽文化音像出版社,2004.

[22] 刘乐利. 多喷嘴水煤浆气化技术在我国的发展[J]. 煤炭加工与综合利用,2005,(3):44-45.

[23] 刘振宇. 煤多联产系统的思考[R]. 第五届煤化学专业委员会第一次会议学术报告,北

京,2003.
[24] 刘志敏.德士古水煤浆气化技术及其特点[J].辽宁化工,1998,27 (5):250-251.
[25] 卢正涛.采用 Shell 加压粉煤气化技术改造(上、下)[J].化工工业,2001,28 (5):313-317.
[26]《煤气设计手册》编写组.煤气设计手册[M].北京:中国建筑工业出版社,1986.
[27] 门长贵.多元料浆气化制合成气技术[J].煤化工,1998(1):1-5.
[28] 彭爱华.Shell 煤气化技术在合成氨生产中的应用[J].化肥工业,2004,31 (4):45-48.
[29] 任永强,许世森,郜时旺.粉煤加压气化技术在中国的进展与发展趋势[J].中国电力,2004,19 (6):579-582.
[30] 沙兴中,杨南星.煤的气化与应用[M].上海:华东理工大学出版社,1995.
[31] 谭成敏,曹召军.GSP 粉煤气化技术引进方案的优化[J].煤化工,2008,1:10-12.
[32] 陶著.煤化学[M].北京:冶金工业出版社,1987.
[33] 汪家铭.壳牌煤气化技术在我国的应用[J].化肥设计,2007,45 (4):19-22.
[34] 王弘卫.壳牌煤气化技术-用煤生产化肥的一条有效的途径[R].2002 年中国国际煤化工及煤转化高新技术研讨会论文集,2002.
[35] 王乐意.关于灰熔聚流化床粉煤气化技术的调查[J].山西化工,2002,(22):1-4.
[36] 王彦峰,肖云汉,王逊,等.煤气化发电、甲醇联产系统[C].2002 年中国国际煤化工及煤转化高新技术研讨会论文集,2002.
[37] 王洋.加压灰熔聚流化床粉煤气化技术的研究与开发[J].山西化工,2002,22 (3):4-7.
[38] 邬纫云.煤炭气化[M].徐州:中国矿业大学出版社,1989.
[39] 谢克昌.煤的结构与反应性[M].北京:科学出版社,2002.
[40] 徐振刚,步学朋.煤炭气化知识问答[M].北京:化学工业出版社,2008.
[41] 徐振刚,杜铭华,等.大同煤化工-清洁能源联产项目方案研究报告[R].煤炭科学研究总院,2002.
[42] 徐振刚,宫月华,蒋晓林.GSP 加压气流床气化技术及其在中国的应用前景[J].洁净煤技术,1998,4 (3):15-18.
[43] 许世森,王保民.两段式干煤粉加压气化技术的研究开发[J].氮肥与甲醇,2006,1 (3):1-5.
[44] 许世森,张东亮,任永强.大规模煤气化技术[M].北京:化学工业出版社,2010.
[45] 杨焕祥,廖玉枝.煤化学及煤质评价[M].武汉:中国地质大学出版社,1990.
[46] 姚多喜,支霞臣,郑宝山.煤中矿物质在燃烧过程中的演化特征[J].中国煤田地质,2003,15(2):10-11,48.
[47] 于遵宏,王辅臣.煤炭气化技术[M].北京:化学工业出版社,2010.
[48] 曾蒲军,王承宪.煤基合成燃料工艺学[M].徐州:中国矿业大学出版社,1993.
[49] 张德祥.煤化工工艺学[M].北京:煤炭工业出版社,1999.
[50] 张双全.煤化学[M].徐州:中国矿业大学出版社,2009.
[51] 郑楚光.洁净煤技术[M].武汉:华中理工大学出版社,1996.
[52] 郑振安.Shell 煤气化技术(SCGP)的特点[J].煤化工,2003,31(2):7-11.
[53] 朱之培,高晋生.煤化学[M].上海:上海科学技术出版社,1984.

[54] WILL F. GSP 气化技术前景[J]. 化工技术经济,2005,23 (7):24-25.
[55] SEKINE Y,ISHIKAWA K,KIKUCHI E. Reactivity and structural change of coal char during steam gasification[J]. Fuel,2006,85(2):122-126.
[56] SPEIGHT J G. The chemistry and technology[M]. New York:Marcel Dekker,1983.